2-2	スルー・ホール径，基板分割法， 浮きベタの残銅率などに注意 **パターン設計で必要となる実用知識**	25	

2-3	部品ライブラリを準備してオート・ルータを活用しよう **パターン設計CADにおける 回路図作成のポイント**	27	

2-4	パターン層の構造や各部名称， パターン設計の流れについて学ぼう **プリント基板設計CADによる パターン設計**	29	

コラム	銅箔の厚みは単位面積当たりの重さで表す	32

第3章　回路図の裏側を読み解き確実に動作する基板を作ろう！
プリント・パターンを描く基本テクニック　33

3-1	パターンは回路中でインピーダンス素子になる **良いパターンの基準**	34
3-2	グラウンドの戻り電流への対策や， アンテナを作らないためのテクニック **基本中の基本！良いパターンの描きかた**	36
3-3	設計者の意図が伝わるような回路図を描くことが一番大切 **パターン設計を依頼する際の注意**	42
コラム	プリント・パターンは立派な電子部品だ！	41

第4章　多電源システムから高速ディジタル回路まで
電源とグラウンドの配線テクニック　44

4-1	電力の供給と基準電位の付与が本来の役割． ノイズを伝搬させないようにする **電源とグラウンドの役割**	44
4-2	パターンの発熱と高周波における インダクタンス成分の影響を見積もる **配線に電流が流れるときの基板のふるまい**	45
4-3	グラウンドには電源パターンのリターン電流が流れている **配線の五つの基本テクニック**	46
4-4	バスコン，ローパス回路の使用や 配線抵抗による電圧降下の見積もりなど **電源，グラウンド配線の実際**	49
コラム	基板用語には方言がある？	44
	電源回路を中心に負荷をレイアウトするのが 理想だが…	48
	パルス波形からミスマッチの原因を探る	56

Appendix 1
パターンは回路素子の一部と考えよう
プリント基板のインピーダンス・マッチングとは　54

Appendix 2
マイコン/FPGA/メモリ/ロジック搭載基板設計の必須知識
**表面実装ICのパッケージと
フット・プリントの種類**　57

第5章　7セグメントLED周辺回路から
センサ応用回路まで
マイコン周辺回路の配線実例集　60

5-1	大きな電流のスイッチングはノイズの原因になる **LED電流の流れる配線はできるだけ短く**	60
5-2	コモンを流れる電流の大きさに注意 **7セグメントLEDのコモン端子の パターンは太く**	61
5-3	リーク電流の発生を避けるためパターンの間隔に注意する **高湿度下で使う基板の配線例**	62
5-4	ディジタルとアナログのグラウンドは マイコン近くの1点でつなぐ **マイコン内蔵A-Dコンバータと プリアンプ周りのアナ/ディジ分離テクニック**	63

第6章　DDR-SDRAMからPCI-Expressまで
ディジタル回路の配線実例集　65

6-1	ピン間3本ルールで256ピン・フルグリッドBGAを配線する **BGAからのパターンの引き出しと 層数の見積もり方法**	65
6-2	データ・バス幅32ビットのSSRAMを基板の表裏に配置する **メモリ・デバイス周りの配線を 最小にするパターンニング**	67
6-3	2.54mm以内の誤差でパターン配線の等長配線を行う **DDR-SDRAMのデータ・バスの タイミング誤差をなくす配線**	69
6-4	パターンの長さやパターン・インピーダンスに規定がある **PCI/PCI-Xバスのパターンニング**	71
6-5	8レーンの2.5Gbpsの差動信号を伝送する **PCI-Expressのパターンニング**	72
コラム	ガーバ・ビュワで出図データを確認する	68

第7章　OPアンプ応用回路から高精度A-Dコンバータまで
アナログ回路の配線実例集　74

7-1	差動回路を使い部品配置とパターンを対称にする **OPアンプを使った全波整流回路の パターンニング**	74
7-2	直下のパターンは1次側と2次側を十分に分離する **フォト・カプラ周りの配線の基本**	75
7-3	未使用のランドが部品と接触しないようにくふうする **100Vを超える商用電源ラインの パターンニング**	76

Transistor Gijutsu Special for Freshers

トランジスタ技術 SPECIAL for フレッシャーズ
No.115

7-4	基準電圧の精度を重視し，リモート・センシングやケルビン接続などの配線技法を使用する **24ビット分解能を引き出す A-Dコンバータ周辺のパターンニング**	77
コラム	リモート・センシングの動作	79

第8章 ミュート回路から多チャネルD-Aコンバータまで
オーディオ回路の配線実例集　　80

8-1	消音回路でノイズを出さないために **ミュート・トランジスタで吸い込む電流は 最短でグラウンドへ**	80
8-2	ICのピンに合わせて入力信号経路を分離する **チャネル間干渉のない ミキシング回路のパターンニング**	82
8-3	エミッタ周りのデバイスを入出力回路と離す **高ゲインのトランジスタ・アンプで 発振やノイズを減らすパターンニング**	83
8-4	特性インピーダンスの不明な経路やディジ/アナ双方のグラウンドの接続に注意する **伝送ひずみを抑えるディジタル音声信号 送受信回路のパターンニング**	84
8-5	アナログ・グラウンドは相互にベタで接続，ディジ/アナ相互のグラウンドはDAC直下で接続する **雑音やひずみを抑える多チャネル D-Aコンバータ周辺のパターンニング**	87
8-6	AGND，DGNDともベタが基本，AGNDにはスリットが必要 **A-DとD-Aを内蔵したICの 入出力のパターンニング**	90
コラム	ミュート専用トランジスタとは OPアンプの入力端子の引き回し方 D-Aコンバータの内部回路とディジ/アナ・グラウンド	81 86 89

第9章 バッファ・アンプからHDTV変換回路まで
ビデオ応用回路の配線実例集　　92

9-1	電流帰還型OPアンプとチップ部品で構成した **帯域が数十MHzのビデオ・アンプの パターンニング**	92
9-2	DACを挟んで，基板上でディジタル・ブロックとアナログ・ブロックをはっきりと分けるのがポイント **D-Aコンバータ周辺の アナログ系/ディジタル系の分離テクニック**	93
9-3	ディジタルとアナログのグラウンドをIC近くの1点でフェライト・ビーズを使って接続する **アナログ信号精度を確保した ディジタル・ビデオ・エンコーダのパターンニング**	95
9-4	差動ペア配線のパターン引き回しがポイント **25M～165Mp/sを確実に伝送する 差動インターフェースのパターンニング**	97

表紙・扉・目次デザイン＝千村勝紀
表紙・目次イラストレーション＝水野真帆
本文イラストレーション＝神崎真理子
表紙撮影＝矢野 渉

9-5 マイクロストリップ・ラインを調整してインピーダンス整合をとる
**同軸ケーブルによる
1.485Gbps伝送出力のパターンニング**　100

第10章 広帯域アンプからVCO回路まで
広帯域&高周波回路の配線実例集　103

10-1 反転入力回路の浮遊容量を目安として0.5pF以下にする
**入力インピーダンス1MΩ,
フラットネス50MHzの
OPアンプ増幅回路のパターンニング**　103

10-2 FR-4は基本的に使用できない, tanδの小さい材料を選ぶ
**50M〜6GHz広帯域アンプの性能を
引き出すパターンニング**　104

10-3 配線パターン幅は1.8mm, Z_0=50ΩのMSLとする
**直流から2.5GHzまでを切り替える
RFスイッチ回路のパターンニング**　106

10-4 ビア・ホールもインピーダンスをもつことに注意
4GHz帯VCOのパターンニング　107

第11章 リニア・レギュレータからゲート・ドライブ回路まで
電源&パワー回路の配線実例集　109

11-1 データシートを利用して放熱パッドの大きさを求める
**表面実装型リニア・レギュレータの
放熱用パターンの描き方**　109

11-2 出力用グラウンドと内部回路用グラウンドを分けるのがポイント
**低電圧動作IC用DC-DCコンバータの
パターンニング**　110

11-3 ゲート配線を短くするのがポイント
**フォト・カプラを使った
ゲート・ドライブ回路のパターンニング**　111

11-4 ゲート・ドライブ信号線と出力信号線は
それぞれ平行に近付けて配線する
**専用ICを使ったゲート・ドライブ回路の
パターンニング**　112

Appendix 3
個人であっても1枚からの試作に対応してくれるところを探そう
プリント基板製造メーカ一覧　113

Appendix 4
経費と時間のロスを未然に防ぐ
基板発注チェック・リスト　114

第12章 EAGLE無償版のインストールと起動まで
PCB-CADを使って
基板設計を体験しよう　115

12-1 最新ツールをインターネットから入手する
**PCB-CAD EAGLEのダウンロードと
無償版のインストール**　115

12-2 新規プロジェクトを作成する
EAGLEの起動と回路図入力の準備　118

第13章 PCB設計用回路図をEAGLEに入力する
プリント基板設計用の
回路図を作ろう　120

13-1 既存ライブラリをそのまま使う
ディジタルICを回路図に追加する　120

13-2 抵抗, コンデンサ, コネクタ, 電源など
**ICの周辺回路を入力して
回路図を作成する**　123

第14章 基板作成に必要な部品ライブラリについて詳述する
部品ライブラリを追加して
回路図を完成させる　126

14-1 よく似た部品を探す…その1
ピン順と外形が同じ部品がある場合　126

14-2 よく似た部品を探す…その2
パッケージだけが異なる場合　127

14-3 よく使われる部品は誰かが作っている
ネットでライブラリを検索する　128

14-4 既存のパッケージを利用する
シンボルだけが異なる場合　129

14-5 よく似た部品を探す…その3
既存のシンボルをコピーして修正する　132

第15章 EAGLEのオート・ルータを活用してパターンを作ろう
部品の配置, パターン作成と
基板メーカへの発注　134

15-1 オート・ルータで瞬時にパターンを描く
部品の配置とパターン作成　134

15-2 CAMプロセッサでガーバ・データを出力
基板データの作成と発注　140

索引　142
執筆担当一覧　144

イントロダクション

基板ってどんなもの？ どうやって作るの？
プリント基板設計入門

I-1 あらゆる電子機器に入っている縁の下の力持ち
プリント基板とは

　プリント基板は，PCB(Printed Circuit Board)とも言い，電子部品を固定し，互いに配線する役目があります．もしも，ICの足を互いに電線（ワイヤ）で配線すると膨大な作業量になり，量産することができないし，故障も多くなります．また，小型・軽量に作ることもできません．

　プリント基板を日本語で表すと，「印刷配線板」となります．部品の電極をはんだ付けできるスペースを設けて，互いを導電性のインキや金属箔でつないだものがプリント基板です．こうすると，プリント基板は，印刷と同じ要領で一度にたくさん作ることができます．

● プリント基板は部品を固定して互いをつなぐもの

　図1は，部品実装後のプリント基板です．これはPCB-CADの3次元表示機能を使って表示したものです．部品を載せる板（緑色）がプリント基板です．部品を載せるだけでなく，部品どうしをつないでそれぞれの部品に，電源と信号の電流を流す役割もします．プリント基板に載る電子部品には，トランジスタ，IC，抵抗，コンデンサ，コネクタなどたくさんの種類があります．

　プリント基板は，多くの場合，パソコン，携帯電話，TVやラジオのように他の機構部品とともにケース（筐体）に収められています．そこで，プリント基板を設計するときには，ケースに収まるような形，高さとしなければなりません．また，基板どうしをコネクタでつないで重ねる場合には，互いの部品の高さを把握しておく必要があります．

● 電子部品とプリント基板の関係

　図2は，上記のプリント基板から部品を取り去った状態です．逆にこれから部品を取り付けるところと言ってもよいでしょう．電子部品には，プリント基板に穴をあけて固定するものと，穴をあけずにはんだ付けだけで固定するものがあります．**図2**ではIC以外はすべて穴を通して固定しています．

　プリント基板は緑色をしていますが，実際に電気を伝える部分は茶色の銅箔です．銅箔のパターンの上にはんだが付かないように緑色の絶縁物で塗装しています．また，銅箔もさびないようにはんだや金・銀でメッキをしています．

　部品を取り付ける穴の周囲は，はんだ付けができるように絶縁物は除去して銅箔を露出させます．この部分をランドと呼んでいます．

図1 部品を実装した後のプリント基板
PCB-CADの3次元表示で確認できる．

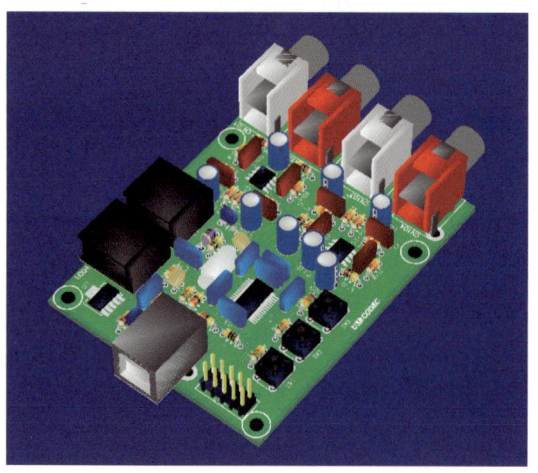

図2 プリント基板と電子部品の関係
実装部品の形状に合わせてプリント基板を設計する．

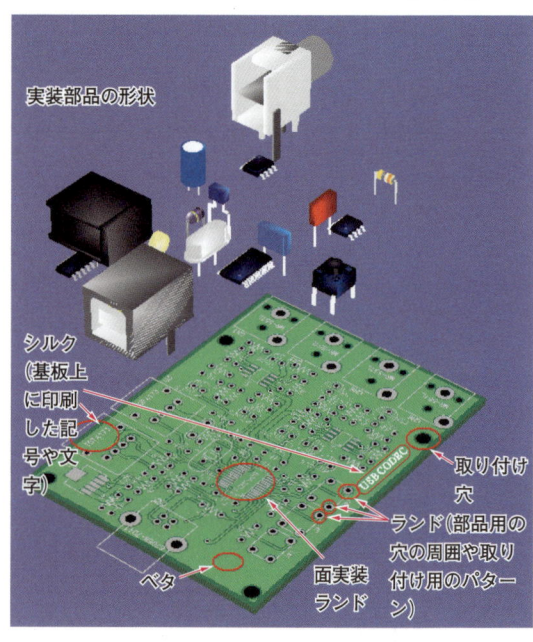

Transistor
Gijutsu
Special
for Freshers

トランジスタ技術 SPECIAL for フレッシャーズ
No.115

徹底図解
こうやって配線すれば確実に動かせる！
プリント基板作りの基礎と実例集

Transistor
Gijutsu
Special
for Freshers

トランジスタ技術 SPECIAL for フレッシャーズ
No.115

CONTENTS

徹底図解
こうやって配線すれば確実に動かせる！

プリント基板作りの基礎と実例集

イントロダクション		
	基板ってどんなもの？ どうやって作るの？	
	プリント基板設計入門	6
1-1	あらゆる電子機器に入っている縁の下の力持ち	
	プリント基板とは	6
1-2	回路図をもとに電子部品どうしを配線する	
	プリント基板のパターンとは	7
1-3	回路・パターン設計，基板製造，部品実装のデータを共通化する	
	なぜCADを使うのか	8
本書のナビゲーション		
	目的に合わせてどこからでも読もう！	
	パターンを描く基本から PCB CADを使った設計まで	10

［基礎編］

第1章	回路図という理想的な世界から現実の世界へ	
	基板を意識した回路図を描こう！	11
1-1	基板設計の流れを確認しよう	
	回路図はパソコンCADで具現化していく	11
1-2	基板の仕上がりを想像しながら描こう	
	「プリント基板」という現実を意識して回路図を描く	13
1-3	大規模回路もブロック図で流れを整理する	
	部品は信号の流れに従ってレイアウトする	17
第2章	搭載部品の性能を引き出す高性能な基板を作る	
	部品のレイアウトとパターン設計の基本	19
2-1	発熱部品や高速信号ラインなどには特に注意する	
	部品配置とアートワークの基本	19

はじめに

回路図を見ながら，部品を基板に配置する，そして部品どうしをパターンでつなぐ．プリント基板の設計はただそれだけのことですが，初心者はまず間違いなく失敗します．その原因は，回路図と実際の部品が結びついていないことや，回路の原理を深く理解していないことでしょう．

しかし，パターン設計者に与えられるのは，勉強の時間ではなく，納期です．

回路図を渡して，基板設計業者に発注する場合も，配置やパターンの太さなどを指定しなければなりません．

本書は，そんなときに，手軽にひもとけるハンドブックとなることを願ってまとめました．

漆谷正義

▶本書はトランジスタ技術2005年6月号特集「プリント基板の配線術＆実例集」を中心に加筆・修正を行い，新章を追加して再構成したものです．

1-2 プリント基板のパターンとは
回路図をもとに電子部品どうしを配線する

　回路図にはOPアンプ，抵抗，コンデンサなどの電子部品が相互につないであります．これをプリント基板の上に並べて，はんだ付けをして固定します．しかし，それだけでは回路は動作しません．回路図どおりに互いを接続しなければなりません．これがパターンの役目です．よく見ると部品の取り付け穴どうしをつなぐパターンの周囲が塗りつぶされています．これは回路のグラウンドになっています．パターンは基板の表側だけでなく，裏側にも張り巡らされています．上の回路図を見て下の完成基板が想像できますか？

　パターン設計で重要なことは，回路図を見て完成した基板を思い描く想像力です．

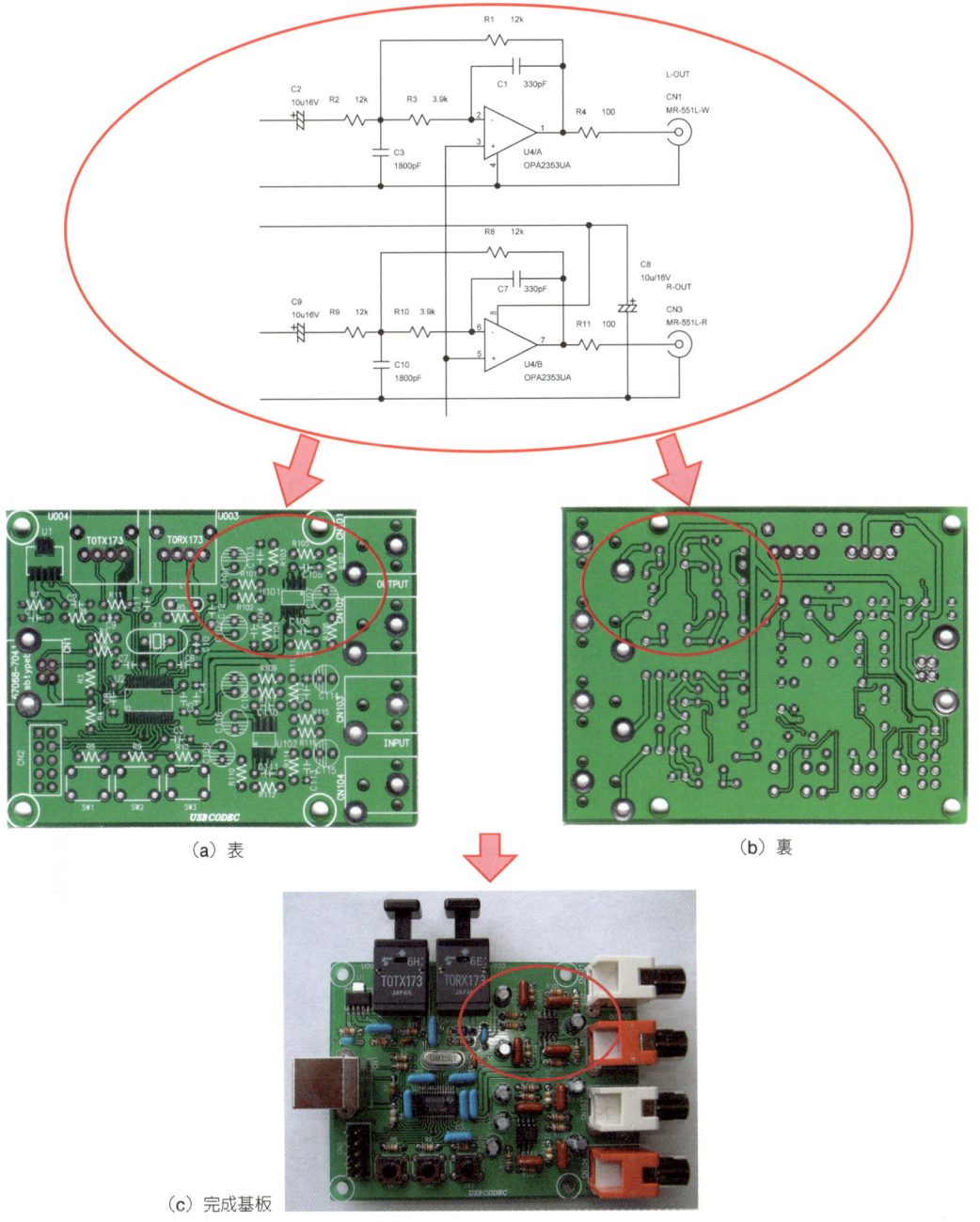

（a）表　　（b）裏

（c）完成基板

I-3 なぜCADを使うのか

回路・パターン設計,基板製造,部品実装のデータを共通化する

　プリント基板は,図3のような方法で,絶縁物の上に銅箔部分を形成して,電気信号の流れるパターンとします.(a)のエッチングの工程は,図4のようにパターン図からフォト・マスクを作って強い光を当てて露光し,これを現像して不要な銅箔を除去するものです.

　このフォト・マスクを昔はテープを貼って手作業で作っていましたが,今では,コンピュータとつながったプリンタやNC機械を使えば印刷と同じ方法で簡単に作れます.また,ICのように同じパターンの場合はライブラリに蓄えておけば,何度も描く必要はありません.

　そこで,回路図の段階から最終工程の部品実装までを見通した設計をするようになりました.これをCAD(Computer Aided Design)と呼んでいます(図5).

図3　パターンの形成方法には二つの方法がある
加算法は基材の上にめっきによって銅を貼り付けていく方法.減算法は銅箔を貼り付けた板をエッチングによって削り落とす方法.

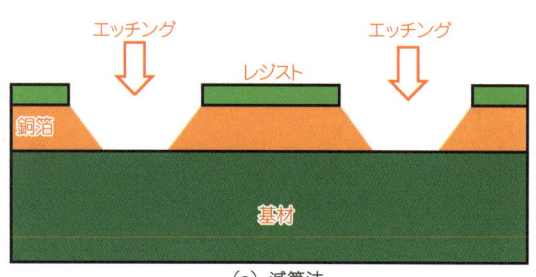
(a) 減算法

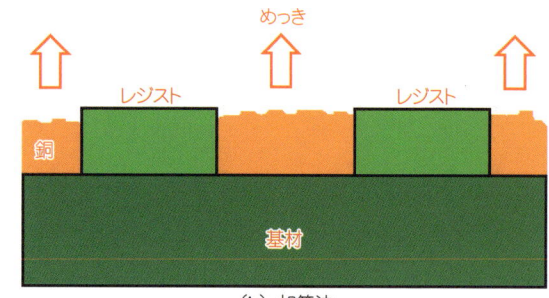
(b) 加算法

図4　エッチングによるパターン形成方法
エッチングは,一般的で歴史の古いパターン形成法.

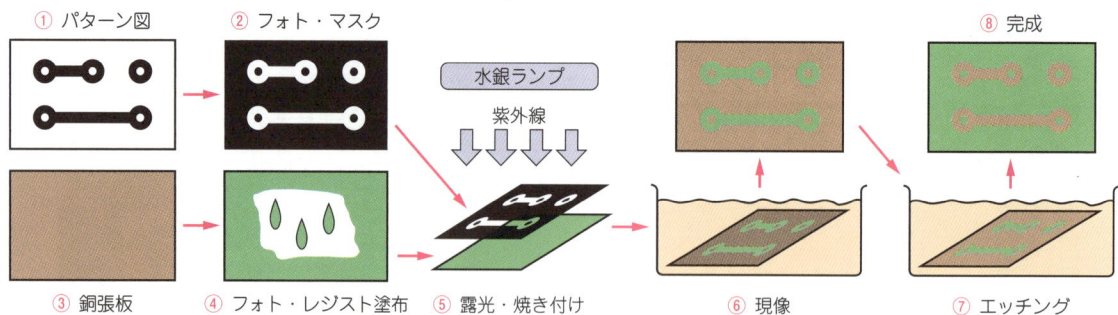

① パターン図　② フォト・マスク　③ 銅張板　④ フォト・レジスト塗布　⑤ 露光・焼き付け　⑥ 現像　⑦ エッチング　⑧ 完成

用語解説

エッチング

　エッチングとは,プリント基板の銅箔を,薬剤を使用して除去することです.
　薬剤としては**塩化第二鉄**が使われます.写真Aはエッチング液(塩化第二鉄水溶液)と廃液処理剤です.
　化学反応式は次のようになります.

$$2FeCl_3 + Cu \rightarrow 2FeCl_2 + CuCl_2$$

　エッチングの最適液温は,40〜45℃です.

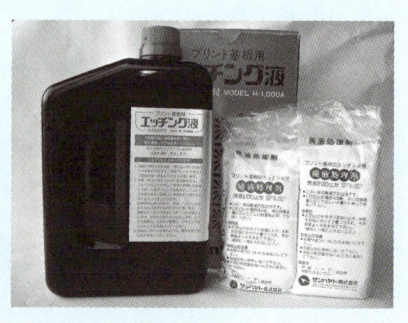

写真A　市販されているエッチング液と廃液処理剤の外観

図5 PCB-CADを使ってプリント基板を作る

対象とする回路について検討する
- ICなどの電子部品を選択する
- 仕様書により性能を調べる
- 回路ブロック図を描く

回路設計をする
- 電子部品を相互に結線する
- 可能ならシミュレーションしてみる
- PCB部品(フット・プリント)と関連づける

パターン設計をする
- 電子部品を基板上に配置する
- お互いをパターンで結ぶ
- CAMデータに変換する

パターンをもとに基板を製作する
- 基板業者に発注する
- 部品を実装する
- 動作を確認する

1-3 なぜCADを使うのか

本書のナビゲーション

目的に合わせてどこからでも読もう！
パターンを描く基本からPCB CADを使った設計まで

基礎編（第1章～第4章）

プリント基板の設計は，回路図を描く段階から始まります．パターン設計では，部品配置が最も重要です．配置が悪いと，パターンが長くなり，信号の干渉などにより性能が悪くなり使い物になりません．電源とグラウンドの取り方にもノウハウが多くあります．ここではこのようなパターン設計の基本について紹介します．

実践編（第5章～第11章）

同じプリント基板でも，低周波と高周波ではパターンの設計方法が異なります．また，アナログ回路とディジタル回路ではパターンの太さやグラウンドの取り方，信号の引き回し方などが違ってきます．電源やパワー回路ではパターンの間隔や放熱にも気をつかう必要があります．このようなノウハウを回路ごとに紹介します．

実践編（第12章～第15章）

プリント基板の設計には，プリント基板CADが欠かせません．ここでは無償で使用できるEAGLE Light版を使って，ディジタル回路基板を設計します．まず，ツールをインストールし，できるだけ既存のライブラリを使って回路図を作ります．ガーバ・ビュワを使って確認し，業者への発注，入手そして実装を体験します．

第1章
回路図という理想的な世界から現実の世界へ

基板を意識した回路図を描こう！

● 回路図は理想の世界，プリント基板は現実の世界

現在では回路シミュレータの普及によって，コンピュータ上で見事な回路実験ができます．経験のある方はお分かりですが，いくら回路シミュレーションで問題なく動作しても，実際にプリント基板で動作させると，予想もしない動きをすることも決して少なくありません．

原因は，半分は回路シミュレーションのやりかたに，残り半分はプリント基板設計にある，といっても過言ではないでしょう．問題をさらに追求すると，回路シミュレーションはプリント基板で実際に動作する状態ではなく，あまりにも回路を理想化しすぎることにあります．プリント基板上の配線は，必ずしもコンピュータ上で実現している理想の配線ではありません．

● 「理想に近づける」それがプリント基板設計の心得

この事実を言い換えると，プリント基板設計は，できる限り理想配線と見なせるように設計すべきです．つまり，プリント基板設計に問題があると，いかに上手な回路設計をしても，回路動作に支障が生じるのです．

このように世の中の理想と現実はいつも食い違うものです．例えば平和という理想は，実現したことがありません．しかし，話をエレクトロニクスに限れば，これではちょっと困ります．そこで，配線設計では，理想的と見なして問題ない基板を作ろう，そのようなプリント基板の設計にはどんな方法があるかを考えてスタートしましょう．

1-1 回路図はパソコンCADで具現化していく
基板設計の流れを確認しよう

さて，最初に一般的なプリント基板設計の手順について説明しておきましょう．十数年前までプリント基板設計は手描きで行い，その後，アート・ワークと呼ばれる手描きした設計書の上にシートを張る作業をして完成でした．

現在はプリント基板設計にCAD（Computer Aided Design）を使うことが一般的です．以下，CADを使ったプリント基板設計について解説しましょう．**図1**にプリント基板設計CADによるプリント基板設計のフローチャートを示します．

● 部品外形を登録

まず，現実の部品外形をコンピュータ上に登録する必要があります．それが部品作成です．部品の外形，特にプリント基板全体に占める部品の大きさと，接続される箇所を入力します．ディスクリート部品ならば，部品の外形，回路の接続箇所，ICならばパッケージ，ピン間隔などを入力します．

普通は，いわゆる部品の外形をそのまま入力してかまいません．しかし，例外があります．**図2**のようにディスクリート部品を立てて実装した場合と寝かせ

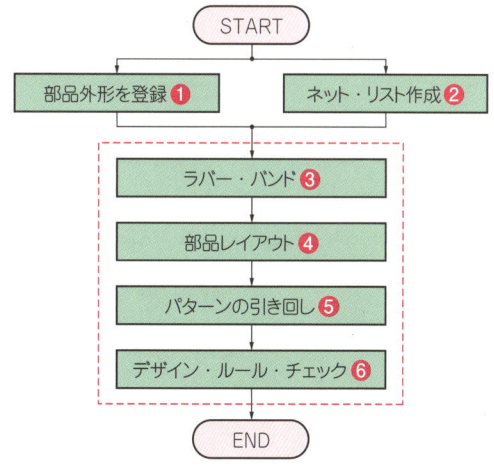

図1 プリント基板設計のフローチャート

て実装した場合では，同じ型名の部品でも，CAD上では異なる部品として認識させる必要があります．

● 回路素子の接続情報「ネット・リスト」を作成する

回路中の部品と部品の接続を示す情報，つまり，ネ

図2 同じ型名の部品でもCAD上では異なる部品として登録する

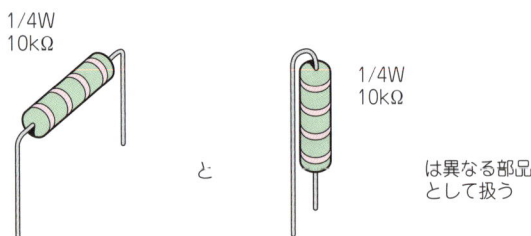

ット・リストも必要です．回路図作成にCADを使った場合は，CADがネット・リストを作成してくれるでしょう．人間が回路図を読み取って，テキスト・ファイルとしてネット・リストを作ることもできます．

回路図CADのネット・リストと，プリント基板CADのネット・リストのフォーマットが異なる場合もまれにあるようなので，プリント基板設計時には確認が必要です．

▶ネット・リストは回路シミュレーションでも必須

脱線ですが，ネット・リストはプリント基板限定の情報ではありません．回路シミュレーションでも必要な情報です．

実例としてPSpiceでもネット・リストは必ず作成されています．**図3**にPSpiceが作成するネット・リストの例を示します．ネット・リストのイメージをこの事例よりしっかり掴んでください．

❸ **ネット・リストと部品外形ができたらラバー・バンドが作られる**

ネット・リストと部品登録が終わったら，それらをリンクしたラバー・バンド（**図4**）がCAD上で作成されるでしょう．これで初めて人間が平面的に目視できる情報となります．ラバー・バンドはラッツ・ネストとも呼ばれ，部品端子間の接続を表す線を引いた図を指します．

❹ **基板の外形が決まったら部品をレイアウトする**

プリント基板の外形が決まったら，基板上でコネクタやスイッチなど，外部との接続部品の位置を決め，その後プリント基板上の部品をレイアウトします．プリント基板の完成度を左右する非常に重要な工程です．

❺ **いよいよパターンの配線**

やっと準備が整いました．これからラバー・バンド

図3(1) PSpiceが作成するネット・リストの例

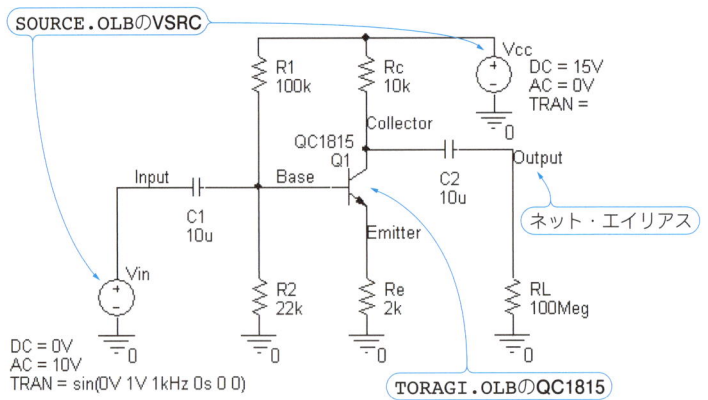

(a) トランジスタ1個で作る増幅回路「エミッタ共通増幅回路」

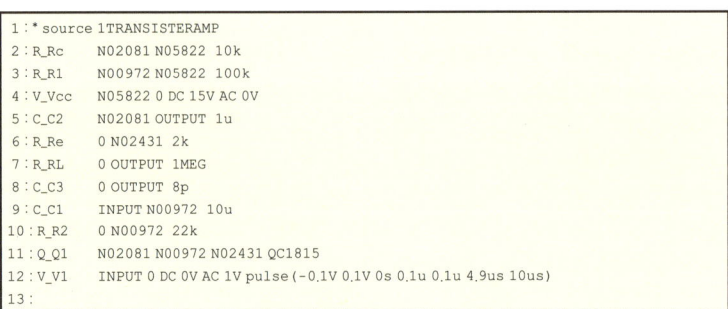

(b) (a)のネット・リスト

図4 ネット・リストと登録済み部品をリンクしたラバー・バンド（図5で回路図を示す）

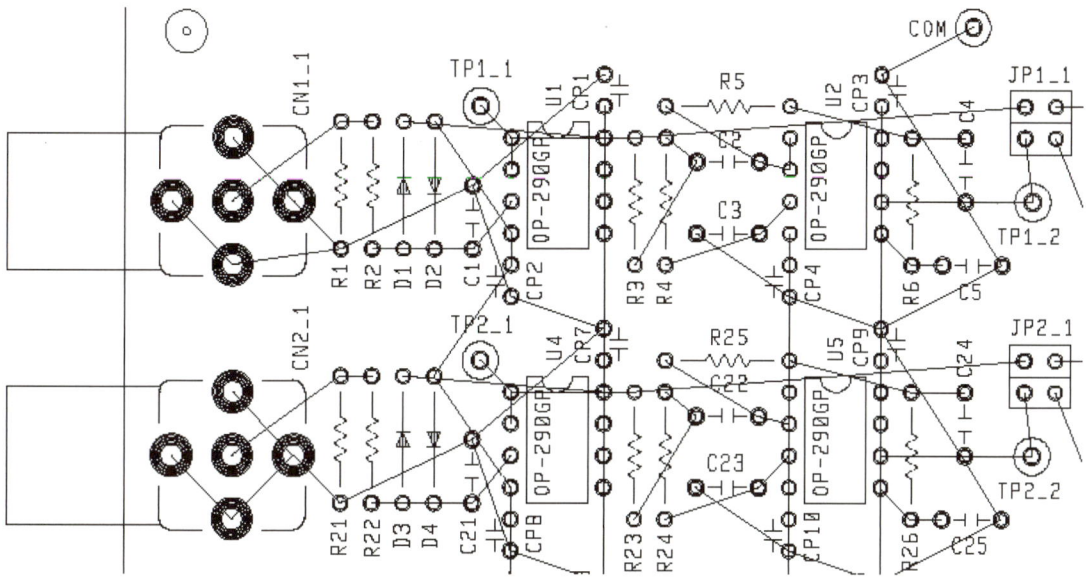

を参考にしながら基板上にパターン配線を始めます.

❻ 最後にデザイン・ルールのチェック
❶〜❺がすべて終わったら，配線の太さや間隔が，あらかじめ決めておいた条件に合っているか検討します．これを設計ルール・チェックまたはDRC（Design Rule Check）と呼びます．これで一応プリント基板設計は完了です.

あとはCADでガーバ・フォーマットのデータを作成します．その後，プリント基板製造メーカにガーバ・フォーマットのデータを渡して，すべてが終了します.

◆引用文献◆
(1) 棚木義則著，電子回路シミュレータPSpice入門編，2003年11月初版，CQ出版社.

1-2 「プリント基板」という現実を意識して回路図を描く
基板の仕上がりを想像しながら描こう

● **回路設計者の心得**

プリント基板の設計は，それを専門としている会社に依頼します．そこで，プリント基板設計で問題を起こさない回路の設計方法や，回路図の作りかたを考えてみましょう.

エレクトロニクスの世界で，プリント基板設計は実装技術の九割近くを占めているといっても過言ではないでしょう．その大切さゆえ，本特集が組まれたわけです．短いとはいえないエレクトロニクスの歴史の中から，このようにすべきだ！という理論に基づいた方法論も生まれてきました．本書の第5章以降はセオリーを現実のプリント基板設計に生かした実例です．最初からこれらの実例ほど，うまくできるわけがないので，その域に至る道しるべを書くことにしましょう.

● **回路図は機能ブロックごとに**

いろいろな回路図を見ていると，回路動作がとても分かりにくいものに遭遇することがあります．その原因の一つとして，機能ブロックごとに整理されていないことが挙げられます．そのような回路図はプリント基板設計者にとっても見にくいものと心得てください．機能ブロックごとにまとまった回路図ならば，プリント基板設計も，機能ブロックごとにまとまったものになるでしょう.

● **回路図は実体配線のごとく**

さらに回路図は，プリント基板の部品レイアウトまで考慮して描くと，とてもプリント基板のイメージをつかみやすくなります.

配線を短くしたい信号は，回路図上もその信号は短く描く，そのため部品と部品との間をできる限り近づけて描く，といったことが大切なのです.

つまり，プリント基板設計，特に部品レイアウトは，回路図のイメージを引きずりやすいのです．ならば，

回路図は基板レイアウトを考慮し，実体配線図のごとく描いたほうがよいわけです．

● 基板の部品レイアウト図を描こう

プリント基板設計で問題を起こさないためには，なんといっても回路設計者自身の手で部品レイアウト図を描くことです．特に回路動作上，プリント基板設計が重要な箇所は，回路設計者自身でプリント基板設計をするつもりで部品レイアウト図を描くことをお勧めします．

▶ レイアウト図は実際の縮尺で配線部分も考慮する

実は部品レイアウト図を描くことは，それほど簡単なことではありません．プリント基板完成後のパターン引き回しまで予想する必要があるからです．ですから当初はとまどうことも多いと思います．

最初は部品レイアウト図ではなく，イラスト程度でもかまいません．図のきれいさよりも，パターンの引き回しを想像してください．そして，パターンの長さ，グラウンド・プレーン，ワンポイント・グラウンドなどなどが，セオリーどおりになっているか，チェックしてください．ここで言うセオリーとは，第2章以降で紹介する「ここの配線は，こうしたほうがよいですよ」という決まりごとを指します．

● ICの電源ピン，グラウンド・ピンも回路図に描く

回路図を描くとき，アナログIC，ディジタルICを問わず，ICの電源への接続，グラウンドへの接続は省略するというのが，長い間の常識でした．現実に本誌でも 図5(a) のような回路図があふれています．これは回路本来の動作に注目するという意味から，大変都合の良い習慣だと思います．しかし，この習慣がトラブルを招くのですから皮肉です．

プリント基板設計者にとっては回路図がすべてです．回路図にある接続どおりプリント基板を設計するのが，プリント基板設計者の使命といえるでしょう．そうなると，回路図に描かれていない電源やグラウンドへの接続は，当然ながらパターン配線設計には反映されません．正確に言えば，回路図にない接続はネット・リストに反映されないということです．

この問題の一番簡単な解決法は， 図5(b) のように電源ピン付きの回路シンボルを使うことです．これはこれが一つの解決法ですが，単に回路図が分かりにくくなるだけでなく，従来の習慣を覆すので回路設計者にはかなりの心理的抵抗もあるでしょう．

では，従来の分かりやすい回路表記を維持しつつ，プリント基板設計のトラブルを避けるにはどうすれば良いでしょうか．私は，ICの電源ピン，グラウンド・ピンを別個に回路図に描くことを提案します．別個に描くことで従来の分かりやすい表記は守られます．ICの電源ピン，グラウンド・ピンを回路図に別個に描くだけでなく，バイパス・コンデンサもそれらと一緒にまとめて描くと，非常にすっきりするでしょう．

● 多種の電源，グラウンドの名称，記号は描き分ける

現代のディジタルICは低電圧化が進みました．その一方で，電源電圧が＋5Vまたは＋3.3Vの一種類

図5 ICの電源ピンやグラウンド・ピンは回路図に描こう

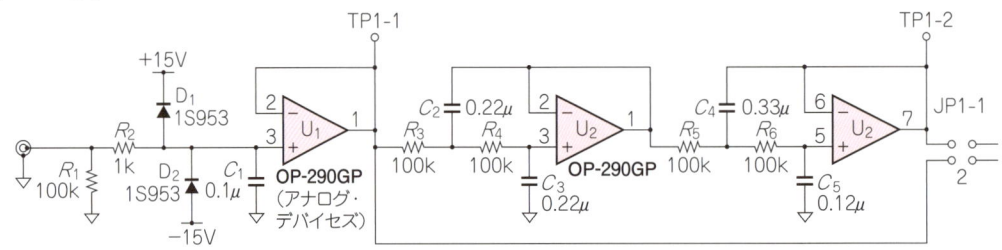

(a) ICの電源ピンやグラウンド・ピンが描き込まれていない回路図例

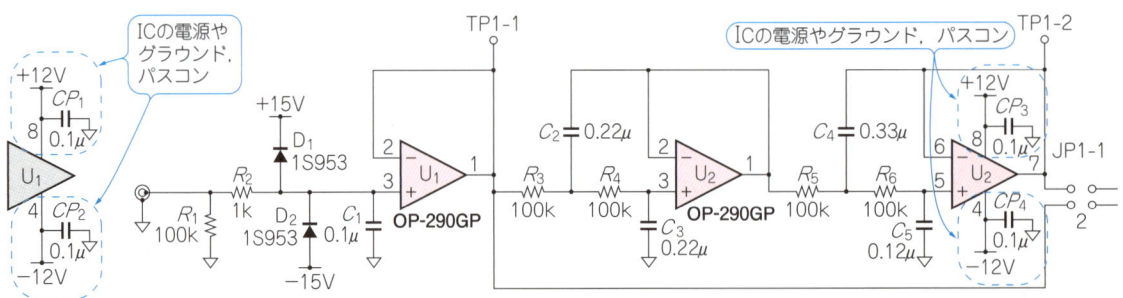

(b) (a)に電源ピンやグラウンド・ピンが描き入れられた回路図の例

ということもなくなりました．1.2 V，1.8 V，2.5 Vといった電源電圧が混在するのが現代のディジタル回路なのです．

そうなると，回路図のプラス電源を単にV_{CC}とした記述では，まったく対応しきれません．このような多種の電源は，こまめに回路図に描き込む（図6）ことです．

また，グラウンドも多種になることでしょう．これもきちんと整理して回路図に描き込みましょう．

● 未使用のピンの処理も回路図に描く

ICやコネクタの未接続端子などを，どこにも接続せず，いわゆるオープンとして処理することもあります．OPアンプなどアナログICの場合，未接続のままとし，普通は回路図には描きません．

ディジタルICの場合，このような未使用ピン，未接続ピンも回路図に描き込んでおくことをお勧めします．ただし，ディジタルICでは，端子をオープンとしておくことは，静電気などの影響を受けやすいので好ましくありません．20 kΩ程度の高抵抗で電源に接続する（プルアップ）とよいでしょう．

● SOPとDIPでピン配置が異なるICもある

ICのピン配置やピン番号にも注意が必要です．通常，ICのデータシートからピン番号を拾い出し，回路図に記載します．普通はこれで問題ありません．プリント基板設計は，回路図に記載されたピン番号でネット・リストが作成されることでしょう．

しかし，まれにICのDIPパッケージとSOPパッケージでは，ピン番号が異なるICが存在します（図7）．白状すると私自身にも，SOPもDIPもピン配置は同じとの先入観があり，そのあたりをまったく確認せず回路図に記載して，トラブルを招いたこともあります．ですから，使うICパッケージのピン配置を確認することが必要です．

▶ 部品表の型名はパッケージが分かるように詳しく

部品表には使う部品の前のほうの型名だけでなく，型名の最後のほうにつくパッケージ名まで書きましょう．

● ボリュームやスイッチの端子番号も大切

細かいことですが，ボリュームの回転方向，スイッチのON方向も回路図で指示しましょう．

ボリュームは時計回りに回したとき，回路中の出力が上昇するのが，人間工学上自然です．ボリュームの接続がポテンショメータ式，レオスタット式にかかわらず，そうなるようにS（Slider）または2番ピン，CW（Clock Wise）または3番ピン，CCW（Counter Clock Wise）または1番ピンの番号を回路図に描きましょう（図8）．

プリント基板用スイッチは，多くがSPDT（単極双投）で端子が3本あります．プリント基板設計におけ

図6 複数の電源やグラウンドがあるときは各電圧値を描き込む

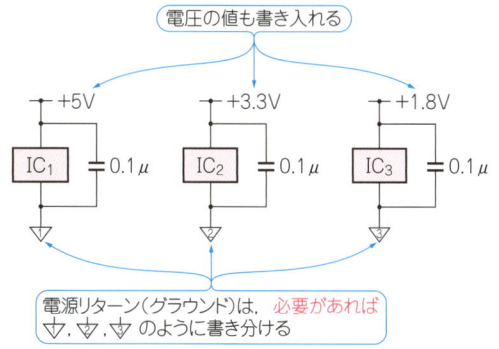

図8 ボリュームを時計方向に回すと出力が増えるようピンを配置しよう

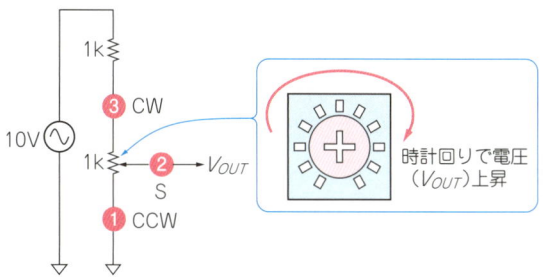

図7 [2] SOPとDIPでピン配置が異なるICもある（MAX203Eの例，カッコ内はSOパッケージ）

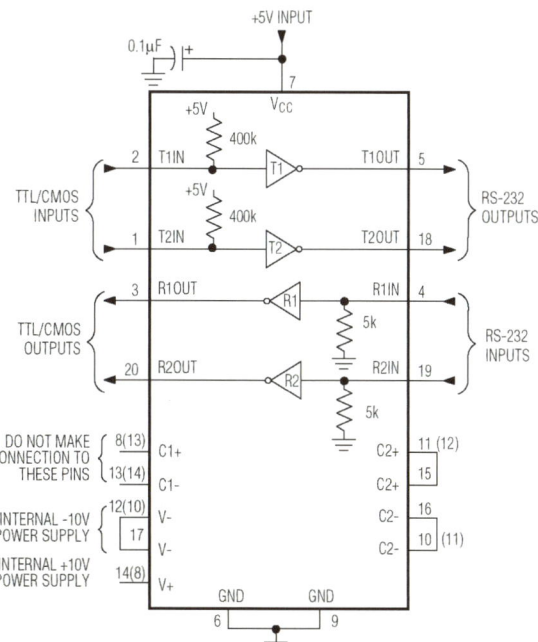

1-2 「プリント基板」という現実を意識して回路図を描く 15

るスイッチで大切なことは，ONするときのレバーの向きです．モーメンタリ型など取り付け方向によってONするときのレバーの位置がまったく逆になってしまいます．回路設計者の意図がはっきり分かるように，ボリュームやスイッチの端子番号を回路図に描き入れましょう（図9）．

● コネクタのピン配置に注意

コネクタのピン番号は，部品メーカが提示している内容で回路図に描き入れましょう．まれに同じようなピン配列のコネクタでも，ピン番号がまるで異なるコネクタが存在します．

● 1点アースの箇所を指示する

CADを使ったプリント基板設計で，泣き所はグラウンドの分けかたです．1点アースをしたくても，CAD上では単なる接続と区別がつきません．必要があれば回路図上で明確に表記します．

● 未使用ピンにもランドを設けておくと便利

量産設計ならばとにかく，少量生産や試作などでは，未使用ピンにもランドを設けておくことをお勧めします．表面実装型のICを使った回路ではなおさらです．このようにしておけば，急な仕様変更や回路変更にも対応できるでしょう．

● パターンの幅を指示しよう

回路動作だけでなく，プリント基板設計まで考慮した回路図ができました．あとは，各接続線のパターンの幅を流れる電流を考慮し，回路図を色分けすると終了です．パターンの幅は，銅箔の厚さ35μmの場合1mm/1Aとするのが一般的です．

● シルクは部品番号だけでない，シルクは基板の顔

パターン配線は以上で終わりですが，シルクが残っています．シルクが伝えるのは部品番号だけではありません．シルクは基板の顔ともいえるでしょう．ですから，いろいろと描き込んでおきましょう．

具体的には，会社名，ロゴ，基板型名，AD BOAD，CPU BOADなど機能名までは必須です．必要があれば，ULマークなど各種認証マーク，MADE IN JAPANといった生産国，はんだ方向を示す矢印などをシルクで示します．

● プリント基板設計者向けの回路図の検討事項

前項は回路設計者がトラブルを起こさないための回路図の描きかたでした．今度はプリント基板設計者に立場を変えてみましょう．

今まで回路設計者に説明したことと同じことに注意

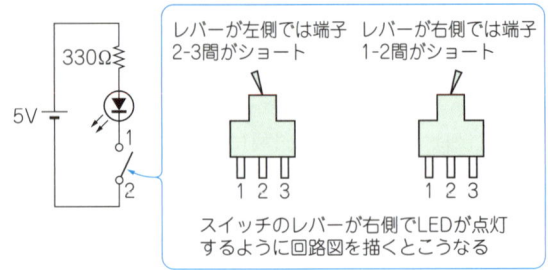

図9 スイッチのレバー方向も考慮しよう

して回路図を見ます．つまり，前項で挙げたことが，回路図に十分反映されていない可能性があるのです．もう一度まとめてみましょう．

- 回路図は機能ブロックごとにまとめる
- 基板の部品レイアウト図を書いてみる
- 回路図は実態配線のようになっているのか
- ICの電源，グラウンドをネット・リストに反映する
- 電源の種類とそのリターンを確認する
- 未使用の端子の処理を確認する
- SOPとDIPのピン番号を確認する
- 使う部品のパッケージを確認する
- ボリュームの回転方向，スイッチのON方向に注意
- シルクに図示する内容

● ネット・リストにこだわらないこと！

CADを使ったパターン配線は，ネット・リストにしたがってパターンを引き回すのが普通です．これはプリント基板上の回路の誤接続を防ぐ意味で，大変効果があります．しかし，ネット・リストに忠実すぎると，電気的には好ましくない配線になってしまうこともしばしばあります．このような場合は，ネット・リストを変更して電気的に好ましいパターンを引き回しましょう．

● プリント基板設計は電気的トラブルがないことが最善

ところで良いプリント基板設計について，私の見解を書いておきましょう．電気回路的にトラブルがなく，スムーズに動作するプリント基板が最善，回路の誤配線がないプリント基板は次善です．パターン配線図を提出してから暫く経ったら，回路設計者に修正が必要だった箇所を確認する習慣を身につけましょう．

◆引用文献◆

(2) MAX203Eデータシート，マキシム・ジャパン㈱．
▶ http://japan.maxim-ic.com/quick_view2.cfm/qv_pk/1047

1-3 部品は信号の流れに従ってレイアウトする
大規模回路もブロック図で流れを整理する

電気的にトラブルが起きないプリント基板設計について考えてみます．

● プリント基板には必ず信号の流れが存在する

プリント基板設計に一番大切なことは，なんといっても信号の流れに沿った部品レイアウトです．このような部品レイアウトができればプリント基板設計は難所を過ぎたといえるでしょう．

部品レイアウトが合理的ですと，信号はきれいに流れることでしょう．また部品レイアウトが良いプリント基板は，ノイズの発生が少なくなり，外来ノイズの影響を受けにくくなることでしょう．そして何より，回路自体が快適に動作します．このようなプリント基板設計こそ，本書のねらいです．

ここで，強調しておきたいことは，プリント基板には必ず信号の流れが存在する，ということです．以下もう少し具体的事例を挙げましょう．

● 最初は回路をブロック分けして信号を分類する

では信号の流れをどのように見つければよいでしょうか．それには全体の回路をブロック分けすることです．ここでは，よくある一般的な回路を回路の機能でブロック分けしてみましょう（図10）．回路の機能といっても，あまり厳密に考える必要はありません．一般的には，通信インターフェース，パラレル・インターフェース，CPU，FPGA，CPLD，アナログ回路などといった分類をするのが普通でしょう．

● ブロック分けすると見えてくる

ブロック分けした図10から何がわかるのでしょうか．まず，アナログ回路とディジタル回路が混在しています．各回路ブロックのグラウンドは，できる限りべたグラウンドを実現しますが，両回路ブロックの接点では，1点アースで接続する必要がありそうです．また，直流電源の種類，つまり，±12V，+5V，+3.3Vといった電源が，各回路ブロックに必要ですね．

電源ラインも一つの信号と考えると，同じ電源を「飛び地」のようにプリント基板のあちこちで使うことは，電源ラインがむやみに長くなり得策ではありません．つまり，一つの電源に対し，負荷となるICもまとめてプリント基板上に配置する必要があるのです．

しかし現実には，回路の機能ブロックから見ると，まったく別の部分で同じ電源を使うこともあります．プリント基板上では，同じ電源を「飛び地」で使う状態です．この場合，電源を個別に用意することを検討しても，十分なメリットがあるでしょう．

● コネクタに注目すると信号の流れが見えてくる

大胆に，コネクタを中心にブロック分けしてみませんか．信号の入出力のないプリント基板は存在しません．信号の入出力はコネクタですから，コネクタに注目すると信号の流れがはっきりと見えてくることでしょう．図11は，プリント基板における信号の流れをコネクタを中心にパターン化した例です．

● ブロック間の信号の流れに注意する

以上をふまえて，図10に示した回路全体のブロックをレイアウトしてみましょう（図12）．

コネクタ位置は，ユーザの要求などの条件があるので，レイアウトを2通り用意してみました．図12(a)では信号の流れが図11のタイプⅠ，図12(b)では信号の流れがタイプⅤとなっている点に注目してください．

図10 機能でブロック分けして描いた回路図の例

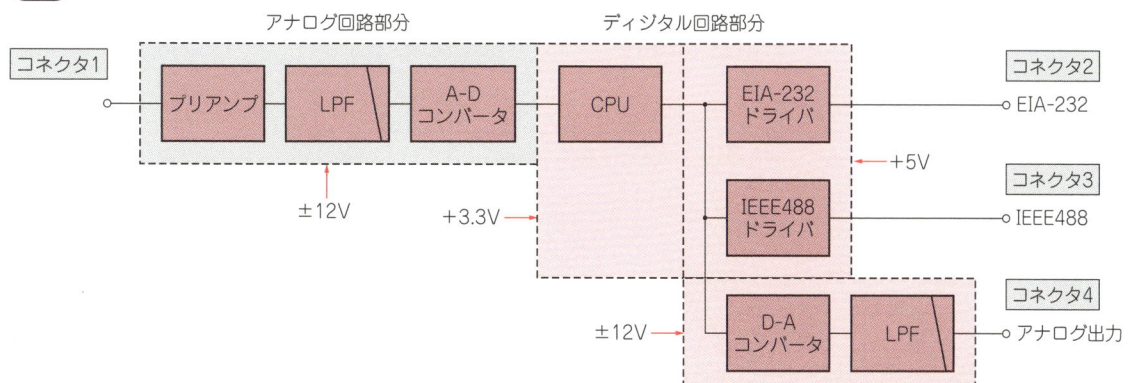

図11 プリント基板における信号の流れをコネクタを中心にパターン化した例…これ以外にもいろいろな組み合わせがある

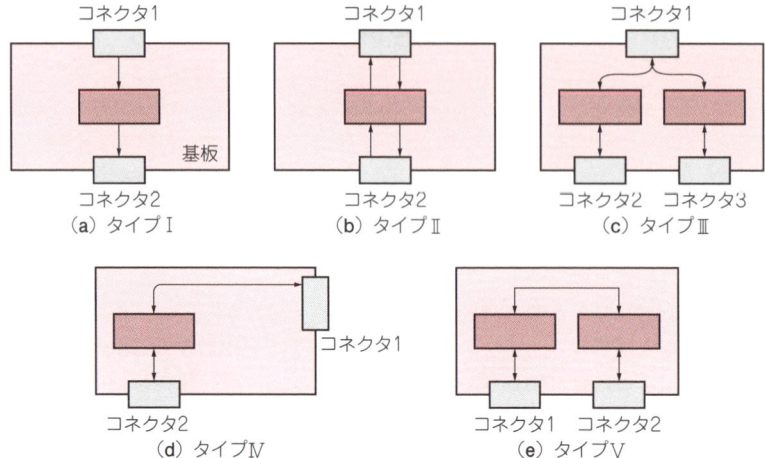

図12 コネクタ位置や電源の流れに配慮した回路ブロックのレイアウト

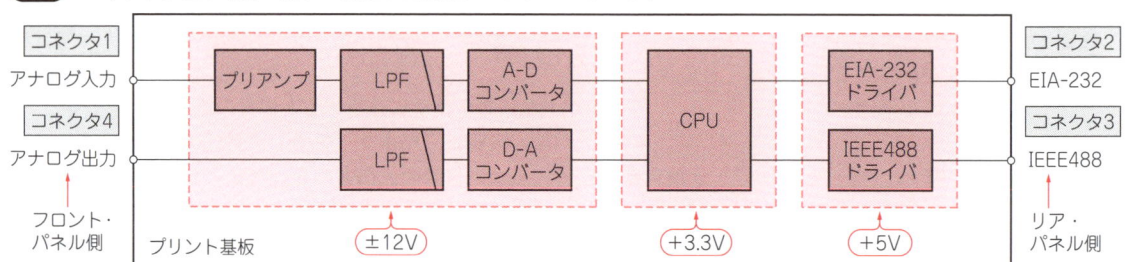

(a) 図11に示した信号の流れ…タイプIになっている

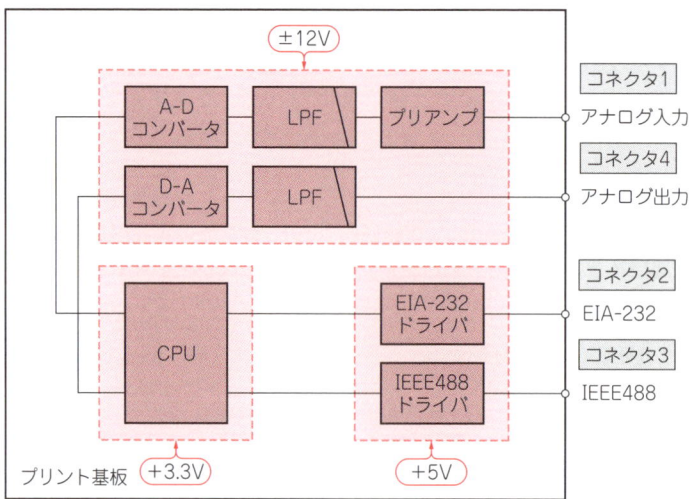

(b) 図11に示した信号の流れ…タイプVになっている

● 実際に部品を置いてみよう

現実にはこのように簡単にできません．そのような場合，方眼紙上に実際に部品を置いてレイアウトを検討してみましょう．現実の部品でなくても，部品と同じ大きさに切った紙で十分に役立つでしょう．

〈瀬川 毅〉

(初出：「トランジスタ技術」2005年6月号 特集第1章)

徹底図解★プリント基板作りの基礎と実例集

第章
搭載部品の性能を引き出す高性能な基板を作る

部品のレイアウトとパターン設計の基本

プリント基板の設計とは，回路図をもとに，これをプリント基板上のパターンに実現する技術です．これをパターン設計と呼んでいます．

パターン設計は，パターンによって部品どうしを配線する作業だけでなく，プリント基板の選択，形状設計，部品の外形形状の割り出し，プリント基板上への部品配置も含んでいます．パターン設計はアートワーク（作画）技術のように見えますが，実際は回路設計の一部であり，また，基板製造・実装工程の一部でもあります．

従って，必要とされる知識は，電子技術から材料技術，加工技術，実装技術と広範にわたります．ここでは初めて基板設計に携わる方を対象に，基本的な知識を説明します．あわせて，実務で巡り会うと思われる専門用語もできるだけ加えるようにしました．

 部品配置とアートワークの基本
発熱部品や高速信号ラインなどには特に注意する

電子機器の性能は，部品配置で決まると言っても過言ではないほど，配置設計は重要です．

部品配置は，部品の電磁気的特性，熱的特性，入出力信号のレベルや周波数などを考慮して決めなければなりません．また，パターンは，電流容量やインピーダンスなどを考慮し，それ自体が回路であると考えて引いていく必要があります．ここではその基本中の基本ともいうべき事柄を取り上げます．

● 発熱素子の周囲への影響を配慮する

発熱体の第一は抵抗です．発熱部品は写真1のように基板から浮かせ，周囲の部品と距離を取ります．また，熱に影響されやすいセラミック・コンデンサや電解コンデンサは発熱部品から遠ざけます．電解コンデンサは，機器の寿命を決める要因ですから，電源回路などでは熱への配慮が必須です．

トランジスタも発熱体の一つです．発熱の大きなものは放熱フィンを付けますが，フィンの放熱部は，基板の外方向に向けます（写真2）．

ICのうち発熱するものは，プリント基板の設計時点でICの底部から放熱できるように，図1(b)のように部品面にベタ・グラウンドを設けます．図1(a)は，IC間の信号を優先した配線ですが，一般には図1(b)のほうがグラウンドを強化できてノイズ対策の点でも有利です．

● バス・ラインが最短距離になるよう配置する

バス・ラインはディジタルICの入出力信号に相当するもので，一つのバスで8～32本の多くの配線を占有します．従って，ICを配置するときは，このバス・ラインが最短になるように配置することが基本となります．

写真1 発熱部品(この写真では抵抗)は基板から浮かせる

写真2 放熱フィンは外方向に向ける

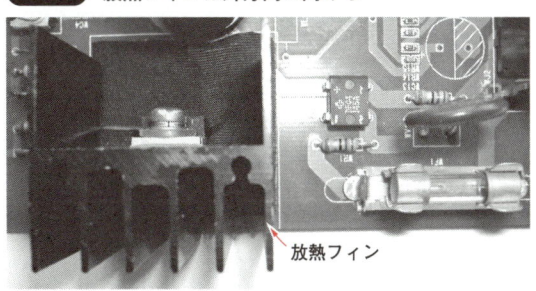

放熱フィン

図1 発熱するIC底部のパターンはベタにする
熱に影響されやすいセラミック・コンデンサや電解コンデンサは発熱部品から遠ざける.

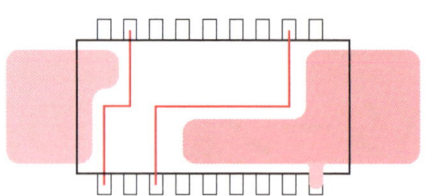

(a) IC間の信号を優先したパターン

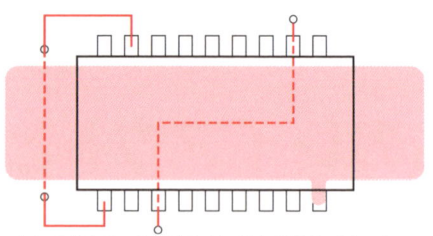

(b) 部品面にベタグラウンドを設けたパターン. こちらを推奨

図2 バス・ラインが最短距離になるように配置する

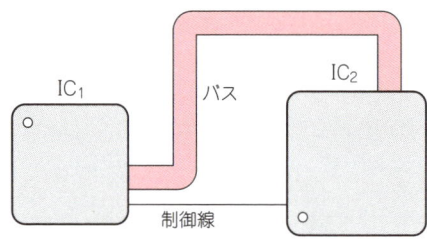

(a) 制御線は最短だがバス・ラインは長い

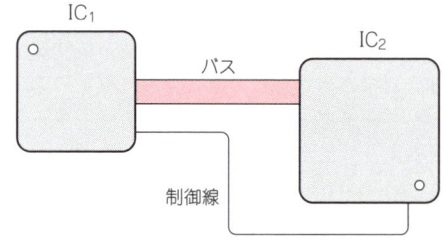

(b) バス・ラインが最短になるように配置を変更

図3 クロック・パターンはアンテナとなる
ICの入力容量15pFのインピーダンスは50Ω(@200MHz)！極めて低く重い負荷.

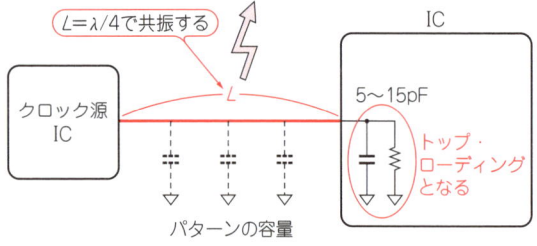

図2(a)では，制御線は最短ですが，バスが長くなっています．このような場合は，図2(b)のように配置を変更してバス・ラインを最短にします．

● クロック・ラインはアンテナになり電波の出入り口になる

バス・ラインの基準信号はクロックです．従って，クロックはバスのなかでもっとも周波数が高い信号となります．このとき，クロック・パターンは図3のようにアンテナになって，外部に電波を放射します．

このアンテナは，垂直アンテナと同じ原理で，図のようにアンテナの先端部がICの入力端子であり，こ

NCボール盤　　　　　　　　　　　　　　　　　　　　　　　　　　用語解説

ボール盤は，電気ドリルを架台に固定したものです．NCとは数値制御(Numerical Control)のことで，X，Y座標を外部から入力してXYテーブルを座標位置に移動し，Z軸方向(ドリルの歯)から削るボール盤です．プリント基板の穴はPCB CADのドリル・データによりNCボール盤を使って開けられます．

NCボール盤では，Z軸方向の深さもコントロールできるので，表面から銅箔を35μm削ってパターンをエッチングすること(ミリングmilling)もできます．NCデータは，穴のX，Y座標とドリル径を指定します(図A)．

図A NCボール盤の原理

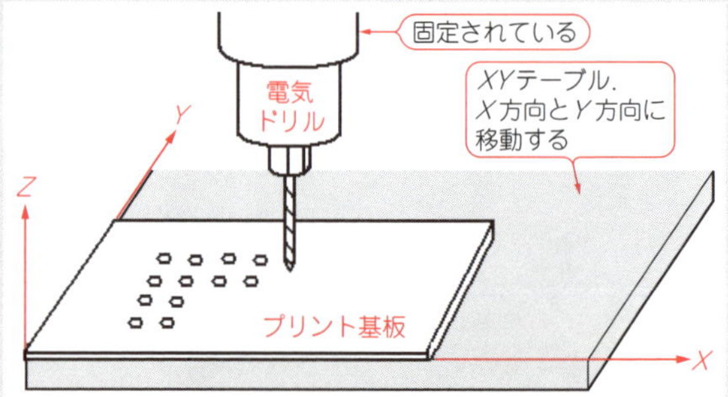

図4 クロック・パターンの描き方
羊飼い方式は，EMI，遅延の点で問題の少ない配置．

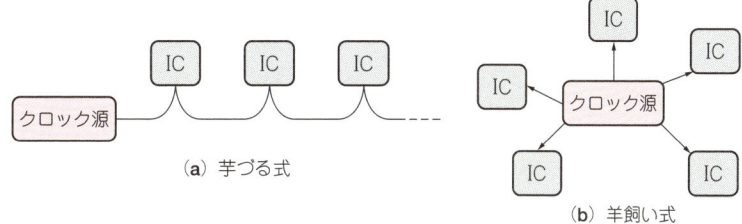

(a) 芋づる式　　(b) 羊飼い式

の部分の負荷（トップ・ローディング）がアンテナの実効高（共振する長さ）を短くする効果があります．ICの入力容量15 pFのインピーダンスは，200 MHzでは50 Ωと極めて低く，重い負荷となるからです．従って，図示したパターンの容量を含めて計算上のLは短めになります．送信アンテナと受信アンテナは同じ式に従うので，これは受信アンテナにもなります．

つまり，パターンはすべて，特定の周波数に同調するアンテナと考えなければなりません．この場合，クロック・パターンが，クロックの波長λの1/4より十分に短くなるようにICを配置することがポイントです．

● 羊飼い方式のパターンを原則にする

ディジタル回路の高速化に伴って，クロック・パターンの長さが1/4波長に匹敵するようになってきました．しかも，クロックは，図3のように一つのICだけに接続されるわけではありません．図4は，クロック・パターンの描き方を示したものです．

図(a)は，クロック・パターンの随所にICの入力容量負荷が入ることになり，結果としてパターンの共振周波数が低くなり，EMI（不要輻射と流入）の点で不利です．のみならず，各ICへのクロックの到達時刻（遅延時間）がずれてしまいます．図(b)は，EMI，遅延の点で問題の少ない配置です．

● 芋づる式に対してはパターン幅やストリップ・ラインで対処する

バス・ラインや基板の形状の関係で，図4(a)の形にせざるをえないときもあります．この場合は，図5のようにします．

すなわち，入力容量の大きいICへのパターンは，短くかつパターン幅を広くします．これにより，パターンのインダクタンスが小さくなり，共振周波数が低下します．また，両端をグラウンドで挟んでストリップ・ラインを形成することも，インピーダンスを下げる効果があります．これは同軸ケーブルから電波が放射されないことと同じ原理です．

配線長と信号の波長を比べて，配線長が信号の波長より長くなる場合は，分布定数回路と考えます．従って，終端によるインピーダンスの整合，ダンピング抵抗の挿入などの回路的な配慮が必要になります．

● 回路ブロックのグラウンドは1点に集める

グラウンド・パターンは，1点アースが基本です．図6において，ブロックA，B，Cは一つの機能回路ですが，その内部は1点アースとします．これは，ブロック内部のグラウンドは，ブロック内でまとめてしまい，ほかのブロックのグラウンドに接続しないということです．

パターンは抵抗成分rをもっていますから，その両端に電位が発生します．この電位は他のブロックから見ればノイズですから，ブロック外部へ流出しないようにしなければなりません．今，図のX点のパターンを引いていると，すぐ近くにZのグラウンドがあったとします．この場合，少々距離があってもそこには接続せずに，必ずブロック内のY点に接続します．

図5 芋づる式に対してはパターン幅やストリップ・ラインで対処する
入力容量の大きいICへのパターンは短くかつパターン幅を広くする．

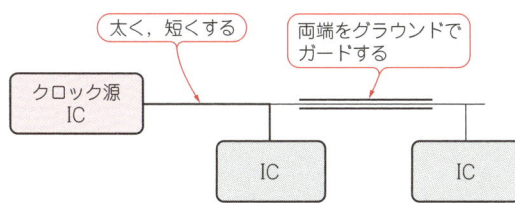

図6 グラウンド・パターンは1点アースが基本
パターン設計では最初にグラウンド・パターンを引きスルー・ホールを経由しないようにする．これがベタを分断させないポイント．

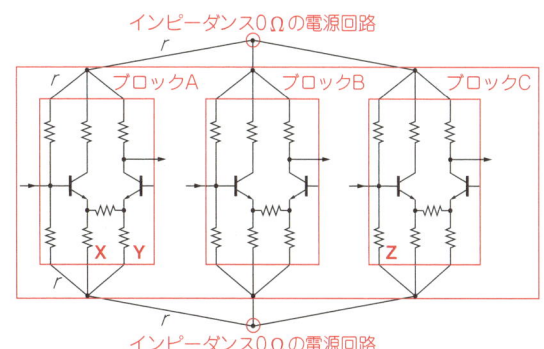

このような面倒なことを一挙に解決してくれるのが，**ベタ・グラウンド**です．**図6**で，X，Y，Zの点が電源と同じインピーダンスであれば，グラウンドはどこに取っても同じだからです．

しかし，両面基板では，ベタの部分がパターンによって分断されます．これは，**図6**のr成分がノイズ発生の原因となります．パターン設計においては，最初にグラウンド・パターンを引いて，すべてのグラウンドをスルー・ホールを経由することなく直接結びます．これがベタを分断させないポイントです．

● 信号のリターン電流がどこを通るかを意識する

信号がパターンを通る場合，必ず帰り道があります．**図7(a)**の場合はもっとも分かりやすく，帰り道は一つです．**図(b)**の場合は，負荷側のトランジスタを駆動して帰って来ますから，図のようになります．**図(c)**はディジタル回路の場合で，負荷を充電する場合と放電する場合でリターン電流の通り道は異なります．

さて，アートワークではどの点に注意したら良いのでしょうか．それは，**図7**の電流ループの面積が広くならないように，できれば往路と帰路が対になるようにします（**図8**）．

リターン・パスは，もっとも近くのグラウンド・パターンであるとは限りません．意識的に信号の帰路を確保しない場合は，例えベタを最後に生成したとしても，予想外に複雑な経路を取る可能性があります．また，多層基板の場合は直下のグラウンド部分が帰路になるので，この部分を内層パターンで切断しないように気を付けます．

● ベタ状にしてパターンのインピーダンスを下げる

パターンがライン状であるのに対し，ベタはある程度以上の面積を持った領域であり，かつ電気的に回路のネットに接続された導電性の部分です．ベタは，グラウンドと電源に対して設ける場合がほとんどです．

図7 リターン電流の通り道
信号のリターン電流がどこを通るのかを意識しよう．

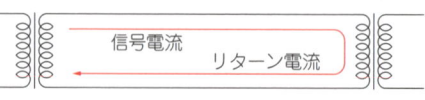

(a) 平衡回路のリターン電流

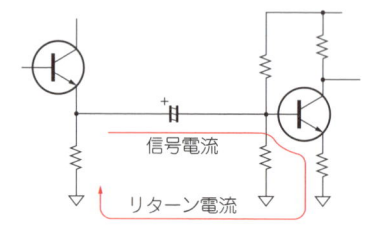

(b) アナログ回路のリターン電流

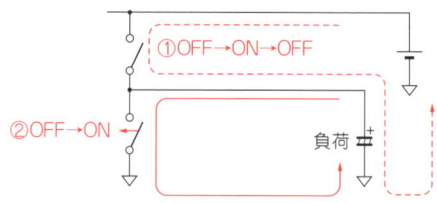

(c) ディジタル回路のリターン電流

ベタ・グラウンドの効果を以下に示します．

① グラウンドのインピーダンスを下げる
② 導体部分の電流容量を増加させる
③ 回路をシールドする

グラウンドのみならず，すべてのパターンのインピーダンスが下がるので，回路信号間の干渉も減少します．さらに外部への不要電波の放射も少なくなります．**図9**にベタ無しパターンとベタ・パターンの例を示します．

図9(b)でベタ側のラウンドは，周囲の銅箔の間に切り込みが設けられています．これは**サーマル**と呼ばれ，はんだ付けの際に，周囲の銅箔に熱が逃げないようにして，はんだ上がりを良くするためのものです．

ソルダ・レジスト 　　　　　　　　　　　　　　　　　　　　　　　　　　　　　　　　**用語解説**

プリント配線板上の特定領域に施す耐熱性被覆材料です．

はんだ付け作業の際に，この部分にはんだが付かないようにするレジスト（JIS C5603の定義）です（solder resist，solder mask）．

ここでレジストとは，材料の表面の一部分を所望のパターンで覆って，覆われていない部分にはんだ付けやエッチングなどの次処理が行われるようにするときの，被覆パターン材料のことです．

ソルダ・レジストには，はんだ付着防止以外に，電気特性の改善，導体間の絶縁，導体の保護などの役割もあります．

ソルダ・レジストは，熱または紫外線硬化性インクを印刷する方法と，感光性材料を用いる写真法で形成します．

ソルダ・レジストに関する規格としては，IPC-SM-840があります．

図8 往路と帰路を対にして信号のループ面積を小さくする

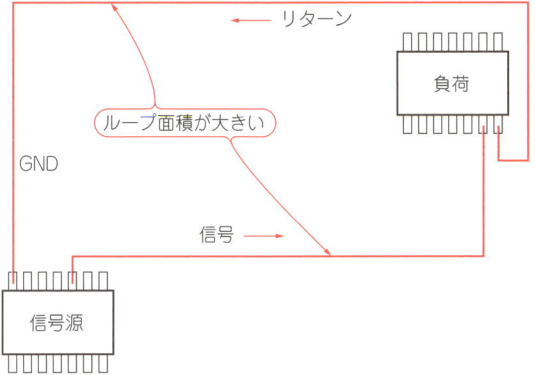

(a) ループ面積大

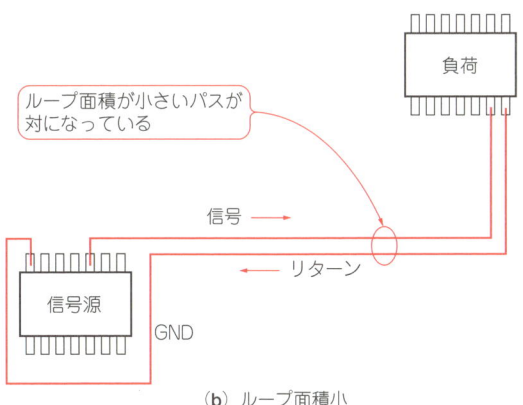

(b) ループ面積小

図9 ベタなしパターンとベタ・パターンの例
銅箔の間の切り込みはサーマルと呼ばれ，はんだ付けの際に周囲の銅箔に熱が逃げないようにしてはんだ上がりを良くするためのもの．

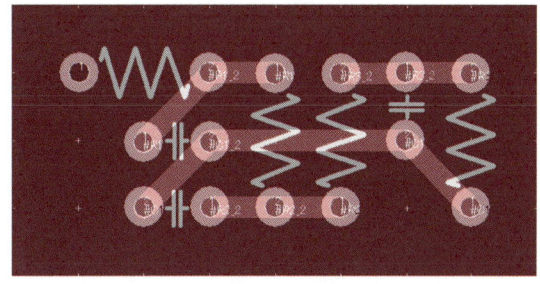

(a) ベタ無しパターン

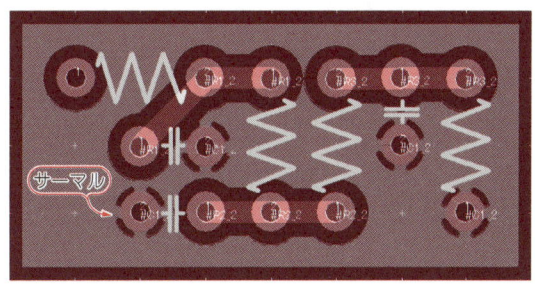

(b) ベタ・パターン

図10 パターンのエッジと輻射の関係
高周波信号のパターンのコーナは鋭角にしない．

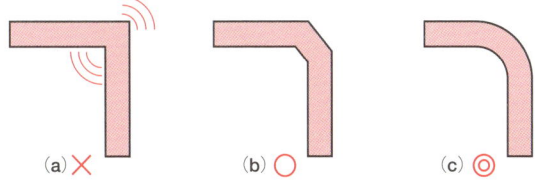

● グラウンドのアナ／ディジ分離は鉄則ではない

アナログ・グラウンドとディジタル・グラウンドは分けることが昔からの通則です．また，**図6**の1点アースの考え方でも当然そうなります．これはディジタル回路のノイズが アナログ回路に入り，アナログ回路の性能を劣化させるからです．

しかし，グラウンド，V_{CC}だけの内層を持つ多層基板においては，アナログとディジタルのグラウンドを共通にすることで不要輻射・流入が著しく低減できます．さらにアナログ信号のS/Nにおいても改善される場合が多く，アナ／ディジ分離が鉄則ではなくなっています．

それでも，アナログ回路をディジタル信号からガードする必要がある場合は，シールド・ボックスで隔離します．なおV_{CC}系は，アナ／ディジ分離は必須ですし，両面，片面基板においてはグラウンドを分離したほうがよいことは変わりません．

● パターンのエッジは鋭角にしない

クロックのような高周波信号のパターンのコーナは，**図10(a)**のように鋭角にすると，信号の輻射，流入の原因となります．これは電磁波分布の不連続性に伴う現象で，マイクロストリップ・ラインを扱う高周波の分野ではよく知られた事柄です．

なお，オーディオ回路のような低周波回路では，このような配慮は不要です．

● 電源のパスコンの配置でパターン設計者の技量が分かる

図11(a)のような回路図に対して，**図(b)**のようなパターン設計がありました．幸い動作には支障ありませんでしたが，これはIC設計者と回路設計者の意図には反しています．

ICには各種のV_{CC}がありGNDがあります．この場合，回路設計者は，暗黙のうちに，①GNDはベタにする．②パスコンはICの根元で該当するV_{CC}とGNDの間に

2-1 部品配置とアートワークの基本

図12 平行ストリップ・ラインの配線容量
パターン幅が狭くなると線間容量が増える．

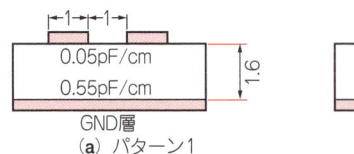
(a) パターン1

(b) パターン2

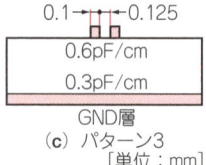
(c) パターン3
[単位：mm]

図11 パスコン配置の不適切な例
GNDはベタにする．パスコンはICの根元で該当するV_{CC}とGNDの間に入れる．

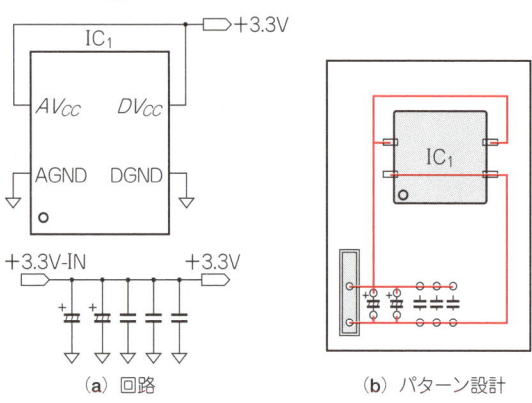
(a) 回路　　(b) パターン設計

図13 ミアンダ・パターンの形状例
配線長をそろえて信号の遅延時間を合わせるために用いる．

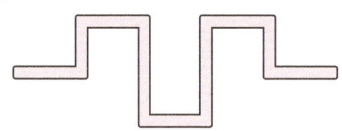

図14 パターン幅と電流容量の設計指針（IPC2221A）

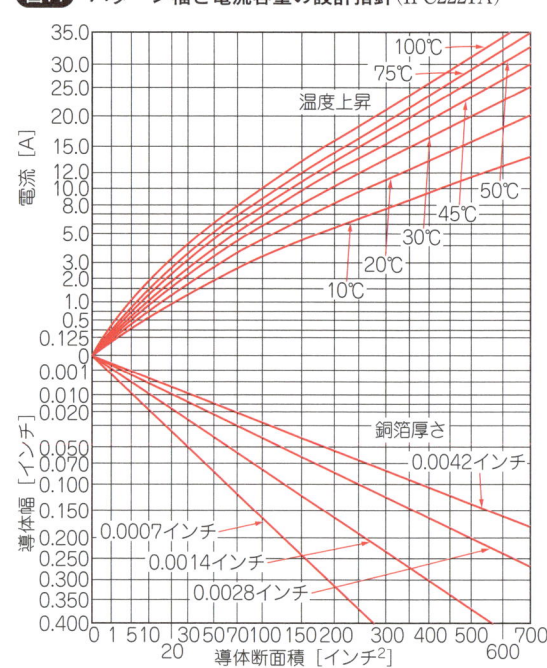

入れる．という指示を出しているのです．

回路図を渡されたら，まず，電源系統とグラウンド系統を確認し，IC端子の名称と照らし合わせます．パスコンの位置は，この作業のなかでおのずと決まります．

● 多層基板の配線容量を知っておく

高周波，高速回路においては，パターンの容量やインダクタンスが無視できません．むしろパターン自体が回路であると言えます．

パターンが平行している場合，どの程度の容量があるのかを**図12**に示します．パターン幅が狭くなると線間容量が増えること，いずれも層間容量が大きいことが分かります．このほか，パターンの自己インダクタンスや相互インダクタンスにも配慮が必要です．

また，高速回路には，クロックや信号線の配線長が異なるために発生するスキューの問題があります．スキューとは，各ICに到達するクロックの位相がずれることで，ディジタル回路の誤動作の原因の一つです．
図5(b)のような羊飼い方式のほか，**図13**のようなミアンダ（meander）パターンにより配線長をそろえて，信号の遅延時間を合わせます．

● パターンの電流容量を求めるには

電流容量とは，導体（電線や銅箔パターン）に流すことのできる電流値です．パターン幅が狭くなれば抵抗値が増加し，電流によって電圧降下とジュール熱が発生します．

従って，パターンの電流容量は，これがどの程度許容できるかによって変わってきます．**図14**はこの指針を与えるものの一つで，導体幅，導体厚さと許容温度上昇から，電流容量を求めることができます．

2-2 パターン設計で必要となる実用知識

スルー・ホール径,基板分割法,浮きベタの残銅率などに注意

パターン設計の際には,パターン幅や間隔,銅箔の厚み,基板の誘電率,層間の厚み,スルー・ホールの抵抗値など,電気的な要素を考慮しなければなりません.

これに加えて,はんだ付け性,部品の高さ制限への配慮,基板の分割方法など,実際的で細かな留意点が数多くあります.ここではCADを使う前に知っておくべき実際的事項のいくつかを紹介します.

● グラウンドや電源を強化する

スルー・ホールには,抵抗成分(数mΩ)がある,信頼性が万全でない(めっきの不均一),という弱点があります.また,銀スルー・ホールは,銅めっきスルー・ホールよりこの点がやや劣ります.

写真3 は,電源回路のパターンですが,スルー・ホールは4～6個設けてあります.回路図のネットに無いので忘れがちですが,表面と裏面のベタ・グラウンド間にもスルー・ホールを均一に追加しておきたいものです.これはグラウンドの強化につながります.

なお,スルー・ホールの抵抗は,直径が大きいほうが低いので,電源やグラウンドは大きめにします.

● ミシン目やVカットで基板を分割する

基板には,捨て板の部分があります.写真4 の捨て板には,実装や検査のための固定穴を設けてあります.動作検査後に左下の部分をカットします.

捨て板を簡単にカットできるようにした,写真4 のようなスリットをミシン目と呼んでいます.捨て板だけでなく,基板の共取りの場合にも使われます.ミシン目の幅は,基板厚1.6 mmの場合,1～1.5 mmです.ミシン目の指定は,外形線で点線を入れます.

カット部分が直線の場合は,図15 のようなVカットが用いられます.スリットが無いぶん,基板面積を有効に使えます.ガラエポのように固い材質では切り

写真3 スルー・ホールを増やして電源やグラウンドのインピーダンスを下げる

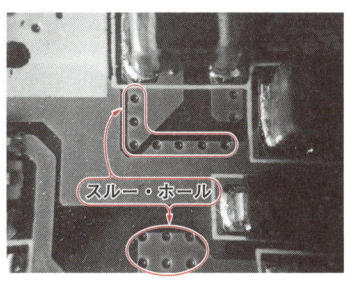

写真4 ミシン目と捨て板

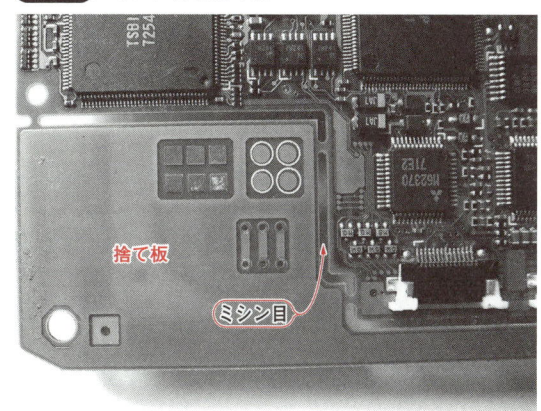

EMI 用語解説

電子機器内部のクロックやバス・ラインには高周波信号が流れており,外部に電波を放射しています.同時に,微小な信号を扱う部分がこの電波を拾うと,誤動作することがあります.これらの不要輻射・流入を総称して,EMI(Electromagnetic Interference:電磁妨害)と呼んでいます(図B).

EMIは,各国とも規制があり,定められた規準内で無ければ,製品の輸出や販売ができません.このような不要輻射・流入対策は,最近ではEMC(Electromagnetic Compatibility:電磁的両立性)という用語に統一されるようになりました.

図B 電子機器からは電波が放射されている

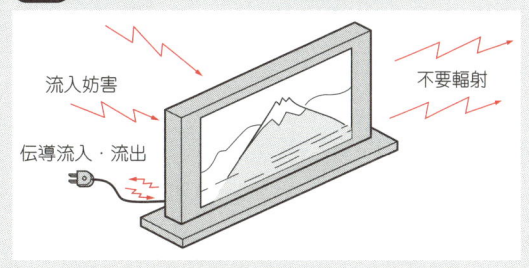

写真5 ドリルによるカットの例

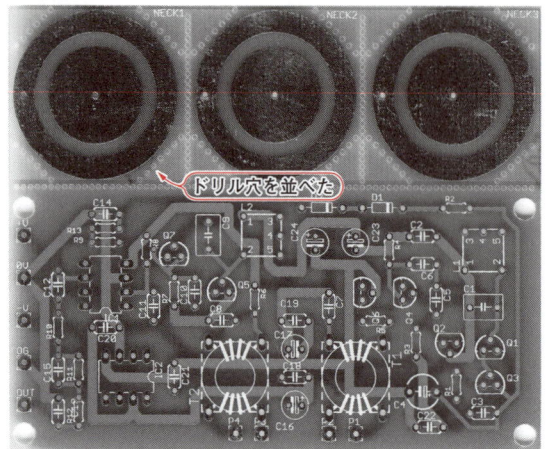

写真6 浮きベタの処理例

図15 Vカットはカット部分が直線の場合に使える
基板の一部をVカットにすることはできない．

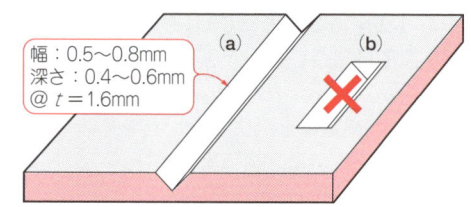

幅：0.5〜0.8mm
深さ：0.4〜0.6mm
@ $t=1.6$ mm

込みを深くします．なおVカットは，図(a)のように基板の端から端までしか入らず，図(b)のように一部をVカットにすることはできません．

ちなみに，ミシン目とVカットは，基板試作コストが上積みとなりますが，写真5のようにドリル穴を並べれば同一コストで試作できます．

● 浮きベタは残銅率に注意する

写真6のように，基板の一部にパターンが無い部分があり，かつこれがかなり大きな面積を占めている場合，意図的に銅箔を残す場合があります．大きな基板では，銅箔の無い部分の面積が大きいと，はんだ槽に漬けたときにたわみが発生することがあります．

写真6の場合は電気的にどこにも接続されていないので，「浮きベタ」と呼ばれます．浮きベタは信号的には有害無益であり，削除するのが原則ですが，大きな面積になる場合はグラウンドに接続して残します．その際，全面を銅箔にするのでは，他の部分との銅箔の比率が違いすぎます．そこで，写真6のように編目にして銅箔の比率を50％程度にします．これを残銅率と言います．

高周波回路のベタ・グラウンドも，写真6のように網目にすることがありますが，このときは，残銅率がインピーダンスを決める重要なファクタとなります．

● 板厚はできるだけ薄くする

プリント基板の厚みは，多層基板でも薄く仕上げることができます．4層基板の板厚は0.8 mm程度ですし，4層以上の場合は，層数に比例し，12層で2.3 mm，32層で5.6 mm程度です．また，ビルドアップ基板は，8層でも0.8 mm以下です．

基材の厚みは，強度が許せばできるだけ薄くすべきです．グラウンドや電源層との距離が減少することで，インピーダンスが下がり，不要輻射が低減します．

● 高さ制限のある部分にはゼブラ・ゾーンを入れる

基板を外装に組み込む場合，基板どうし，基板と機構部，基板と外装とのぶつかり合いがあり，基板の高さが制限されます．この高さ制限のある部分にCADの作図機能を使って，目印を入れます．駐車禁止のようなゼブラ・マークが分かりやすいでしょう．外形の作図と同時に行うと作画ミスを防げます．

ゼブラ・ゾーン　　　　　　　　　　　　　　　　　　　　　**用語解説**

 図C ゼブラ・ゾーン（部品配置禁止領域）

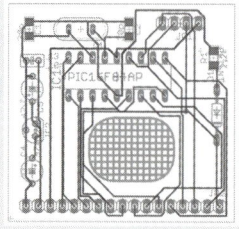

筐体の一部に凹凸がある場合などに，あらかじめ基板に部品配置禁止ゾーンをシルクで描いておくことがあります．ゼブラとはシマウマの模様（斜め縞？）ですが，これに限らず，図Cのような格子縞でもかまいません．ゼブラ・ゾーンを入れておけば，設計者が構造図面を参照する手間が省け，ミスも減ります．

2-3 パターン設計CADにおける回路図作成のポイント
部品ライブラリを準備してオート・ルータを活用しよう

パターン設計は回路図作成の段階からすでに始まっています．回路図にプリント基板の情報を入れておけば，あとはコンピュータが処理してくれる…そのような流れになりつつあります．ここではプリント基板設計での回路図作成の基本に触れます．

● **自動的にパターンが引けるような回路図を描く**

　PCB CADには通常，オート・ルータという自動配線ソフトが付属しています．例えば，**写真5**の基板はオート・ルータ（Eagle4.1，Standard使用）で描いたアナログ回路基板ですが，動作はまったく問題ありません．

　回路設計者がパターン設計をする場合は，パターン設計のプロではないのですから，オート・ルータが使えるならば利用すべきです．

　しかし，回路図作成時点から用意周到に準備しておくべきこと，つまりライブラリの整備，作成は手が抜けません．最初にこのライブラリについて簡単に説明します．詳細は第12章以降を見てください．

● **個別の部品情報はライブラリに集められている**

　PCB CADに付属する回路図エディタは，部品一つ一つを，プリント基板に配置することのできる実体として取り扱います．このためには，足のピッチと直径，ランドの大きさ，貫通か面実装か，さらに部品の占める領域（外形）や端子以外の部品取り付け穴などの，形状に関する情報が必要です．この情報はPCB部品としてPCB部品ライブラリに登録されます．

　例えば，**図16(a)** のコイルは，回路図シンボルとしては**図(b)** のようになりますが，プリント基板としては**図(c)** のように設計しなければなりません．

　図(b) と**(c)** の情報は，ひとまとめにして部品（統合部品データのことで，パッケージと呼ばれることもある）と呼ばれます．ここで言う「部品」とは，一言でいえば，ある回路部品（例えば型番SP0203のコイル）に関するあらゆる情報を集めたものです．従って，「部品」にはシンボル以外に，PCBのフット・プリント，参照名，名称，メーカ名，価格，3次元形状などが含まれます．これらの情報を関連付けた最上位の電子部

図16 部品のシンボルとPCB部品の関係
図(b)と(c)の情報は「部品」と呼ばれる．

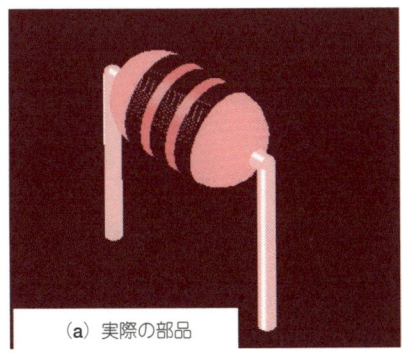
(a) 実際の部品

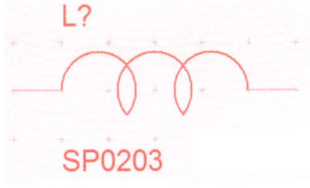
(b) シンボル

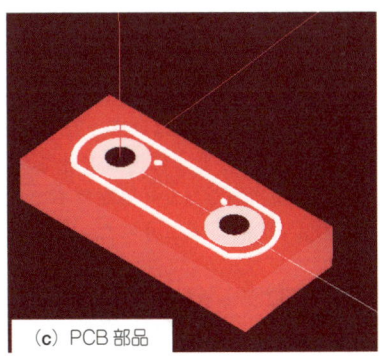
(c) PCB部品

ストリップ・ライン　　　　　　　　　　　　　　　　　　　　　　　　用語解説

　図Dのように，基板の内部に信号線路（パターン）がある場合，高周波の領域ではストリップ・ラインと呼ばれます．

　信号が高周波化するほど，反射波の影響を大きく受けるので，基板内で特性インピーダンスを均一にする必要が出てきます．これを基板のインピーダンス・コントロールと言います．

　例えば，**図D**で $\varepsilon_r = 5$，$t/h = 0.05$，$w/h = 0.1$ の場合，特性インピーダンスは50Ωとなります．

図D ストリップ・ラインの構造

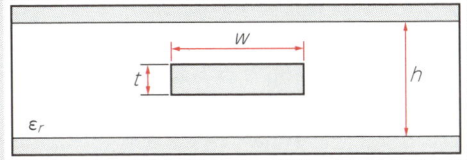

表1 主なCADソフト
各ソフトウェアのバージョンは執筆時のもの.

CAD名	URL	特徴
Altium Designer 10	http://www.altium.com/	旧Protel. FPGAを含むシステムの試作からPCB製造までの統合環境を提供する
CADLUS One CADLUS X	http://www.cadlus.com/ http://www.p-ban.com/	国産CAD. CADLUS Xは，CADLUSの開発元ニソールがP板.com専用に開発した無償CAD
EAGLE 5.11	http://www.cadsoft.de/	超低価格であるにもかかわらず，操作性が良い．オート・ルータを標準装備
OrCAD PCB Editor	http://cadence.com/	回路図CADは伝統があり使いやすい．OrCAD Layoutの後継で，Cadence Allegroの改良版
PADS Layout	http://www.mentor.com/	PCB CADとして海外でもっとも多く使用されている．Windows対応．自社製オート・ルータ採用
CR-5000 Board Designer	http://www.zuken.co.jp/	図研は，国内のPCBCADの老舗．最新のCR-5500は，回路図～PCBの統合環境を提供する

図17 回路図からネット・リスト(結線情報)を出力する

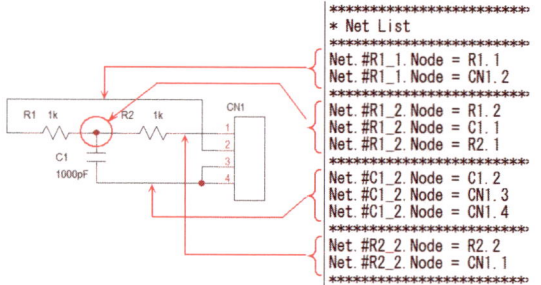

品情報が「部品」です．これを使えば，PCBを設計するためのほとんどの情報を回路図に盛り込むことができます．

電子部品の種類と数は膨大ですから，この中から所望の部品を探すことは簡単ではありません．そこで，ICやコネクタのように種類ごとにライブラリを設け，回路図作成に当たって必要なライブラリだけを選び出して設定(登録)するようになっています．

● 回路図エディタはネット・リストを出力する

ところで，「シンボルさえあれば回路図は描けるじゃないか！」と思われる方もおられるでしょう．確かに，プリンタで打ち出した回路図は配線とシンボルからできており，シンボルには参照名，値程度しか付いていません．配線図を作るだけの回路図エディタは実際これで成り立ちます．

このような回路図エディタでプリント基板を設計する場合は，回路図から打ち出したネット・リスト(図17のように配線情報を数値化したもの)をPCB CADに転送し，PCB CADにおいて部品形状を入力します．これは回路設計とPCB設計が分業している場合に使われるスタイルです．

このような歴史的事情から，CAD業界には，回路図系(OrCADなど)とPCB系(図研，PADSなど)の二つの流れが存在します．主なCADソフトを表1に示します．

● ネットはパターンを引くために使用する

パターン設計で，回路図を見ながらパターンを引いていては眼が疲れますし，誤配線も発生します．そこで，前述したように，PCB CADでは，配線図からネット(結線)情報を取り出し，これをもとにパターンを引いていきます．

部品と部品を結ぶ結線には図17のような番号が付けられ，各結線には属性(V_{CC}やGNDなどの信号種別やパターンの太さ)が割り振られます．

● 特殊な部品シンボルは自分で作る

回路図は，部品シンボルを相互に結線したものです．部品シンボルとは，抵抗やコンデンサなどの部品を識別する記号(シンボル)に端子(引き出し線)を設けたものです．

さて，回路図部品シンボルのうち，汎用的なものはCADに初めから備わっていますが，特殊なものは自分で作らなければなりません．また，シンボルの形状が社内基準や好みと合わない場合などは，作り直す必要もあります．このためにPCB CADには，「シンボル・デザイナ」などという専用ソフトが付属しています．

● 回路図のチェックはERCで行う

回路図のミスは，CADに備わっているERC (Electronic Rule Check)によってある程度検証することができます．ERCのチェック項目は，

(1) 未結線
(2) 結線，端子の重複
(3) 参照名の重複，未定義
(4) PCB部品との連携の有無

などです．ネット・リストを出力する前に，ERCは必ずかけておかなければなりません．

2-4 プリント基板設計CADによるパターン設計

パターン層の構造や各部名称，パターン設計の流れについて学ぼう

　配線図ができたら，いよいよパターン設計です．CADの操作方法については第12章以降に説明します．ここではパターン設計の流れ，パターンの層構造，PCB CADの専門用語などを解説します．

● CADによるパターン設計の手順

　図18はCADによるパターン設計の流れです．主な作業は，外形作図，部品配置そしてアートワーク（配線のトレース，パターン化作業）です．
　入力は回路図，出力はガーバ・データやNCドリル・データとなります．これについては後で説明します．

● 配線図の部品シンボルにPCB部品を対応させる

　図18において，回路図からPCB CADへデータを転送する際，PCB部品が準備されている必要があります．前に述べたように，PCB部品は，部品をプリント基板に取り付けて，パターンに接続するための構造のことで，パッケージ，フット・プリントなどとも呼ばれます．
　このPCB部品は，ランド，ドリル穴，シルクから成り立っていますが，このほか，レジスト，メタル・マスクなども含んでいます．PCB部品の場合は，パッケージの形状が同じであれば，部品の中味を問わず同じPCB部品が使えます．
　従って，標準的なパッケージについては，PCB部品がCADに用意されています．回路図ライブラリと同じように，DIP IC，SSOP，コネクタ，受動部品などの範疇に分けてPCB部品ライブラリを設け，このなかに関連するPCB部品が収められています．

● PCB部品を自分で作る

　PCB部品がライブラリに用意されていない場合，CADベンダなどのサイトからネットを通じて入手できる場合もあります．また，半導体メーカではフット・プリントのCADデータを提供しているところもあります．しかし，新しい部品は次々と出てくるのですから，自分で作ることは必須です．
　PCB部品を作るときには，部品の外形寸法図と，図19のようなフット・プリント（レイアウト）図をまず入手します．

● どちら側から見た図なのか？

　図19は，仕様書に記載されているUSBコネクタのPCB穴寸法図です．このような図面で一番に注意しなければならないのが，「これはどちら側から見た図

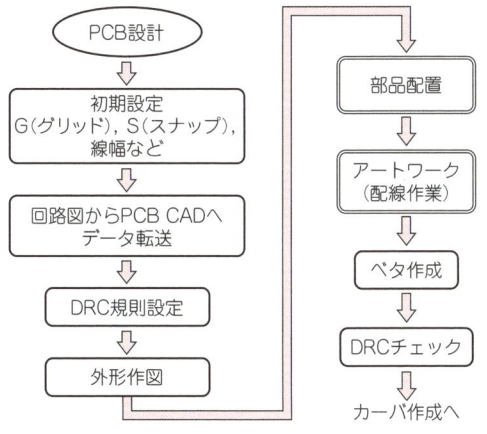

図18　CADによるパターン設計の流れ

メタル・マスク，フレーム・グラウンド　　用語解説

● メタル・マスク

　面実装基板にクリームはんだを塗布（印刷）するための，穴の開いた金属板のことです．穴の開いた部分だけはんだが塗布されます．ステンレスの薄板に，プリント基板のランド形状に合わせた穴を開けます．
　メタル・マスクは部品の自動装着機とともに量産時に使用するものですから，少量の試作（手挿入，手はんだ）時には不要です．メタル・マスクは，PCB CADの部品ライブラリに準備しておけば，ガーバ・データとしてソルダ・レジストなどとともに出力することができます．

● フレーム・グラウンド

　電子機器の筐体（フレーム）に接続されるグラウンドのことです．樹脂ケースの場合は，導電性樹脂や内部シールド材などがフレームと見なされます．
　フレームは，ノイズの点からインピーダンスの低い電源回路などで，1点で接続します．また，直接接続せずにコンデンサで接続する場合もあります．
　フレームは，大地に対しては容量とみなされ，フレームが接地されていない場合でも交流的に大地にもっとも近い電位となります．

なのか？」ということです．すなわち，穴寸法図は，上から見た図（TOP VIEW）か，下から見た図（BOTTOM VIEW）かのどちらかであり，どちらもありえます．この図面にははっきりと書かれていますが，三角法で書かれた図面は明記されていないことが多いのです．

特に半導体が要注意で，一般にICは上面視ですが，トランジスタは底面視です．ここでまちがえるとまったく使えない基板となり，無理に使ったとしても，ICの足を逆方向に曲げて取り付けるようなはめに陥ります（現場で一番多いミス）．

● PCB部品は同一方向から作図する

PCB設計においては，部品面からはんだ面に向けて各層を作図します．すなわち，図20のように上からすべての部品やパターンを透視することになります．

このことから，裏面に取り付ける部品（はんだ面部品）は底面視としなければならないことも分かります．

● パッドを構成するのはランド，ドリル穴，レジスト剥離部など

図19には，φ2.3の取り付け穴が2個あります．取り付け穴はPCB外形図に書き込めばよいのでは？と思われるかも知れません．しかし，もしコネクタの位置をずらす必要が出てきたらどうでしょう．この場合，パターン図とPCB外形図の両方を書き直さなければなりません．

もう一つ，これは単なる穴ではありません．はんだ付けが必要です（このはんだ付けをする部分はランドと呼ばれる）．また，この部分はフレーム・グラウンド（p.29）であり，安易に回路のグラウンドに落としてはなりません．さらに内層の導体とは，一定の距離（クリアランス）だけ離す必要もあります．このような構造はパッドと呼ばれます（図21）．

● 設計基準をDRCに設定する

プリント基板のパターン幅や間隔，スルー・ホール

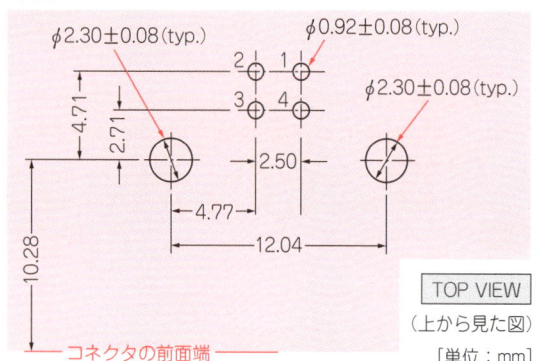

図19 USBコネクタのPCB穴寸法図

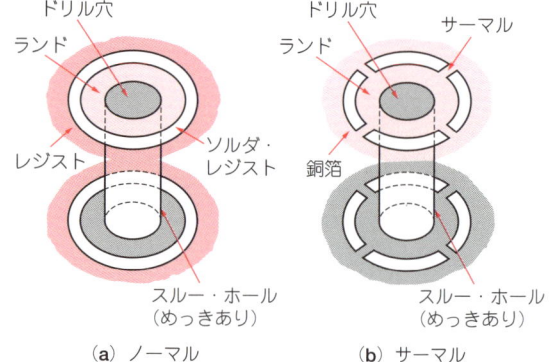

図21 パッドの構造

（a）ノーマル　　（b）サーマル

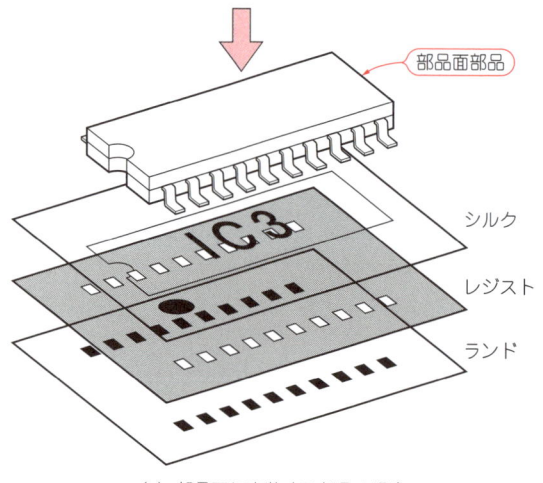

図20 PCB部品は同一方向の透視で作成する

（a）部品面に実装する部品の場合

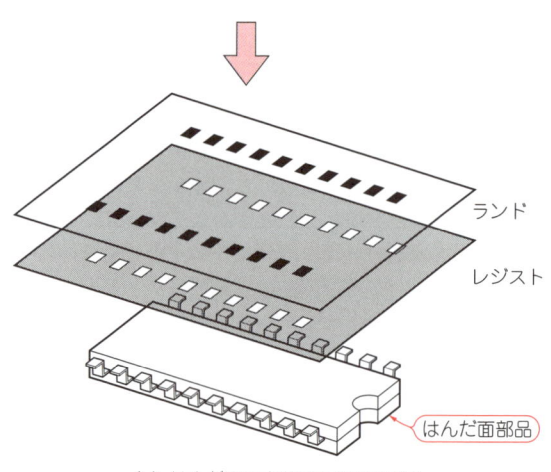

（b）はんだ面に実装する部品の場合

図22 設計ルールの一例（かっこ内は，メーカによっては製造可能と思われる値．単位：mm）
アニュラ・リング：部品穴周囲のドリル穴開け後に残った円環状のランド部分．L/S：Line and Space．配線と線間の寸法．

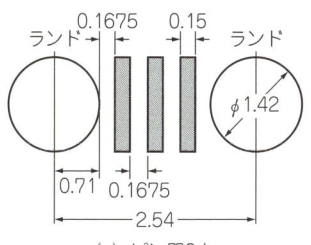
(a) ピン間3本

(b) 外形隣接

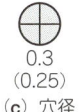
(c) 穴径

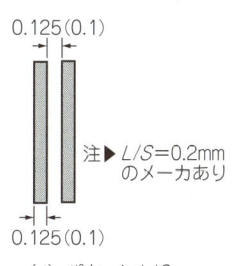
(d) パターンL/S

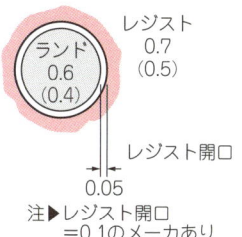
(e) ランド/レジスト径

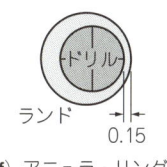
(f) アニュラ・リング

の穴径などには最小値が存在します．この値は，プリント基板製造メーカ側が指定しています．パターン設計に入る前にこの値をCADに覚えさせます．CADには，DRC（Design Rule Check）という検証機能があり，基準外であれば指摘してくれるからです．

図22に，基板の設計ルールの例を示します．

● 部品を配置し，ネットをほどいていく

部品配置の優劣は，回路の性能を左右するだけでなく，基板面積が厳しい場合は，パターンが引けなくなるという事態を引き起こします．また，実装したら部品がぶつかる，自挿機にかからない，はんだ不良で歩留まりが悪いなど，後工程にさまざまな影響を与えます．

CADによる配置作業時には，配線（パターン化する前のネット）がくもの巣のように部品にひっついてきますから，これをうまくほどくことと関連した作業となります．もつれが少ないほうが良い配置である可能性が高いのです．

アートワークは，パターンの太さを選びながら，片面基板はジャンパが少なくなる経路を，両面基板の場合は，スルー・ホールが少なくなる経路を選びます．どの場合も配線長が長くなりすぎないよう配慮し，場合によっては配置を修正します．オート・ルータの自動配置でも，各部品間の相互配線長の総和を最小にして，かつ最長のものを短くするという評価方法が使われます．

パターンは，ピン間の本数，スルー・ホールとの距離（クリアランス）などの設計ルールを頭に入れて引いていきます．

● 単位について

パターン設計においては，インチとmmが随所に出てきます．基板外形や取り付け穴径などは，mmが基本ですが，電子部品のほとんど（特にIC）はインチで設計されています．

従って，部品は2.54 mmピッチで配置するのが基本となります．インチは単位が大きすぎるので，ミル（mil：1/1000インチ）を使用します．

平衡回路　　　　　　　　　　　　　　　　　　　　　　　　　　用語解説

平衡回路という用語は，差動増幅器の平衡駆動のような直流回路でも使いますが，ここでは，高周波回路における平衡伝送路の意味で使っています．

図Eにおいて，往路・帰路の電流I_bの振幅が等しく，位相が180°異なるような伝送を平衡伝送と呼びます．

伝送される電圧は$V_1 - V_2 = V_b$であり，信号の帰路は大地（グラウンド）を通りません．これに対して二つの線路の電位が等しく，大地を帰路とする伝送を不平衡伝送と言います．

図E 平衡伝送

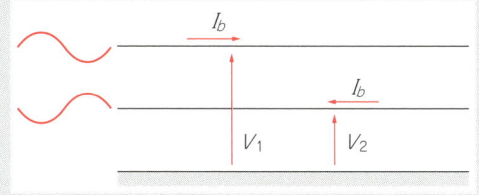

図23 ガーバ・データの構成

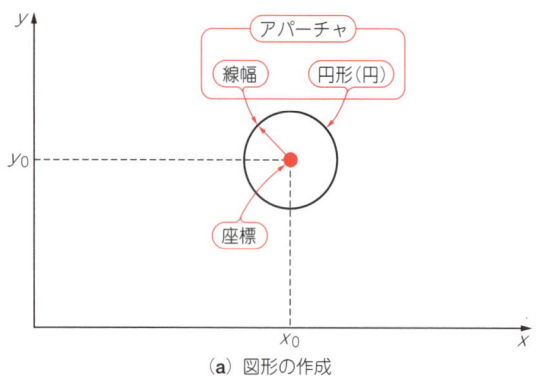

(a) 図形の作成

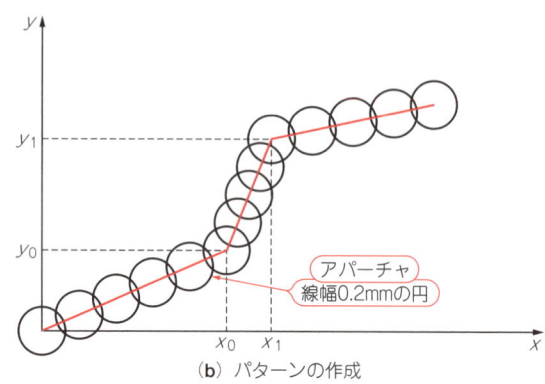

(b) パターンの作成

● プリント基板のパターンはガーバ・ファイルで提出する

ガーバ・データとは，（座標，線幅，図形）を一組としたデータの集合体のことです．すなわち，**図23(a)**のように，座標位置(x_0, y_0)にある線幅で図形（ここでは円）を作成するためのデータのことです．線幅と図形をまとめてアパーチャと呼びます．

例えば，**図(b)**のように，点(x_0, y_0)から(x_1, y_1)に向けて，アパーチャ（線幅0.2 mmの円）を使ってラインを形成することができます．これがパターンとなります．

● ガーバ・フォーマットとは

ガーバ・フォーマットは，RS274DとRS274Xの2種類があります．大きな違いは，**表2**のように，生成ファイルがアパーチャと座標で分かれているか，一つにまとまっているかという点です．

表2 ガーバ・フォーマットとその生成ファイル

ガーバ・フォーマット	アパーチャ	座標
RS274D	○	○
RS274X		○

RS274Xのほうが新しい規格です．作画機は，このファイルを読み取ってフィルムを作成するのですが，RS274Xに対応していないものも存在しますので，ファイル提出時には基板製造メーカに確認が必要です．

〈漆谷　正義〉

◆参考文献◆
(1) 中島直樹；基板設計CADの製品リファレンス，トランジスタ技術2000年1月号，p.272，CQ出版社．

(初出：「トランジスタ技術」2007年6月号 特集第2章)

銅箔の厚みは単位面積当たりの重さで表す　column

銅箔の厚みは，1平方フィート当たりにどれだけの重さの銅をめっきしたかという単位，つまりオンスで表します．

オンス(oz)はもともと重量の単位で，1 oz ≒ 28.35 gです．これを1平方フィートにめっきすると**図F**のようになります．このときの厚みをt [cm]とすると，次の式が成り立ちます．なお，1フィート = 30.48 cmです．

$30.48^2 \times t = 28.3495 / 8.93$

従って，$t = 0.0034$ cm，すなわち0.034 mmとなります．

銅箔の厚みは1オンスを単位として，その1/2，1/3の厚みとします．FPCにおいては，1/4オンスの銅箔も実現しています．1 oz = 35 μm，1/2 oz = 18 μmなどの切りの良い数字が使われることが多いようです．

図F 銅箔の厚さの計算方法
銅箔の厚みはオンスで表す．

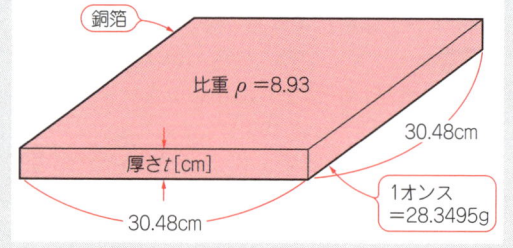

第**3**章
回路図の裏側を読み解き確実に動作する基板を作ろう！

プリント・パターンを描く基本テクニック

「プリント基板を使わないで電子機器を設計しなさい」と言われたら，誰もその方法を想像できないでしょう．つまり，昔の真空管の時代のように，1点1点部品をはんだ付けしていた時代には戻れません（）．だいいち，部品は面実装になり，部品からリード線すらなくなって，まともにはんだ付けもできない状況になっています．

このように電子機器の設計のなかで，プリント基板はとても重要な部品です．しかし，その設計はプリント基板設計専門の技術者に任されて（図1），回路設計者がそのノウハウを蓄積することが難しくなっているようです．そのため，多くの技術者が，商品開発でプリント・パターンに関わるトラブルで悩まされるのが現状です．

ここでは，パターン設計やパターン・チェックの際に知っておきたい「回路性能を100％引き出せる配線パターン，つまり，良いパターンを描くコツ」について説明しましょう．

写真1 昔は一つ一つ部品をはんだ付けで配線していた

図1 本来，回路設計者ももっているべきプリント・パターン設計のノウハウは基板設計者に蓄積されることが多い

3-1 良いパターンの基準
パターンは回路中でインピーダンス素子になる

■ 回路図ですべては分からない

● 回路図どおりに結線するだけなら誰にでもできる

　最近のパターン設計は，回路図CADから出力された，部品がどのようにつながっているかを示すネット・リストをもとに，プリント基板設計CADで行います（**図2**）．従って回路図さえ間違わなければ，誰が設計しても，間違いではない結線で設計されるはずです．

● 回路図上のグラウンド・シンボル間には，実際は予想もつかない電流が流れる

　ではなぜ，設計されたプリント基板に回路図どおりの部品を実装しても，問題が発生するのでしょうか…．一番分かりやすい例がグラウンドです．**図3**のように回路図では，まるで無限の大地につながっているように描かれ，また設計者自身もその特性を期待しています．ところが実際のプリント基板になると，有限のインピーダンスの銅を使い，ある誘電率をもつ基板

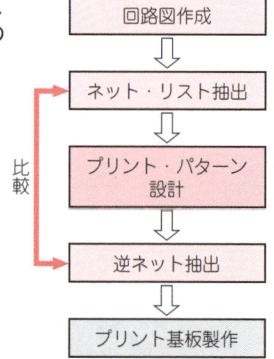

図2 回路図からプリント基板ができるまでのおおまかな流れ

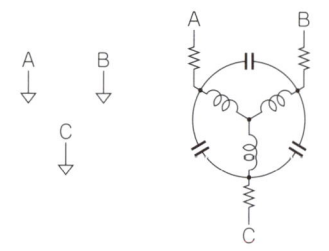

図4 回路図上では同電位であるように描かれていても，プリント基板上では決して同電位になっていない

　（a）回路図では　　（b）プリント基板上では

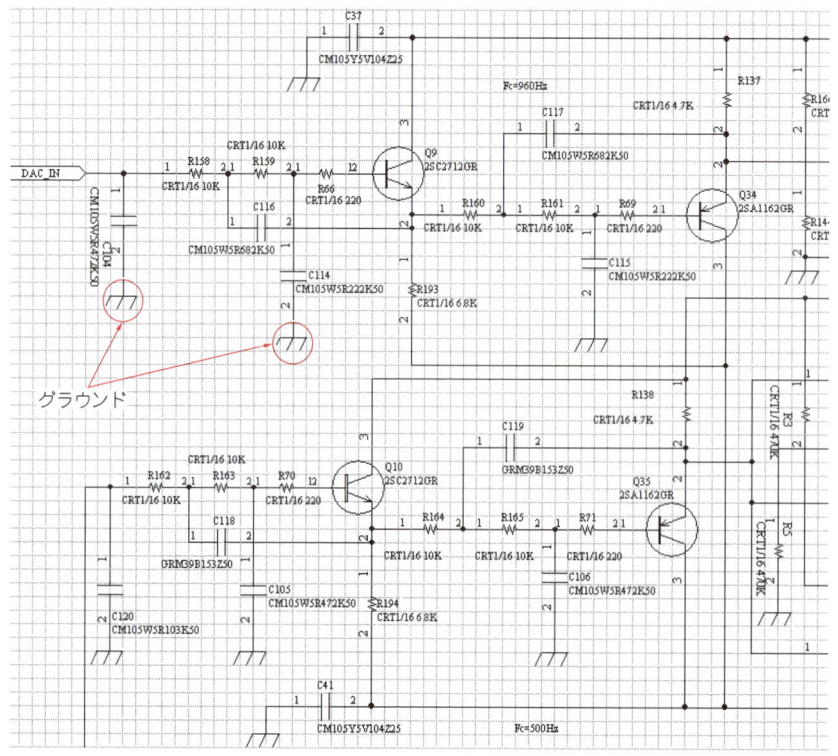

図3 回路図の至るところに描かれている「グラウンド」は無限の大地につながっているわけじゃない

上で接続しなければなりません．**図4**のようにそれぞれ回路図のグラウンド・シンボルどうしは，さまざまなインピーダンスでつながれ，絶対に同電位になりません．また，互いの電流は，配置による誘導電流の相互干渉があります．

電流は正直に，法則に従って電位の高いところから低いところへ流れ，グラウンド間に回路図では表現できない，予想もできないような電流が流れます．つまり，それぞれのグラウンドは，ものすごいインピーダンスと電磁界ネットワークでつながれ，これを数値解析することは不可能に近いことです．

● プリント基板も回路の一部と考えて取り組むべし

プリント基板における配線は，電気的に0Ωでかつ，互いに相互干渉を起こさないように接続された理想的な状態は作れません．そのため，予想もしなかったような現象で，問題が起こるのです．従って設計者は，プリント基板も回路の一部と考えて取り組むことが重要です．回路図ですべての設計情報が，ほかの人に伝わらないのですから，少なくとも基板設計をほかの人に任せきりにすることはできません．

■ 良いパターンと悪いパターンとは何か

● 簡単にディジタル系とアナログ系を分けられればよいが…

最近は機器の小型化とディジタル化で，一つの基板のなかでディジタル回路とアナログ回路が混在しているのが一般的です．さらに最近では，この流れの先にアナログ／ディジタル混載LSIもあります．

一般的にこのような場合，A-Dコンバータを使うことが多いのですが，多くのA-Dコンバータのアナログ・グラウンドとディジタル・グラウンドが別々に存在します．そこで，**図5(a)**のように，それぞれのグラウンド・パターンを切り離したとします．この場合，A-Dコンバータにとって，とてもSN比が悪いパターンとなってうまく性能を引き出せないでしょう．

なぜならば，**図5(b)**に示すように，アナログ・グラウンドとディジタル・グラウンドがつながった位置の電位を基準に，それぞれのグラウンド・パターンに，周辺のさまざまな回路の電流が流れるからです．つまり，A-Dコンバータのアナログ・グラウンド端子を基準にディジタル・グラウンド端子を見ると，とても同じグラウンドとは言えないくらいのノイズが見えます．

IC内部でいくらそれぞれのグラウンドが分離しているとは言っても，トランスやフォト・カプラで分離されているわけではありません．IC内部でそのノイズに関わる電流が流れ，SN比が悪くなってしまい性能を引き出すことができないでしょう．

グラウンドを分離することは逆に言うと，どこかでそれらをつなぐ必要があると言うことです．もし分離して設計する場合はそのつなぐ位置が重要です．それぞれのグラウンドの回路は電気的にまったくやりとりがないように独立していれば別ですが，一般的には**図6**のようにディジタル部分とアナログ部分の信号の行き来はあるものです．そうすると，その信号はアナログ・グラウンドとディジタル・グラウンドをまたいで戻り電流が流れ，その途中でさまざまな周辺回路から流れるグラウンド電流の干渉を受けます．

図6 アナログ回路とディジタル回路をレイアウト上分離してみても，実際に信号を完全に分離することは困難

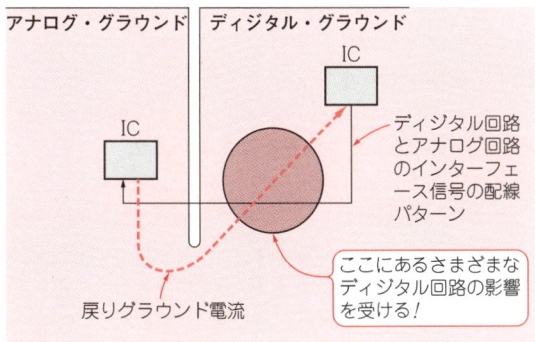

図5 アナログ・グラウンドとディジタル・グラウンドが混在している基板の例

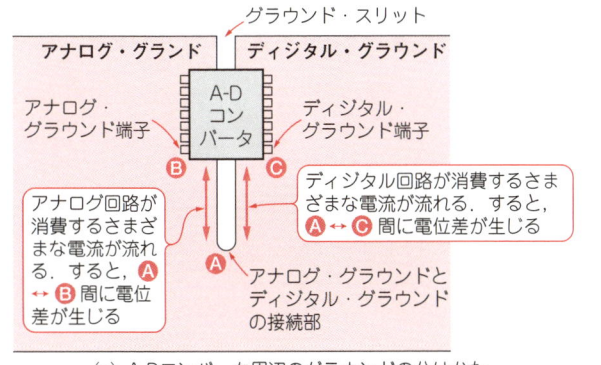

(a) A-Dコンバータ周辺のグラウンドの分けかた

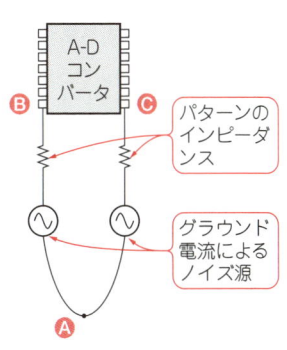

(b) (a)の等価回路

3-2 基本中の基本! 良いパターンの描きかた

グラウンドの戻り電流への対策や, アンテナを作らないためのテクニック

● 良いパターンを見わけるセンスは失敗を繰り返すことで身につく

　回路設計者は自分自身で, なんらかの良いパターンの基準をもっている必要があります. 実際には, 10 Aを流すようなパワー系と, −130 dBmのような微弱な信号を扱うRF系の設計者の間では, 評価の基準が異なるかもしれません.

　多くのエンジニアは, 失敗を繰り返して, だんだん良い回路や, パターンの評価ができるようになります. そのうち, 「美しいパターン」だとか「美しい回路」のような美的感覚に近い直感をもつようになる人もいるかもしれません. しかし, そのような中でもそこに潜む, 驚くほど共通な基本的設計思想というものは存在すると思うのです.

1 常に戻り電流を考える

● 特性を出したい回路付近のグラウンドにはほかの回路の戻り電流を流さない

　電車の給電はトロリー・ライン1本(図7)ですが, 電車のモータはその電位とレールの電位差を使って電力を取っています. つまりレールにも, トロリー・ラインと同じだけの電流が流れているのです. つまり, あるところから出て行った電流は必ず元に戻ってくる電流ループが形成されています.

　一般的な回路図では, 戻り電流をなかなか意識できません. 戻り電流はすべて共通のグラウンドを流れるからです. つまり, グラウンドにはさまざまな戻り電流が流れ, 時には干渉し合っているのです. 多くの問題はここから発生します. 特性を出したい回路付近のグラウンドには, ほかの回路の戻り電流を流さないような設計をしなければなりません.

　図8のように信号パターンを迂回して影響を避けることができたと思うのは間違いです. 戻り電流は最短距離を通り, 基準としてのグラウンド電位がグラウンド電流で揺らぎ, そのまま信号として加わってしまうからです. プリント回路の設計では, どの経路を通って戻り電流が流れ, どのように影響するかを常に意識する必要があります.

● 重要な回路に戻り電流を流さない方法
▶グラウンドにスリットを入れる

　ときには図9のように, 戻り電流を流さないように, 故意にグラウンドにスリットを入れ, 経路を強制的に変える必要も出てきます. あるいはベタ・グラウンドを使い, できるだけグラウンド・インピーダンスを下げ, 影響を少なくするのも一つの方法です.

▶平衡伝送路を使う

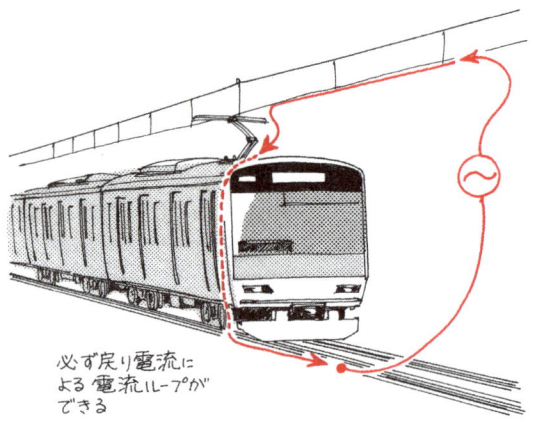

図7 あるところから出て行った電流は必ず元に戻ってくる

必ず戻り電流による電流ループができる

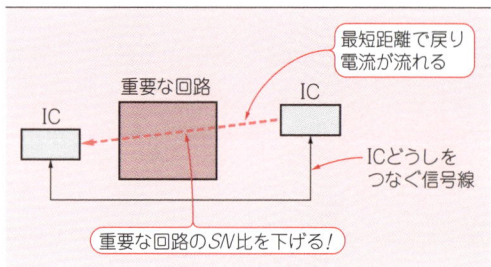

図8 戻り電流は最短距離で流れ重要な回路のSN比を下げることがある
特性を出したい回路付近のグラウンドには, ほかの回路の戻り電流を流さないような設計をする.

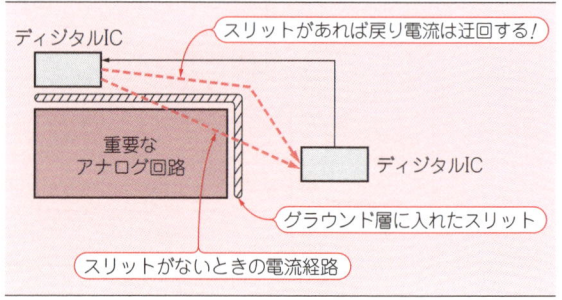

図9 どうしても戻り電流の影響を避けたいときはグラウンドにスリットを入れる

もし，どうしても，戻り電流の影響が避けられない場合，図10(a)のように信号の伝送路を回路的に平衡にしてグラウンドから独立し，グラウンド・パターンではない戻り電流専用の経路を作るべきです．特に比較的長いパターンの高速のディジタル信号が通る経路は，ほかに与える影響が大きいですから，できるだけ平衡伝送路にすべきです．

▶信号線にダンピング抵抗を入れる

立ち上がり時間の短いディジタル信号は，信号線に容量負荷があると，とても大きなスパイク電流が流れます［図11(a)］．つまり，そのスパイク電流はグラウンド・パターンを戻り電流として流れてきます．特にグラウンド・インピーダンスを下げられない場合は，大きな問題を引き起こすでしょう．その場合はスパイク電流を小さくするため，図11(b)のように信号に直列にダンピング抵抗を入れ，波形をなまらせたり，できるだけ信号レベルを下げる必要も出てきます．

2 アンテナを作らない

● 輻射ノイズはパターンで決まる

近年，ディジタル回路のクロック周波数が高くなるに従って，不要輻射の問題が大きくなっています．例えば，米国に商品を出荷する際は，写真2のようなFCCの認定ラベルを貼る必要があります．欧州ではCEマーキングを取得する必要があります．

何も考えずにパターン設計を行うと，まず，不要輻射の規格を満足することは難しいでしょう．後で対策できると考えていたら大間違いです．ものすごい時間と労力をかけ対策を検討しても，なかなか輻射ノイズが減らず，最終的には基板の描き直しが必要になったりします．生産性を考えるならば，パターン設計するときに，輻射の出にくいパターン設計を心がけるべきです．

● 配線は短く，インピーダンスは低く

基本はアンテナを作らないことだと思います．不平

図10 戻り電流専用の経路を作った平衡回路

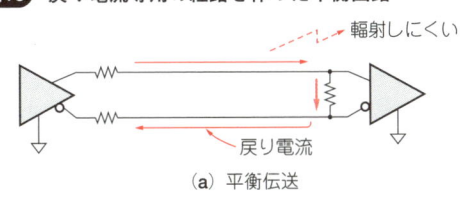

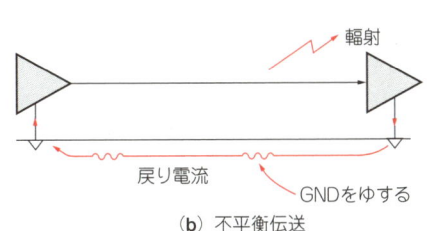

(a) 平衡伝送

(b) 不平衡伝送

写真2 FCCによる認定が済んだ製品のラベル

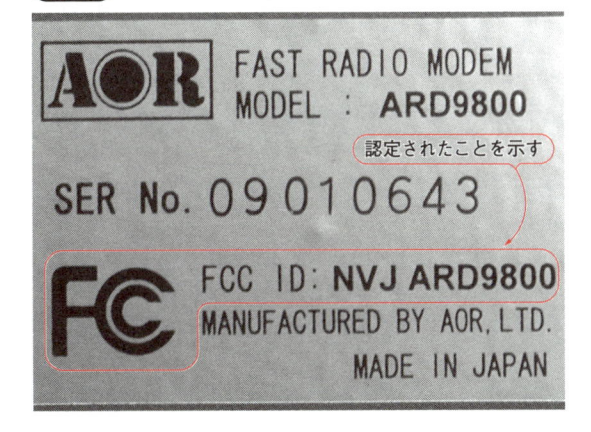

図11 信号線に容量負荷があると大きなスパイク電流が流れる

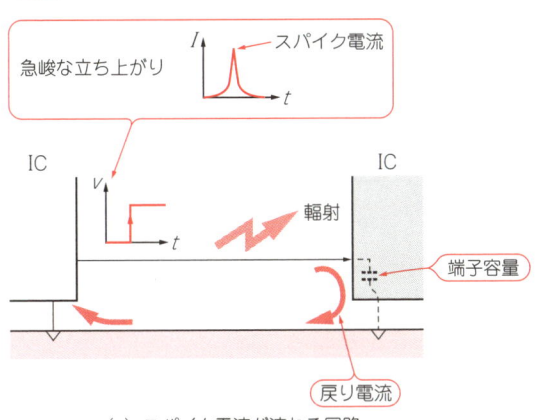

(a) スパイク電流が流れる回路

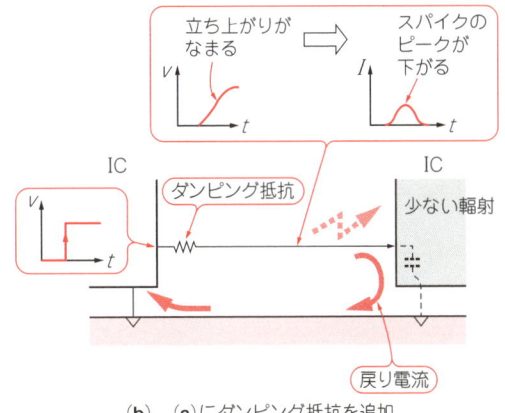

(b) (a)にダンピング抵抗を追加

3-2 基本中の基本！ 良いパターンの描きかた　37

衡なパターンに高周波電流が流れると，必ずアンテナになります．また，インピーダンス・ミスマッチの箇所から輻射します．従って，回路の流れに沿って，できるだけ最短で配線するように心がけるべきだと思います．

先述のとおり，グラウンドにはさまざまな戻り電流が流れます．そのため，グラウンド・パターンから輻射しないように，できるだけグラウンド・インピーダンスを下げるべきです．どうしても長いディジタル信号のパターンになるときは，図11(b)に示したダンピング抵抗を入れたりして必要以上の急激な電圧変化を避けるようにします．

● 1点アースは輻射ノイズを出しやすい

昔は1点アースがもてはやされ，パターン設計の基本とまでいわれましたが，輻射に関しては1点アースは問題が大きいと思います．図12のように，多くのグラウンド・パターンが高周波的に考えるとアンテナになりますから，逆効果です．

● 基板のグラウンドはできるだけ多くの点で筐体に接続する

グラウンド・パターンのインピーダンスを下げてもまだ不十分です．基板のグラウンドが筐体に対して浮いていたら，基板全体がアンテナになり激しく輻射します．図13(a)のように1点だけ筐体に接地しても，状況はあまり改善しません．接地点から先はやはり高周波的にはアンテナになっています．従って，基板のグラウンドはできるだけ筐体に数多く落とすべきです[図13(b)]．

● スリットはスロット・アンテナになる

戻り電流を制御するためにグラウンド層にスリットを入れるのも，よく考えなければなりません．スリットはスロット・アンテナになり，スロットに垂直方向に流れる高周波電流によって電磁波を輻射します．つまりスリットに大きな高周波の変位電流が流れると，大きく輻射します．

3 電圧と電流の容量を考える

回路に流れる電流や電圧によって，パターンの設計が変わってきます．特に電源の1次系は出荷される地域によって，ULや電取などの規則に従ってパターン設計する必要が出てきます．たとえば写真3のように1次側と2次側のパターンが，距離を置いて分離されています．これは，100V～240Vの交流入力から

写真3 スイッチング・レギュレータの基板のパターンニングの例
高圧の加わる1次側と2次側は明示的に分離されている．

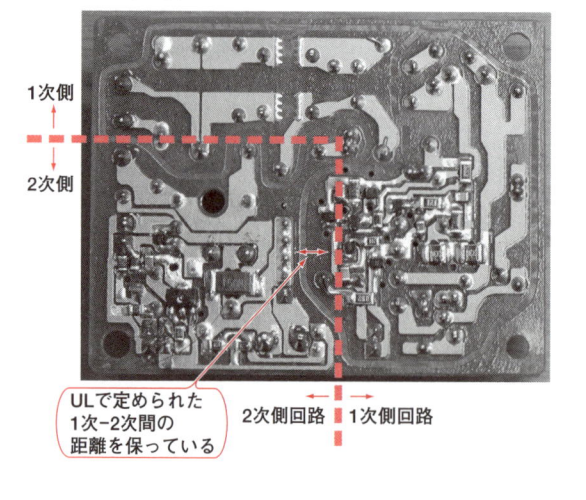

図12 多くのグラウンド・パターンは高周波的に考えるとノイズを放出するアンテナだ！

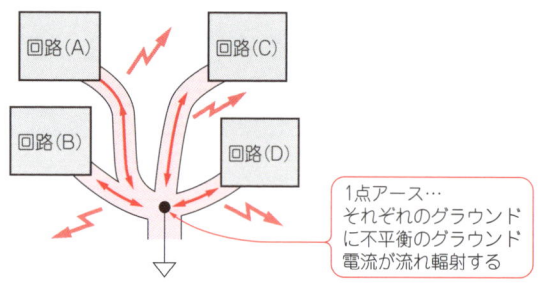

図13 筐体設置の数と輻射ノイズの関係

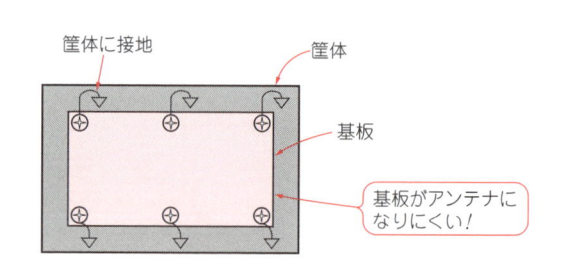

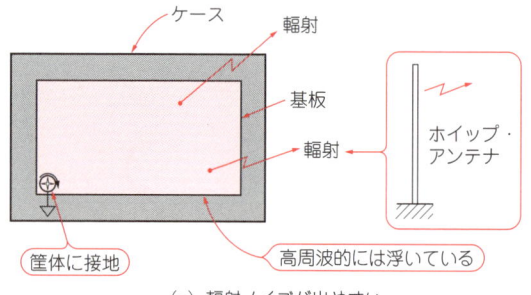

(a) 輻射ノイズが出やすい

(b) 輻射ノイズが出にくい

5 V/1 Aの直流を出力するスイッチング・レギュレータ基板です．一般的に，1次側と2次側の距離が基板を設計するうえでとても大切です．写真のように，シルクやその他の方法で，見た目にもはっきりと1次側と2次側が分かるようになっています．

電源のパターンには，場所によって大きな電流が流れます．もしパターン設計者に流れる電流の情報がなかったとしたら，とんでもないパターンができるかもしれません．3 Aも流れる所に，糸みたいなパターンが引かれるかもしれません．いくら銅の電気抵抗が低いとは言っても，大電流にとっては抵抗体です．予想もしない電圧降下や，ノイズで悩まされることになります．

電圧が高い箇所も注意します．特に二つの狭いパターン間に定常的に直流の高い電圧差を加えた場合は，マイグレーションや絶縁破壊と呼ばれる現象が起きます．マイグレーションとは，銅の分子が水分やプリント基板に含まれるマイナス・イオンなどによる化学反応でイオン化し，強い電界によって電界の加わっているパターン間を移動して，長い時間をかけて目に見えないひげのような細いパターン（**図14**）となって伸びる現象です．これはやがて二つのパターンをショートさせてしまいます．

私も実際に600 Vくらい加わるパターンで現象が発生しました．電気的にショートしているのは分かるのですが，見た目はどこでショートしているか分かりません．そこで電圧が加わっているパターン間に試しにカッターの刃を入れると症状はなくなりました．当時はそのそのような現象が起こることを知りませんでしたので，原因が分かるまで苦労したのを覚えています．ソルダ・レジスト（p.22）があったとしても安心できません．

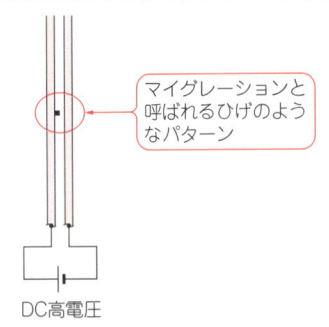

4 外乱ノイズに対し強いパターンにする

電子機器は，他機器や人間からの外乱に対して強いことが求められます．他機器からの妨害の受けにくさの指標として以下のことが考えられ，各メーカで試験を行っています．その強度はパターンの良し悪しによって大きく左右されます．

- 静電気による放電ノイズ［**図15(a)**］
- 無線による放射ノイズ［**図15(b)**］
- 雷によるサージ・ノイズ［**図15(c)**］
- 電源サージ・ノイズ［**図15(d)**］

基本は外部から入ってくるノイズをいかに筐体に逃がすかです．ある機器のコネクタが，**図16(a)**のような位置にある場合，コネクタのグラウンドに流れたサ

図14 狭いパターン間に定常的に直流の高い電圧差を加えたとき生じることのあるひげのようなパターン

マイグレーションと呼ばれるひげのようなパターン

DC高電圧

図15 電子機器が他の機器や人などから受ける外乱のいろいろ

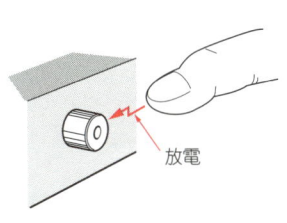

（a）静電気による放電ノイズ
放電

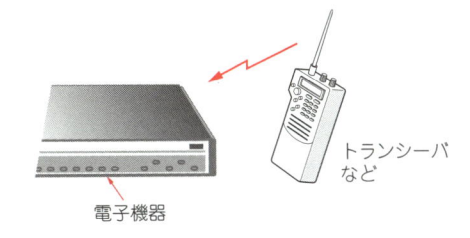

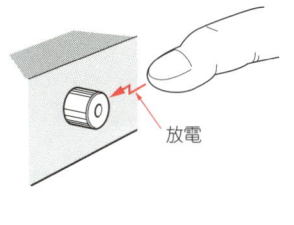

（b）無線による放射ノイズ
電子機器／トランシーバなど

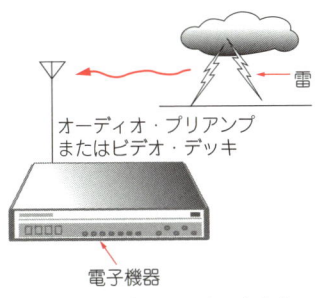

（c）雷によるサージ・ノイズ
雷／オーディオ・プリアンプまたはビデオ・デッキ／電子機器

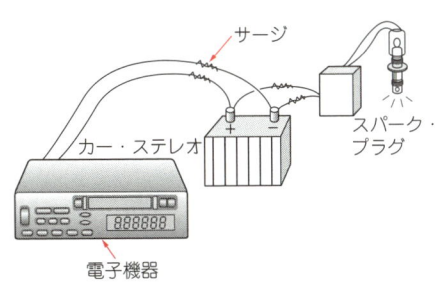

（d）電源サージ・ノイズ
サージ／カー・ステレオ／スパーク・プラグ／電子機器

3-2 基本中の基本！ 良いパターンの描きかた　39

図16 コネクタ位置とサージ電流の関係

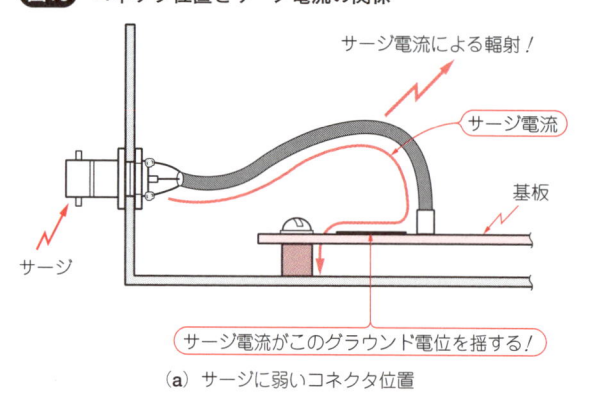

（a）サージに弱いコネクタ位置

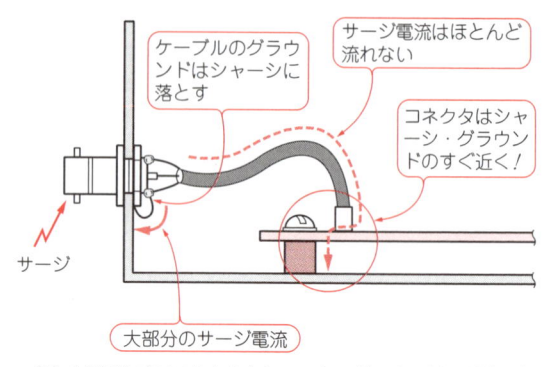

（b）（a）に比べてコネクタをシャーシ・グラウンドに近付けた

図17 隣接するパターン間での信号飛び込みの例

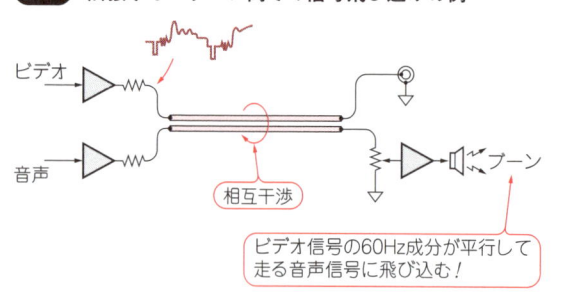

図18 プリント基板の層をまたいだ信号干渉の例

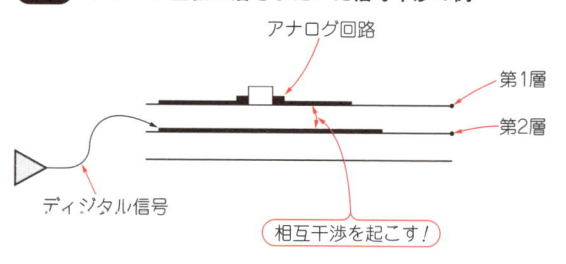

図19 パターンを設計するときは部品の高さも考慮する

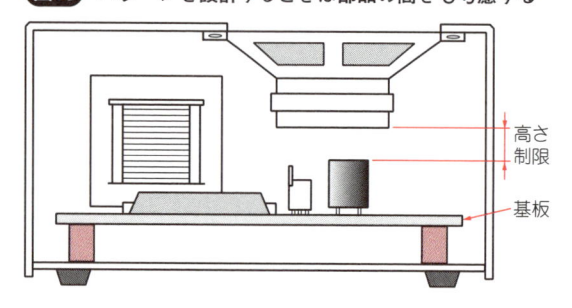

ージなどのノイズは，かなり遠回りして筐体に流れます．そこに流れる強烈なサージ電流で，電磁的輻射も起こし，さまざまな回路に誘導したり，サージ電流の通り道のグラウンドを大きく揺すったりして，回路の誤動作や破壊を起こします．

　筐体の外に出ている信号のサージ吸収は，**図16(b)** のようにできるだけ筐体グラウンドの近くで行いかつ，できるだけサージ電流の通る経路を短くしなければなりません．そうして回路内部でのサージ電流の流れる道筋を取り除くことが原則です．これは **2** 項の「アンテナを作らない」に通じます．一般的に輻射ノイズが少ない基板は，外乱に対しても強い基板と言えるでしょう．

　回路的に工夫することももちろん大切ですが，ますます厳しくなる外乱に対する耐性の規格に対しては，しっかりと思想をもってパターン設計することが大切

です．

5 立体的に考える

● 隣接するパターン間での信号飛び込みを考慮

　パターン設計を考える際，隣り合うパターンの相互干渉，いわゆる飛び込みには細心の注意を払います．たとえば **図17** のように，音声信号が通るパターンのすぐそばにビデオの信号線を通すと，バズと呼ばれる現象が起きます．ビデオ信号の垂直同期信号周波数である60 Hzと，その高調波成分が音声信号に飛び込み，「ブー」という音が聞こえるのです．

● 多層基板なら上下のパターン間での飛び込みもある

　最近の基板は多層があたりまえです．搭載される部品はSMDがほとんどで，実装面でない層には部品の位置に関係なくパターンを引ける自由度があります．したがって，目に見えるパターンどうしの飛び込みのほかに，プリント・パターンの層をまたいで飛び込みが発生します．

　特に **図18** のように，アナログ回路の下の層で，ディジタル回路のパターンが走り回ると，アナログ回路には予想もしなかったようなノイズが発生し，取り返しのつかないことになります．アナログ回路は微小な信号を扱い，インピーダンスが比較的高いところが多いため陥りやすい問題です．

プリント・パターンは立派な電子部品だ！ column

図Aに示すのはエミッタ・フォロワ回路です．ところが，実際に試作してみると（写真A），1 GHzの発振回路になっていました．実際に動作させスペクトラム・アナライザで測定したものを写真Bに示します．きれいに発振していることが分かります．

● 高周波ではパターンがインダクタやコンデンサのように機能する

図Aの回路を見る限りは，なぜ発振するのか分からないでしょう．実は，1 GHzくらいの周波数になると回路図のAとBのパターンが，インダクタの代わりをしているのです．実際，写真A(b)の丸で囲んだパターンが，図AのAに相当する箇所で，グラウンド・パターンにひげみたいに突き出しただけのものです．

この回路をよく見ると，図Bのようによくあるエミッタ・フォロワに似ています．もしエミッタ・フォロワのエミッタからのパターンが長ければ，パターンの分布容量で軽く2.2 pFぐらいは付きそうです．また，ベースのパターンも長くなった場合，図AのA，Bが簡単にできてしまいます．

● 発振を止めるには

そうです．エミッタ・フォロワは発振しやすいのです．特にトランジスタのf_Tが高く，パターン設計が悪いと，アンプのはずが簡単に発振してしまいます．必要のないところにむやみやたらに高いf_Tのトランジスタを使うのは良くありません．

発振対策として，トランジスタのベースやエミッタのすぐ近くに，直列に小さな抵抗を挿入します．

● オシロスコープでは発振を観測できない

ここで実はスペクトラム・アナライザで発振の状況を観測したのがみそです．これをオシロスコープで見たとします．大抵のオシロは500 MHzの帯域があればいいほうです．またプローブはかなり大きな容量をもっています．従って，オシロで見る限りは発振に気が付かないのです．そのため，一見動作しているように見えますが，なんとなく信号のリニアリティが悪くなったり，ダイナミック・レンジが狭くなったりする不可解な現象が現れます．

図A 結果的に発振回路になっているエミッタ・フォロワ回路

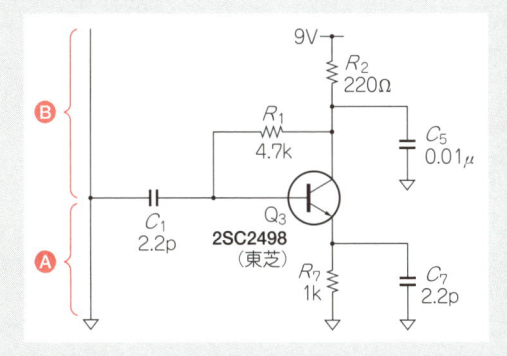

図B 図Aを高周波的に見ると…

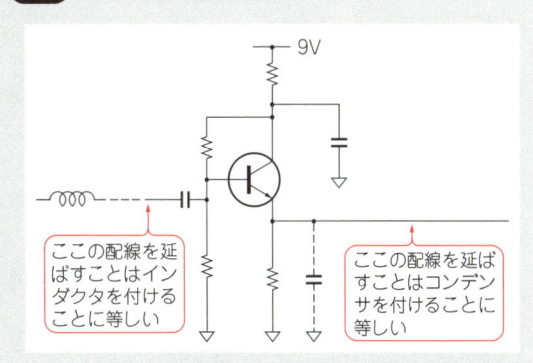

写真A 図Aの回路を作り込んだプリント基板
（a）表面　（b）裏面

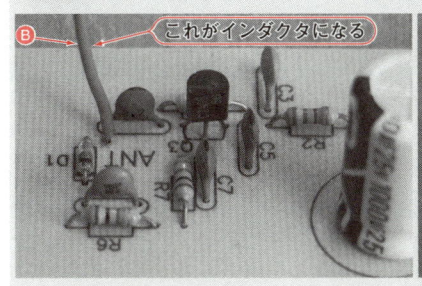

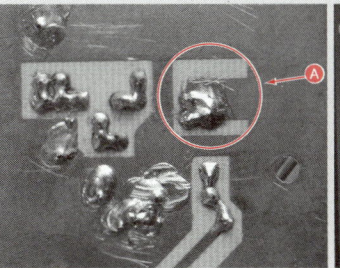

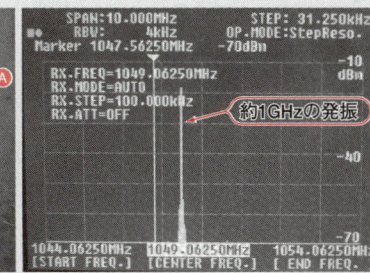

写真B 図Aのエミッタ波形をスペクトラム・アナライザで観測（スタート：1.044 GHz，ストップ：1.054 GHz）

● 高さ制限も忘れずに

さまざまな大きさの部品をプリント基板に実装するとき，図19（p.40）のように，それが組み込まれる環境を考慮すべきです．場所ごとの部品高さ制限があったり，熱源や高圧部など立体的に避けなければならない空間も出てきます．パターン設計は2次元に近いですが，実際には多層基板となり，使われるときは部品が実装された3次元の状態であることに注意します．

6 機械的特性を考える

商品は設計の評価の段階で，実際の厳しい使用条件に合わせて，落下試験や振動試験などに掛けられます．特に重い部品を基板に取り付ける場合は注意が必要です．

特に怖いのは共振現象です．重い部品と基板の弾性の兼ね合いで，与えられる振動に対して共振し，想像以上にものすごい振動となる場合があります．最悪，基板が折れることもあります．

そのため図20のように重い部品を基板に付ける際には，モーメントが小さくなるように，できるだけ基板取り付けねじの近くに取り付けたりします．また別の補強金具が必要になるかもしれません．

図20 重い部品を基板に付ける際にはモーメントが小さくなる位置に置く

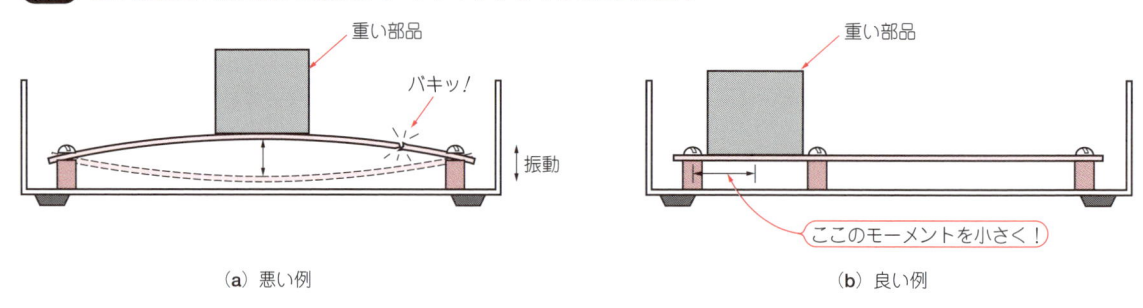

（a）悪い例　　　（b）良い例

3-3 パターン設計を依頼する際の注意
設計者の意図が伝わるような回路図を描くことが一番大切

いままで述べてきたことから，プリント基板の設計に関しては，他人任せにはできないことがよく分かったと思います．もし現状，他人任せでうまくいっている人がいたとしたら，たまたま基板設計を行っている人が，回路図の真意を読め，どのようなものが理想的なものかを知っている特別な例だと思います．

現在，プリント基板設計は専業化し，一部のRF基板を除いては，回路設計者自身でプリント基板設計の経験もなく，他のところに設計を依頼しているのが一般的でしょう．他の人に基板設計を任せるならば，できるだけ問題が発生しないように，設計者の意図を伝えなければなりません．以下は第1章と重複する点もありますが，復習を兼ねて読んでください．

❶ パターン設計を考慮した回路図を描こう

▶機能ブロックでまとめる

本当ならばネット・リストだけでプリント基板ができますが，プリント基板設計では，ネット・リストだけがすべてではありません．部品の配置や，パターンの引きかたは回路図の描きかた次第で，かなり変わってきます．必要なブロックを回路図としてひとまとめにすれば，基板上でも同じエリア内でまとまって配線されるでしょう．

▶戻り電流を意識したグラウンドを描く

例えば，図21のようにパスコンの描きかた次第で，ネット・リストでは同じであっても，回路設計者の意図の伝わりかたは変わります．あるいは図22のように戻り電流を意識したグラウンドの書きかたもあります．

▶電源やグラウンドを省略しない

よくディジタルICのV_{CC}とグラウンド・ピンは回路図のマクロから省略され，ネット上だけでつながったように見える場合もあります．しかし，回路図のICシンボル上にはやはりそれらのピンも書き込むべきです．そうしないと設計者の意図が伝わらない場合

図21 パスコンの描きかた一つで回路設計者の意図が伝わったり伝わらなかったりする

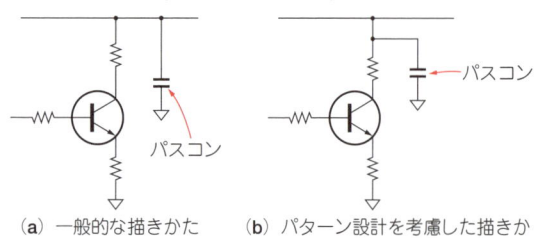

（a）一般的な描きかた　　（b）パターン設計を考慮した描きかた（ネット・リストでは同じでも設計者の意志が伝わる！）

図22 戻り電流を意識したグラウンドの描きかた

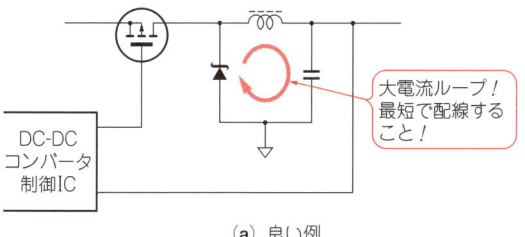

(a) 良い例 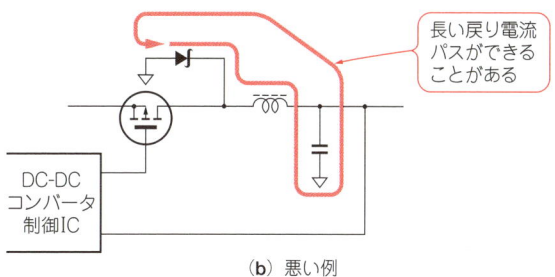　　　(b) 悪い例

があります．

❷ 信号の流れもさることながらパターンの引きやすさも考えて配置しよう

部品の配置図を作る際には，信号の流れもそうですが，パターンの引きやすさを考えて配置すべきです．特に最近のLSIはピン数がとても多く，配置が悪いとパターンを交差させるためのむだなビアやスルー・ホールの領域が増えてしまいます．

また，ユーザがピンの機能を定義するFPGA/CPLDが多く使われるようになってきています．ピンの配置を決める際，ほかのICや回路との接続を考えないで決めていたら，プリント基板を設計するときにとても苦労するでしょう．FPGAの配置を指示する際に，配線の引き回しも考えて，ICのピン定義をするようにします．

❸ 多層基板の層数は熟慮して決め，指示は細かく出そう

できるだけ低コストに抑えるために，プリント基板の層数は減らしたいところです．しかし，近年のディジタル回路の高速化にともなう輻射への配慮や，確実に信号を伝える伝送路のインピーダンス設計のために，少々高価になってもベタ・グラウンド層がある多層基板を選ぶことが多いようです．

コストを下げるために両面基板を選んだ場合は，基板の設計には細心の注意を払う必要が出てきます．よく設計された両面基板は，多層基板をしのぐ性能を出すことも可能ですが，設計に関してこまやかな指示を出す必要があります．

多層基板にする場合は，どの層にどのような信号を引くかを指示する必要があります．**特にベタ・グラウンド層は，いわばその他の層のシールド的な役割も果たします．そのため，どの層をグラウンド層とするかは，さまざまな飛び込みを防ぐために考慮しなければなりません．**

❹ パッケージのサイズやピンをくふうすればパターンを引きやすくなる

昔のDIPパッケージのTTL標準ロジックのように，パッケージがほとんど統一化され，特に指示しなくても間違いなくプリント・パターンができる時代もありました．しかし，いまは同じ機能のICでもパッケージが異なったり，ピン配置が異なったりします．

プリント基板設計者に正しくパッケージまで指示をしないと，基板は完成しても部品を実装できないパターンができてしまいます．

さいごに

パターン配線に対する評価眼は，それぞれの技術者が経験してきた失敗の積み重ねによって得られたものであるような気がします．私自身も苦い失敗を数多く経験してきました．それを元に「美しいパターン」の感覚もあります．

そのため若い回路設計者にとって，プリント・パターンの良し悪しを判断する力を付けることは，時間を要することのように思われます．しかし，本書で紹介する各技術分野のスペシャリストのノウハウを自分のものにできれば，効率良くプロの目をもつことができるようになるかもしれません．

本書で紹介されるさまざまなノウハウは，そのまま自分たちの設計に直接役立つものもあるかもしれません．しかし，まったく同じ視点に立った設計などはありません．それぞれの会社の文化の違いみたいなものもあります．本書のなかから，自分なりのプリント・パターンに関する基本的なルールをつかむことが大切だと思います．

〈西村 芳一〉

◆参考文献◆
(1) 中島直樹；プリント基板の設計法完全理解，トランジスタ技術1995年4月号，pp.220～304，CQ出版社．
(2) 特集「聖域なきノイズ対策」，トランジスタ技術2001年10月号，pp.160～240，CQ出版社．
(3) 藤城敏史；プリント基板におけるイオンマイグレーションと信頼性解析．
▶ http://www.ctt.ne.jp/~fjk/migre/migration.htm
(4) ボード設計で身を立てる，デザイン・ウエーブ・マガジン2003年6月号，pp.20～76，CQ出版社．

(初出：「トランジスタ技術」2005年6月号 特集第2章)

徹底図解★プリント基板作りの基礎と実例集

第4章
多電源システムから高速ディジタル回路まで

電源とグラウンドの配線テクニック

　問題なく動くプリント基板と誤動作を起こすプリント基板を比べると，電源，グラウンド配線の違いはほんの少ししかないかもしれません．しかし，そのわずかな違いが非常に重要な意味をもっており，意図的に作られているはずです．

　回路の誤動作をできるだけなくすためには，電源やグラウンドのどんな点に注意を払いどのように配線するべきでしょうか．電源やグラウンド配線の役割を理解するとともに，配線を流れる電流のようすを想像すると，良い配線が見えてきます．

4-1 電源とグラウンドの役割
電力の供給と基準電位の付与が本来の役割．ノイズを伝搬させないようにする

　プリント基板での電源配線とグラウンド配線の機能をおさらいしてみましょう．電源配線とグラウンド配線の機能は大きく分けて次のものがあります．

❶ 電力の供給
　電力の供給は回路を動作させるための基本機能です．線がつながっていればよいと思われるかもしれませんが，ここにはもっとも重要な解決すべき課題を含んでいます．それは，配線に電流が流れるときに発生する電圧降下です．

❷ 基準の電位を与える
　基準電位として使う場合は，基本的に，配線に電流を流さないか，流しても小さい電流にとどめるのが理想です．基準電位ですから，意図しない電圧変動が発生しないように注意します．

❸ 電力やノイズの伝達
　電源やグラウンド配線で伝達される交流成分の多くはノイズです．電源，グラウンド・パターンは，プリント基板のあちこちへ配線されるので，電力を伝達するだけでなく，ノイズを伝播する経路にもなってしまいます．

　そのほかの機能として次のようなものがありますが，ここでの解説は省略します．
❹ ノイズやクロストークを防ぐ静電シールド
❺ 信号線のインピーダンス整合（ストリップ・ラインやマイクロストリップ・ラインの形成に使用）
❻ ベタ面積を利用した発熱部品の放熱

　これらの機能はふつう，配線一つごとに分けられるものではなく，複合して働いています．

基板用語には方言がある？　　　　　　　　　　　　column

　プリント基板の設計，製造の世界で使う用語（に限りませんが）には，標準語と方言があります．企業内では，一度流布された用語は（まちがっていても）そのまま一般化して伝えられ，報告書にも使われるようになります．

　私の職場では，ビアとスルー・ホールを区別せず，すべてスルー・ホールとしていました．また，パッドは使わずすべてランドとしていました．ビアやパッドと言う言葉を知らないからではありません．これでないと現場で話が通じないからです．

　なお，英語で会話するときは，via hole，pad が通じます．

〈漆谷　正義〉

4-2 配線に電流が流れるときの基板のふるまい
パターンの発熱と高周波におけるインダクタンス成分の影響を見積もる

配線に電流が流れると必ず電圧降下が発生します．プリント基板上の配線はたとえベタ配線でも電流が流れていれば電位差があります．

● 配線に電流が流れると電圧降下が生じる

電源，グラウンド配線に電流を流したときのふるまいを 図1 の回路で考えてみます．プリント基板パターンの抵抗は，

$r = \rho B / s$

ただし，ρ：常温での銅の抵抗 (1.72×10^{-8}) [Ωm]，B：パターン長 [m]，s：パターン断面積 [m²]

と表すことができ，この回路に電流 $I = 1$ A が流れる際に発生する，配線での電圧降下 ΔV は，

$\Delta V = Ir = 1 \times (1.72 \times 10^{-8} \times 0.01 / (0.001 \times 18 \times 10^{-6}) \times 2$
$= 0.019$ V

となります．この電位差が大きくなると，回路の誤動作の原因になります．

● 電流が流れると配線の温度が上昇する

配線に電流を流すと，配線抵抗によって配線自体の温度が上昇します． 図2 は配線厚さ 18 μm の配線に電流を流したときの温度上昇を，配線幅ごとに示したものです．一般的にいわれる「電流 1 A 当たりの配線幅は 1 mm」という基準は，配線の温度上昇を数℃程度に抑えることを意味します．

● 電流の周波数が高くなるほど配線の電圧降下も大きくなる

流れる電流に交流分を含む場合，つまり，デバイスの消費電流が変動する場合，配線のインダクタンス成分の影響が出てきます（図3）． 図4 から，例えば幅 2 mm，厚さ 0.1 mm，長さ 100 mm の配線インダクタンス L は 83 nH なので，この配線にもし周波数成分 $f = 1$ MHz の電流を流そうとすると，配線インピーダンス Z [Ω] は，

$Z = 2\pi f L = 2\pi \times 1 \times 10^6 \times 83 \times 10^{-9} = 0.52$ Ω

となります．

図1 電源，グラウンド配線に電流を流したときの挙動を考えるためのモデル

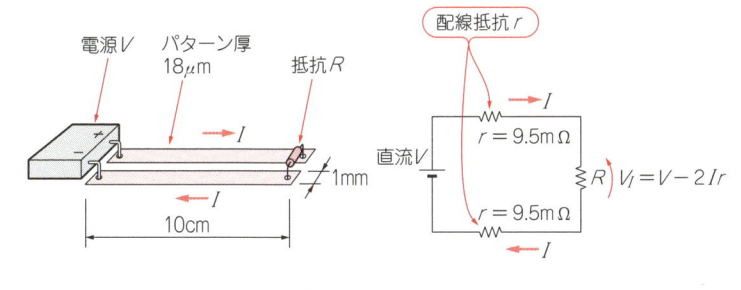

(a) 配線による電圧降下のモデル
(b) (a)の等価回路

図3 電源周波数が高くなると図1(b)の等価回路はこんなふうに変わる

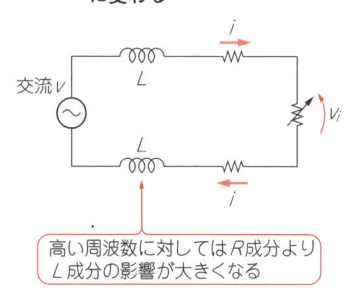

高い周波数に対しては R 成分より L 成分の影響が大きくなる

図2 配線厚さ 18 μm の配線に電流を流したときの温度上昇

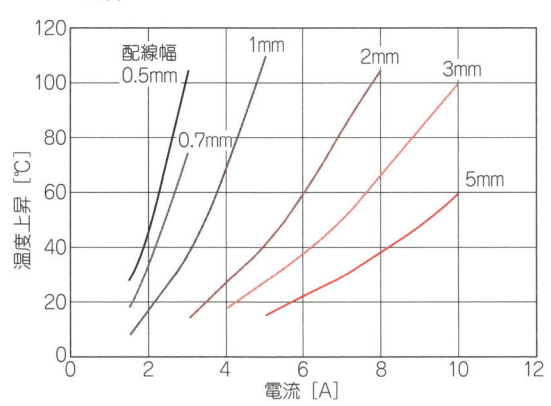

図4(1) 銅はくの長さと配線インダクタンスの関係

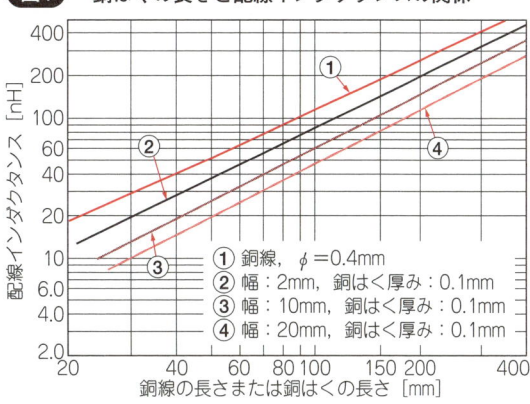

① 銅線，$\phi = 0.4$ mm
② 幅：2 mm，銅はく厚み：0.1 mm
③ 幅：10 mm，銅はく厚み：0.1 mm
④ 幅：20 mm，銅はく厚み：0.1 mm

流れる電流が変動するときの配線インダクタンスによる電圧降下Δv（図5）は，例えば，0.1 μsで100 mAの変動があった場合，

$$\Delta v = (L\,\Delta I/t) \times 2$$
$$= (83 \times 10^{-9} \times 0.1/0.1 \times 10^{-6}) \times 2$$
$$= 166\text{ mV}$$

になります．2倍する理由は，電圧降下はグラウンド配線にも生じるからです．デバイスが動作するとき配線に電流が流れると，電源配線，グラウンド配線双方に電圧降下が発生します．このように，電流の流れる配線の電位は「あばれる」ことに注意する必要があります．

配線抵抗も配線インダクタンスも，パターン幅が太いほど小さくすることができるので，配線インピーダンスによる電圧降下を減らすには，流す電流が大きいほど，周波数成分が高いほど，配線幅を広くする必要があるといえます．

図5 配線インダクタンスがあると配線の電流が変動したとき電圧降下が生じる

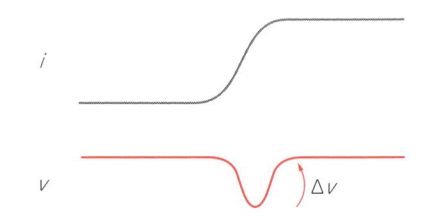

4-3 配線の五つの基本テクニック
グラウンドには電源パターンのリターン電流が流れている

ここでは，電源やグラウンドを配線する際，知っておきたい基礎を紹介します．

❶ グラウンド配線は電位を変動させないよう太く広く
図6のように入力信号の振幅をコンパレータで比較する場合，V_{ref}は基準電圧なので変動してはいけません．もし，このV_{ref}の配線から大きい電流を取り出した場合，配線のインピーダンスによる電圧降下が生じて基準電位がくるってしまいます．

グラウンド配線についても，同じ配慮が必要です．回路を組み立てるときに私たちは無意識にグラウンドを基準電位"0 V"として考えています．グラウンドは理想的にはプリント基板上のどこでも同じ0 Vですが，実際の回路では，前項の例のように，場所によってグラウンド電位が変動する場合があります．そうなると図7のようになり回路がうまく動きません．

回路の基準であるグラウンドは，流す電流に見合った低いインピーダンスになるように，幅の広い配線や「ベタ・パターン」がよく使われます．

❷ 電源もグラウンドと同じようにできるだけ太く広く
一般にプリント基板上には複数の電源電圧が存在します．例えばモータを動かす+12 V，アナログ回路用±5 V，ロジック用+3.3 V，CPU用+1.8 Vなどです．従って，電源配線は電圧ごとに細かく分割され，ベタ・パターンを作る場合でもその面積は小さくなりやすいものです．一方，グラウンド・パターンは前述のすべての電源のリターン側が共通になったものなので，広い面積になりやすいといえます．

電源パターンとグラウンド・パターンは理想的には交流特性は等価として取り扱えますが，このようにベタ面積が異なりやすいことから高周波特性が異なってきます．狭いベタ・パターンの電源パターンは，当然，広い面積のグラウンド・パターンよりインダクタンス成分が大きくなるので，高周波インピーダンスが大きくなります．

❸ ビアやスリットでベタ・グラウンドを分割しない
電源パターンは電流の経路が分かりやすいのですが，

図6 基準電圧源とコンパレータ間の抵抗分によって電圧降下が生じて基準電圧がくるった例

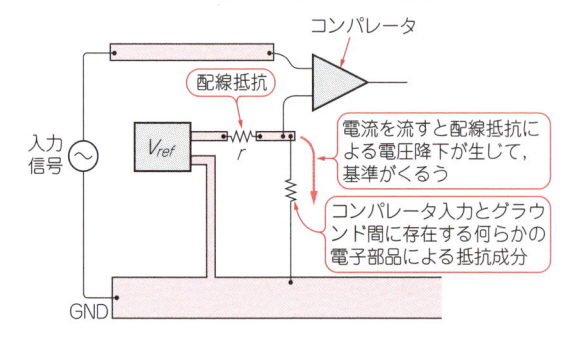

図7 グラウンド配線に抵抗分があるとグラウンド電位が変動し回路の誤動作につながる

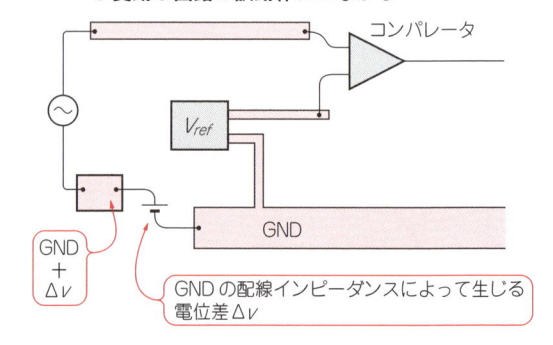

グラウンド・パターンは電源共通のリターンになるので，どこに電流が流れているのか分かりにくいものです．特にプリント基板内層のベタ・グラウンドは，部品面から見えませんので，思わぬところで電圧降下が発生することがあります．

例えば，図8では，ビアをきれいに並べてしまったために，ベタ・パターンの逃げによって，グラウンド・パターンが分割されています．リターン電流の経路の狭い点ではインピーダンスが大きくなります．

❹ 電流を多く流す回路と流さない回路の電源やグラウンドを分ける

配線に大きな電流が流れるとき，ほかの回路に影響を与えないためには，

- 配線インピーダンスを小さくして，電圧降下量を減らす
- 電流の流れる配線と，電圧降下が起こるとまずい配線を分離する

という方法があります．

配線インピーダンスが十分に小さければ，電流が流れる配線でも電圧降下を小さくできるので，配線電位の「あばれ」を小さくすることができます．

別の方法は，電流の流れる配線（あばれる配線）と，ノイズの少ないまたは安定した電源が必要な回路の配線を分離することです．

図9(a)のように，分割する点を電源回路近傍の大型コンデンサの点にすると，電流の流れる配線の影響をほとんど受けません．図9(a)は電源配線の分割の例ですが，グラウンド配線も同じです．図9(b)のようにグラウンド配線でこのように分割する方法を1点接地といいます．

回路の動作周波数が高い場合は，1点接地がうまく機能しなくなるため注意が必要です．10 MHz以上の高い周波数で回路が動作する場合には，1点接地するとグラウンド配線長が長くなるので，インダクタンス成分が増加してしまいます．分割したグラウンド間の配線インピーダンスが高くなるため，電位差が大きくなり［図9(c)］，回路動作に不都合が生じることがあります．これを防ぐためには，グラウンド・パターンはできるだけ広いベタ・パターンにしてインピーダンスを下げることが必要です．

図8 ビアがあるとベタ・グラウンドに逃げを作らなければならずグラウンド自体が狭くなる

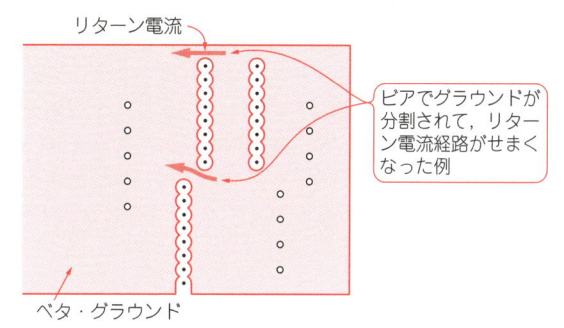

図9 電流を多く流す回路と流さない回路の電源やグラウンドは分ける

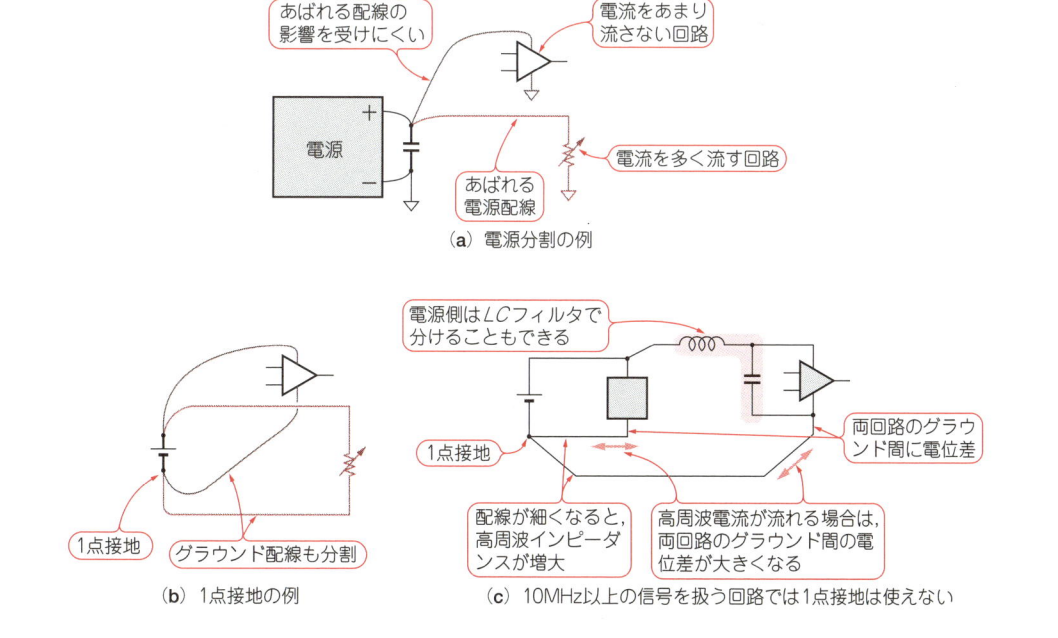

(a) 電源分割の例

(b) 1点接地の例

(c) 10MHz以上の信号を扱う回路では1点接地は使えない

4-3 配線の五つの基本テクニック

図10 回路から回路へノイズが伝わりにくくする方法

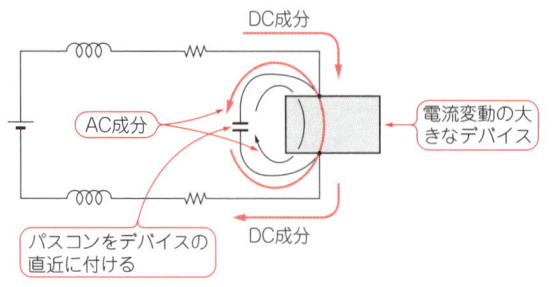

（a）デバイスのできるだけ近くにパスコンを入れる

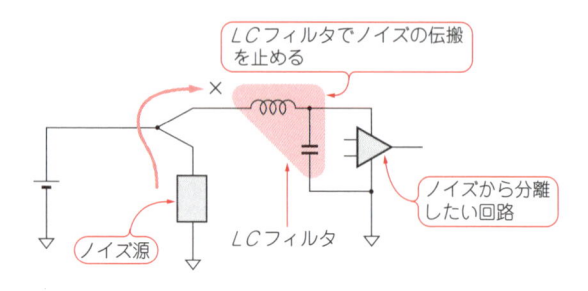

（b）ノイズから分離したい回路の入り口にLCフィルタを入れる

❺ 消費電流の変動が大きいデバイスの直近には十分な容量のバイパス・コンデンサを入れる

配線へ流れる電流の周波数成分が高くなると，電圧降下はいわゆるノイズとして見えてきます．電源配線へのノイズ電圧の発生源は電源回路だと思われがちです．もちろん，スイッチング電源はスイッチング・ノイズをリプル電圧として電源パターンへ出しますが，ディジタルIC，特に最近の高速LSIはスイッチング電源よりはるかに大きいノイズを発生しています．例えば，高速ディジタルICのたくさんの出力バッファが同時に動くときなどには，電源配線に瞬間的に大きい変動電流が流れますので，パターン・インピーダンスによる電圧降下が発生してノイズとして現れます．

電流の変動によって発生するノイズに対しては，変動を少なくするよう対処します．消費電流の変動が大きいデバイスには直近に十分な容量のバイパス・コンデンサをつけます．こうして，デバイス動作時の過渡電流をコンデンサだけから供給すると，LSIの周囲の電源やグラウンド配線に流れる交流電流成分（電流の変動）を減らすことができます［図10(a)］．

配線テクニックではないのですが，回路から回路へノイズが伝わりにくくする方法は，
- ロー・パス・フィルタによる電源配線の分離［図10(b)］
- 別々の電源回路部品による電源の供給

などがあります．

---

column 電源回路を中心に負荷をレイアウトするのが理想だが…

回路の中心に電源を置いたら（図A）どうでしょうか．各負荷への共通インピーダンスが生じないので，それぞれのデバイスの電源電圧は，ほかのデバイスの電源電流による電圧降下の影響を受けません．従って，それぞれのデバイスへ供給される電源電圧の安定度は高くなります．

実際は，
- 電源を中心に配置すると，デバイス間の信号線を引くスペースがなくなる．
- 特に多ピンのLSIでは，信号線も多く，終端抵抗などのチップ部品も多く必要になるために，デバイス周囲に必要なスペースが大きくなっている．
- 多くのデバイスが搭載された多電源システムでは，信号の流れに沿ってデバイスを配置した後の電源プレーン分割に大変苦労するので，電源を中心に置くどころではない．

などの事情があり，実現しないようです．

図A 理想的な電源の配置

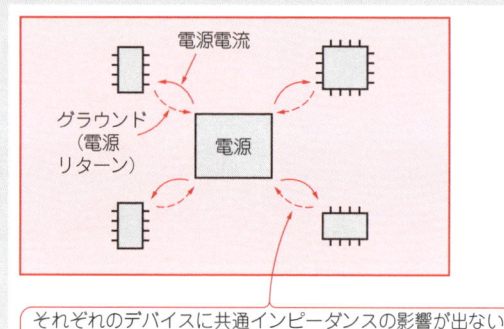

それぞれのデバイスに共通インピーダンスの影響が出ない究極の1点接地，1点電源！！

4-4 電源，グラウンド配線の実際
パスコン，ローパス回路の使用や配線抵抗による電圧降下の見積もりなど

1 大電流のON/OFFが発生する回路との共存

図11(a)は，大きな電流のON/OFFが発生する典型的な例です．(a)の回路では，スイッチがONする瞬間に，回路のバイパス・コンデンサへ突入電流が流れるため，電源とグラウンド配線に大きな電圧降下が発生します．

この電流の流れる経路にほかの回路を接続すると，それらの電源やグラウンドもスイッチONの瞬間にあばれてしまいます．図11(a)中のA，B部分が共通インピーダンスになっています．

コンデンサへの突入電流がほかの回路へ影響しないようにするためには，突入電流の経路とそのほかの回路の電源経路を分離［図11(b)］します．電流の流れる経路は，電源配線～回路のコンデンサ～グラウンド配線で囲まれるループ状になりますが，このループの面積が大きいと，ほかの回路と誘導結合が発生してノイズを誘起させる原因になることがあります．**電源配線とグラウンド配線はできるだけ重ねて配線してループ面積を最小にします．**

2 複数の電源デバイスがプリント基板上に載る多電源回路

図12は，5Vを入力してプリント基板上で1.8V，2.5V，3.3Vを作っています．電源配線のポイントの多くは，電源の配置で決まってしまいます．

● **配線インピーダンスによる電圧降下を抑えるため集中給電から分散給電に**

以前は電源を1か所に集めて配置し，そこからデバイスへ供給する集中給電［図12(a)］が一般的でした．しかし，LSIの低電圧化に伴い，配線インピーダンスによる電圧降下が無視できなくなり，配線による電圧

図11 大きな電流ON/OFFが発生する回路

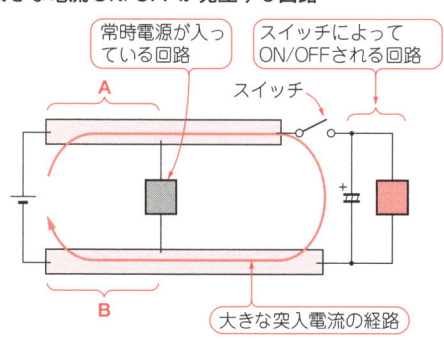

(a) 悪い例…スイッチON/OFFで電源やグラウンドが暴れる

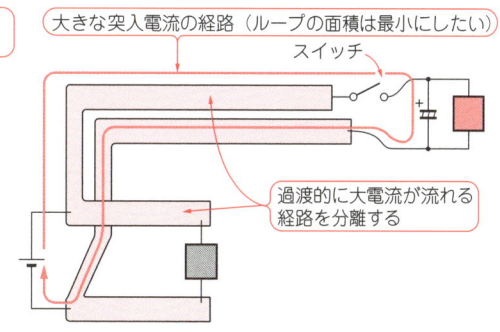

(b) 良い例…電源やグラウンドの暴れが生じない

図12 複数の電源デバイスがプリント基板上に載る多電源回路
1.8～3.3V電源ラインではなく，より電流の小さな5Vラインを引き回す．

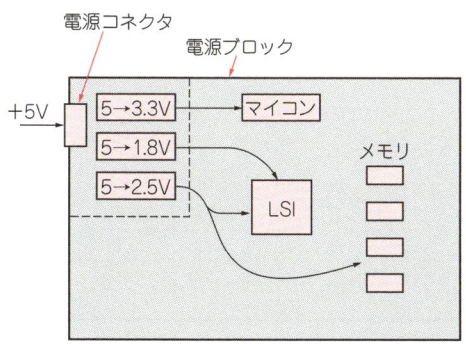

(a) 電源ブロックに電源をまとめた集中給電方式

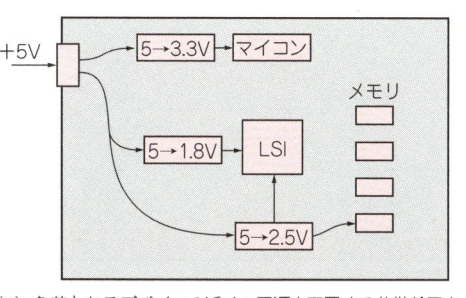

(b) 負荷となるデバイスの近くへ電源を配置する分散給電方式

降下を抑えるために電源の配置は低い出力電圧のものほど,負荷デバイスのそばに分散して配置(分散給電;POL:Point of load)することが必要になっています[**図12(b)**].特に<u>消費電流の大きい低電源電圧デバイスの電源は,できるだけその近くに配置します</u>.

▶電源配置設計の際のワンポイント

配線抵抗による電圧降下は表にして管理することをお勧めします.部品配置の時点では正確な配線抵抗は出ませんが,おおよその計算による配線抵抗を使って表を作ってみます(**表1**).このとき<u>電圧降下が大きく,デバイスの動作電圧にマージンがないようなら,電源の配置を見直す必要があります</u>.

負荷デバイスの近くへ電源を置くと,電源配線を短くできるので,広いベタ・パターンでなく,ラインで十分に配線インピーダンスを小さくできる場合があります.特に<u>多電源の場合には配線のくふうをすることで,最初の見積もりからプリント基板の層数が減らせる場合があります</u>.

3 同一基板上にあるDC-DCコンバータ回路

プリント基板上にDC-DCコンバータを構成する場合,DC-DCコンバータ内部の電流(パルス電流)と入出力電流の流れる経路を分けることをお勧めします.<u>DC-DCコンバータの入出力コンデンサは,デバイスのバイパス・コンデンサとは混載せずに,電源回路面積ができるだけ小さくなるように近づけます</u>.これにより,電源回路のリプル電流がコンデンサだけに流れて,電源外部に漏れにくくなります.

DC-DCコンバータのグラウンドを分離することも,コンバータ内部のパルス電流が外部に影響するのを防ぐために有効です.このとき,<u>分離したグラウンドは,電源の出力点で接続するのがよいでしょう</u>(**図13**).

4 アナログ/ディジタル混載のプリント基板の電源引き回し

電源ノイズを多く出すディジタル回路と高いSN比を求められる高倍率のアンプ回路が混載されるような場合には,ディジタル回路から発生するノイズが電源やグラウンド配線を伝わってアナログ回路へ流れ込まないように注意が必要です.

● 電源の分離

電源配線を伝わってアナログ回路側にノイズが入り込まないように,LCフィルタにより電源配線を分離します[**図10(b)**].LCフィルタはアナログ回路のそばに配置します.フィルタ定数はノイズの周波数とアナログ回路が許容できるノイズ・レベルを考慮して設計します.

コストと部品実装面積に余裕があれば,アナログ回路用電源を別電源にするのも良い方法です.<u>アナログ回路の消費電流が小さい場合はアナログ回路用電源と</u>

表1 配線抵抗による電圧降下の計算例

項目	電源名称(用途)	記号	単位	1.8 V LSIコア	2.5 V_1 LSI I/O	2.5 V_2 メモリ	3.3 V マイコン	5 V アナログIC他
電源電圧		V	V	1.8	2.5	2.5	3.3	5
最大電流		I	A	2	2.2	0.7	0.2	3
電源の出力電圧精度[(1)]		d	%	-3	-3	-3	-3	-3
電源回路の最低電圧		$V_1 = V(1 + 0.01d)$	V	1.746	2.425	2.425	3.201	4.85
配線抵抗	ライン1抵抗	r_1	Ω	0.003	0.002	0.004	0.003	0.005
	ライン2抵抗	r_2	Ω	0.002		0.003	0.002	
	ライン3抵抗	r_3	Ω				0.001	
	GND1抵抗	r_4	Ω	0.002	0.002	0.003	0.003	0.005
	GND2抵抗	r_5	Ω	0.001	0.001		0.002	
	GND3抵抗	r_6	Ω					
	コネクタ接触抵抗	r_7	Ω					0.003
	フィルタ用コイル抵抗	r_8	Ω					0.002
	ライン・スイッチON抵抗	r_9	Ω					
	その他直列部品抵抗	r_{10}	Ω					
抵抗値合計		$R = \Sigma r_x$	Ω	0.008	0.005	0.01	0.011	0.015
電圧降下量		IR	V	0.016	0.011	0.007	0.0022	0.045
負荷デバイス点最低電圧		$V_2 = V_1 - IR$	V	1.73	2.41	2.42	3.20	4.81
		$(V_2 - V)/V \times 100$	%	-3.89	-3.44	-3.28	-3.07	-3.90
判定(-4%以内は合格)[(2)]				○	○	○	○	○

注▶(1):電源回路の電圧精度を±3%とした
　　(2):デバイス要求精度5%のうち1%をマージンとした

してリニア・レギュレータを使うと，電圧安定度が良くスイッチング電源特有の出力リプル・ノイズがないので，品質の高い電源供給ができます．ただし，100 k～1 MHz程度以上の高周波ノイズを抑える場合には，リニア・レギュレータの後に高周波用のフィルタを追加する必要があります（**図14**）．リニア・レギュレータの周波数特性は100 k～1 MHz程度までしかのびていない（**図15**）からです．

● グラウンドの分離

ディジタル回路の電源のリターン電流や信号のリターン電流が，アナログ・グラウンドに入り込まないように，グラウンド・プレーンを分割するのがよいでしょう．ディジタル回路のリターン電流の影響のない点（共通インピーダンスが生じない点）で，アナログのグラウンドを1点接地します．この位置は**図16**の例では，電源の出力点が適しています．

図13 同一基板上にあるDC-DCコンバータ回路のグラウンドは分離して電源の出力点で接続する

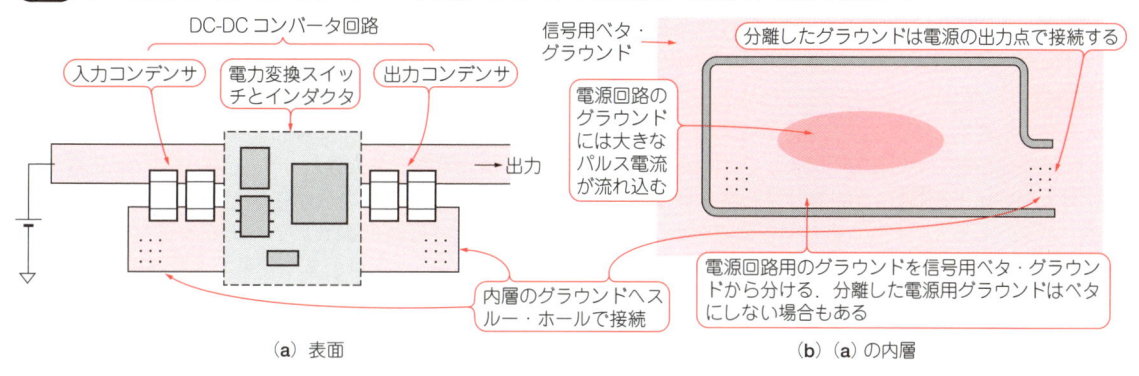

(a) 表面
(b) (a)の内層

図14 電源配線を伝わってアナログ回路側にノイズが入り込まないようにアナログ回路用電源を別電源にする

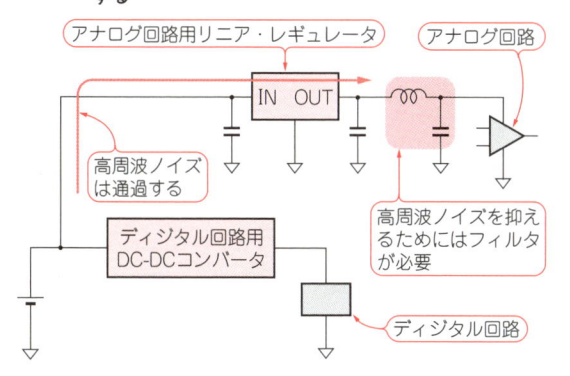

図16 アナログ・グラウンドをディジタル・グラウンドから分離した例

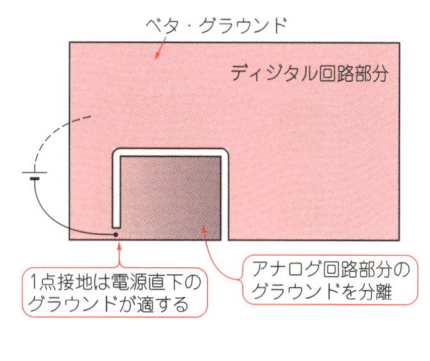

図15(1) リニア・レギュレータで除去できるリプルはせいぜい1 MHz程度

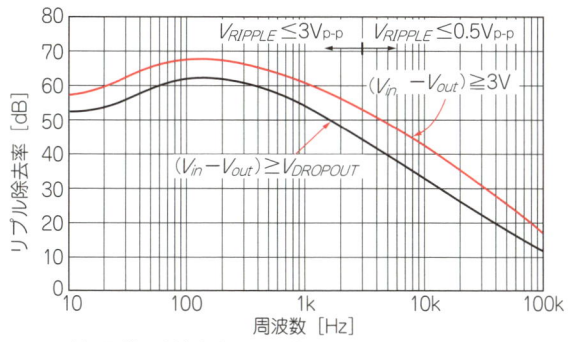

(a) 通常の応答速度のタイプ
（LT1086，リニアテクノロジー社，$I_{out}=1.5$Aのとき）

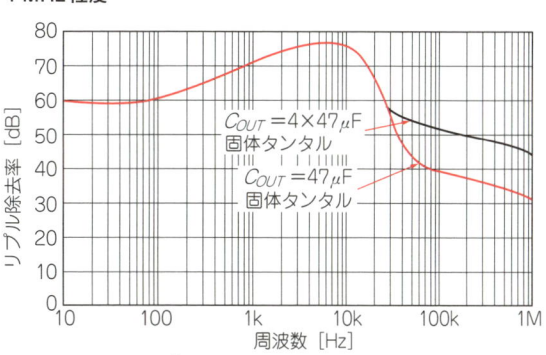

(b) 高速応答タイプ（LT1528，リニアテクノロジー社，$I_{out}=1.5$A，入力$V_{in}=6$Vに50mV_{RMS}のリプルを加えたとき）

4-4 電源，グラウンド配線の実際　51

5 高速ディジタルICが複数実装されたプリント基板

10 MHzを越えるような高い周波数で動作する回路の場合には，1点接地ではうまくいきません．これまで述べたように，インダクタンス成分により**グラウンド配線の高周波インピーダンスが増大する**からです．

● 高周波電源ノイズを狭い範囲で処理する

高速ディジタルLSIから発生する電源電流の変動は高周波成分を含んでいるため，電源やグラウンド配線のインピーダンス，特に配線インダクタンスを低く抑えなければ，**大きな雑音電圧が発生**してしまいます．

図17はコンデンサから引き出したパターンのインダクタンスの例です．インダクタンスを小さくするためには配線長を短くするとともに，引き出しかたのくふうも有効です．**図18**は実際のバイパス・コンデンサと，あるデバイスの実装状態です．電源デカップリング回路で問題になるインピーダンスは，**図18**中の電流ループのインピーダンスなので，デバイス，コンデンサの引き出し線と内層パターン，ビアすべてのインピーダンスを小さくする必要があります．

● ベタ・グラウンドによりグラウンド・インダクタンスを下げる

グラウンド～IC間の配線インダクタンスを下げることはとても重要です．動作の基準となるグラウンド電位と，ICそのもののグラウンドに電位差が生じると，誤動作の原因になるからです．

回路動作時，グラウンド配線には高周波の電源電流が流れ込むので，グラウンド配線のインダクタンスが大きい場合，高周波インピーダンスが高くなり（**図19**），グラウンド浮きが発生してしまいます．**グラウンドの高周波インピーダンスを下げるには，広いベタ・グラウンドにすることで配線インダクタンスを下げ，ICから最短距離で多点接地します．**

一つの電源から複数の高速ディジタルICに給電する場合は，電源配線も広いベタ・パターンにすると，配線インピーダンス低減の効果で，電源電圧変動が抑えられます．十分に広い面積で連続なベタ・パターン

図17(a) [3] 1005サイズのセラミック・コンデンサを実装するパターンとそのインダクタンス（銅箔厚さ18 μm）

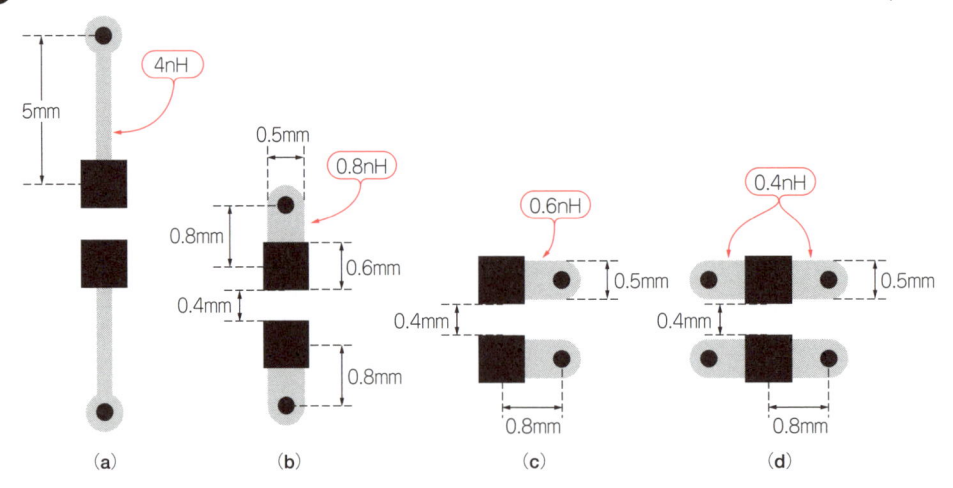

図18 ICのバイパス・コンデンサは配置配線のくふうで電流ループのインピーダンスを小さくすること

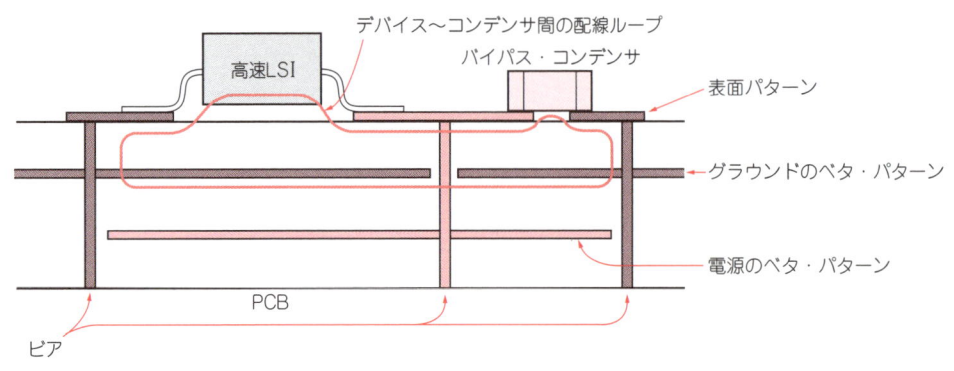

にできれば，電源ベタ・パターンを高速信号線のインピーダンス制御用に使うこともできます．

▶グラウンド浮きのイメージ

グラウンド浮きをイメージするためには，グラウンドの高周波インピーダンスをイメージすることが大切です．ベタ・パターンの高周波インピーダンスは図19のように表せますので，この面の1点へ高周波電流を流し込むと，インピーダンスによる電圧降下は図20のように発生することになります．これが「浮き」のイメージです．　　　　　　　　　　〈月元 誠士〉

◆参考・引用＊文献◆
(1)＊久保寺忠；高速ディジタル回路実装ノウハウ，2002年9月初版，CQ出版社．
(2)＊LT1086データシート，LT1528データシート，リニアテクノロジー㈱．
(3)＊「Power Distribution System(PDS)Design：Using Bypass/Decoupling Capacitors XAPP623」，ザイリンクス㈱．
(4) 月元誠士；低電圧・多電源化に対応する回路設計技術と部品選択法，デザインウェーブマガジン2004年9月号，pp.68〜82，CQ出版社．

(初出：「トランジスタ技術」2005年6月号 特集第3章)

図19 ベタ・パターンに生じる高周波インピーダンス

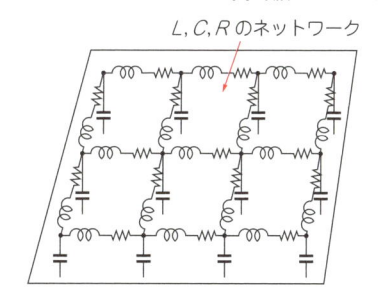

L, C, R のネットワーク

図20 グラウンドの浮きのイメージ

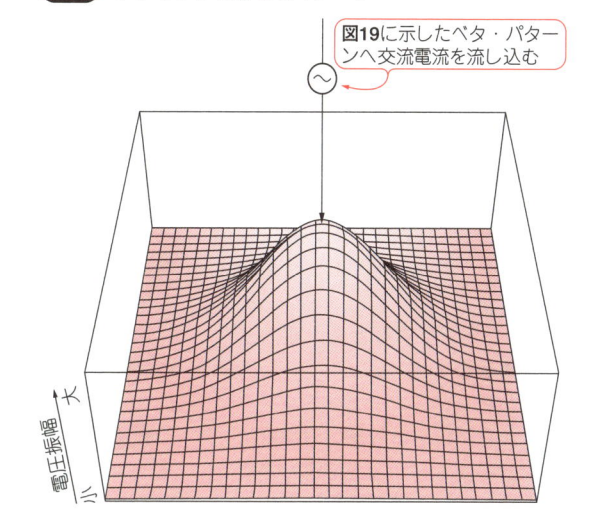

図19に示したベタ・パターンへ交流電流を流し込む

電圧振幅

リフロー　　　　　　　　　　　　　　　　　　　　　　　　　　　　　　　　　　　　　　　用語解説

リフロー(reflow)とは，基板にはんだペーストを塗って部品をマウントし，熱風で加熱してはんだ付けをする方法のことです．

従来，ディスクリート基板に関しては，基板のはんだ面をはんだ槽に浸漬するディップ方式(フロー・ソルダリング)が用いられていましたが，はんだ面に部品を実装する，面実装基板に対してはこの方法は適しません．

面実装の場合は，プリント基板上にはんだペーストを印刷して，チップ部品や面実装ICパッケージをその上に搭載し，仮接着して，リフロー・ソルダリング炉を通してはんだを加熱し，部品を一度にはんだ付けします．

この場合，リフロー炉を通すことで，はんだや端子，リード線だけでなく，基板，部品のすべてが加熱されるため，基板や部品についても上限温度，最大加熱時間を仕様書上で確かめる必要があります．

〈漆谷 正義〉

Appendix 1

パターンは回路素子の一部と考えよう

プリント基板のインピーダンス・マッチングとは

　プリント基板の電気的特性のなかでも**特性インピーダンスは最も重要なもの**です．プリント基板のインピーダンス・マッチング（整合）とは，信号源インピーダンス，プリント・パターンの特性インピーダンス，そして負荷インピーダンスの三つを等しくすることです．といってもそもそも，何のためにインピーダンスを揃えるのでしょうか．そして，パターンの特性インピーダンスとは何でしょうか．

● マッチングすると最大電力が取り出せる

　インピーダンス・マッチングとは，負荷抵抗を信号源の内部抵抗に等しくすると，最大の電力が取り出せるという簡単な原理です．

　インピーダンスは，交流電流の流れにくさのことで，直流回路の抵抗に相当します．分かりやすくするために，今，インピーダンスが抵抗だけだとします．**図1**において，信号源の内部抵抗rで消費される電力は，$I^2 r$です．一方，負荷Rで消費される電力は$I^2 R$です．負荷Rで消費される電力は両者が山分けしたときが最大ですから，$I^2 r = I^2 R$，従って，$r = R$のときが最大です．マッチングの意味はおおざっぱにこのように理解しておきましょう．

● 素子をつなぐパターンにはR, L, Cがある

　図2の回路を見てください．トランジスタや抵抗などの素子をつなぐ配線は，回路図においてはリード線やワイヤではありません．抵抗0Ω，インダクタンス0H，互いの容量0F，つまり長さ0の配線と見なしています．

　しかし，実際に回路を作ると，互いをある程度の長さの導線で結ぶ必要があります．プリント基板であればパターンでつなぐことになります．導線やパターンには，わずかながら抵抗R，インダクタンスL，容量Cがあります．

　周波数が高くなるにつれ，インダクタンスLのインピーダンスは増加し，コンデンサCのインピーダンスは小さくなります．従って，高周波では，**図2**の回路は余分なインピーダンスがいっぱいくっ付いてしまい，GHz帯になると，所望の特性が得られなくなるばかりか，ついに動作もしなくなります．

● 平行パターンにもR, L, Cがある

　以上の考察から分かるように，

図1 インピーダンス・マッチングの意味
$r = R$のときに最大の電力が取り出せる．

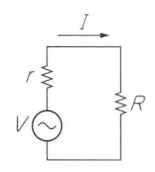

図2 トランジスタ増幅回路の一例
素子をつなぐ配線は長さ0のワイヤと仮定する．

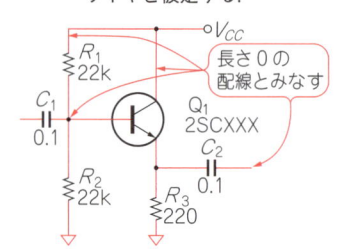

図3 片面プリント基板に描かれた平行パターン
銅箔と基板には，R, L, Cがあり，一つの素子と見なせる．

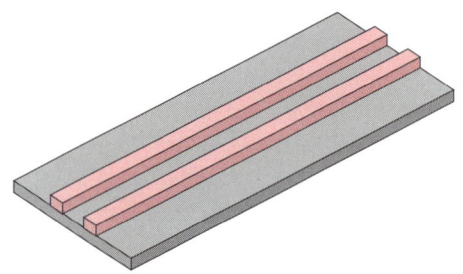

図4 平行パターンの等価回路
分布定数回路であらわすことができる．

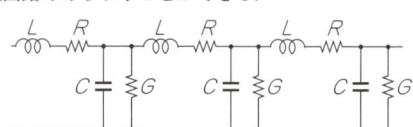

高周波では，図3のような平行パターンもR, L, Cのかたまりであり，これは図4のような等価回路になります．

従って，図4の回路はあるインピーダンスをもちます．これがこの平行線路(伝送路)のインピーダンスです．

● 特性インピーダンスと同じ値で終端する

一般に，特性インピーダンスとは，無限に長い伝送線路をその端から見たときのインピーダンスのことです．図1にインピーダンスがRの伝送線路を追加すると図5になります．

図5は，結局図1と同じ回路だと見なせます．従って，最大電力は取り出せるのですが，この電力は無限長の伝送線自体で消費されます．

無限に長いということは，伝送線のある点から右を見たときもやはり無限であり，右側の特性インピーダンスはRであることになります．従って，図6のようにこの伝送線を適当な長さで切って，特性インピーダンスと同じ値の負荷Rで終端すれば，無限長と同じことになります．

これは図3のような伝送路は，長さに関係なく信号エネルギーを伝送できることを意味しています．

● 高周波では導線の内部を電波が伝わる

図4の等価回路を使って計算すると，伝送路のインピーダンスは，高い周波数(例えば1 MHz)以上では一定の値$\sqrt{L/C}$になります．この一定値が特性インピーダンスの正確な定義です．図3の場合，特性インピーダンスは，銅箔の幅，厚さ，間隔，絶縁体の材質により決まり，周波数には無関係です．信号の伝搬速度は，$v = c/\sqrt{\varepsilon}$となります．cは光速で，εは誘電率です．

この線路をエネルギーはどのようにして伝わって行くのでしょうか．CとLに交互に電圧と電流の形でエネルギーが入れ替わりながら伝搬するようにも思えますが，正確ではありません．

実際は，ある周波数(約1 MHz)あたりから上では，電気エネルギーは，電荷の変位つまり振動により，電界と磁界が入れ替わりながら伝搬する電磁波(すなわち電波)になって伝わるのです．これは空気中でも導線(ワイヤ)のような金属の内部でも同じです．

● ミス・マッチングは信号の反射を引き起こす

図7のように，パターンの間隔が途中で変わると，そこを境に特性インピーダンスが変わります．特性インピーダンスの違うパターンがつながれていると，その部分で信号の反射が起こります．これはエネルギーの損失(振幅の減衰)だけでなく，波形の変化を引き起こし，回路の誤動作の原因となります．

受信端(右側)での負荷インピーダンスが，パターンの特性インピーダンスと異なる場合も同じように反射が起こります．

● 特性インピーダンスのコントロール

両面基板だと，図8のように，裏面をグラウンドとして使うことができます．

この場合の特性インピーダンスは，パターンとグラウンドの間隔が広がると大きくなり，パターンの幅が広いと小さくなります．また，絶縁体の誘電率が大きいと特性インピーダンスが小さくなります．

● PCB-CADで特性インピーダンスを求める

パターンの特性インピーダンスは，フリーの計算ツールもありま

図5 信号源に無限に長い伝送線をつなぐ
インピーダンスRをつないだことと同じになる．

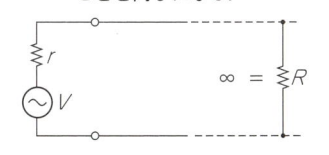

図6 有限長の伝送線を負荷Rで終端する
このようにすれば無限長の伝送線と見なせる．

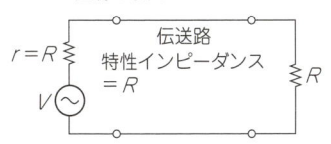

図7 特性インピーダンス不整合による信号の反射
反射を繰り返すことで信号波形がひずむ．

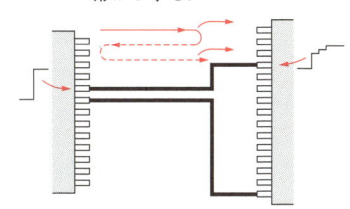

図8 両面基板に描かれた信号パターン
高周波回路ではマイクロストリップと呼ばれる．

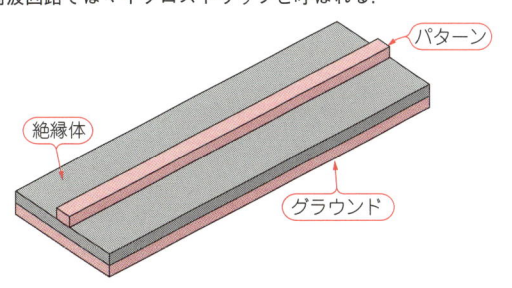

Appendix 1 プリント基板のインピーダンス・マッチングとは

図9 PCB-CADの特性インピーダンス表示
OrCAD PCB EditorのPCB断面解析機能の例.

すが，PCB-CADに評価機能が付いていることがあります．**図9**において，層構成と材料物性値とライン幅を入力すると，単線や差動ラインの特性インピーダンスを得ることができます．パターンの幅が5 milのとき，81 Ω，50 milで25 Ω程度になっています．

〈漆谷 正義〉

パルスの波形からミスマッチの原因を探る　　　column

インピーダンスのミスマッチで反射が起こると，波形にリンギングやシュートが乗ります．この波形を観察することで，何が起こっているのかを推察することができます．**図A**は，特性インピーダンスZ_0の伝送路(パターン)に，左端の波形を入力したときのさまざまな波形です．

反射や減衰は，パルスが伝送路の長さを往復する時間だけ遅れるので，この影響が現れるのは一定時間後になります．例えば，伝送路がオープンの場合は，反射波が戻ってきて元の信号と重なって2倍となるのは，図の2番目のようにある時間より後になります．また，伝送路がショートしていることが影響するのもこの時間より後です．さらに，ミスマッチの程度，終端が誘導性なのか容量性なのかも図のように判断することができます．

このような測定法をTDR(時間領域反射)測定と言い，プリント基板のインピーダンス測定に応用されています．

図A パルスに対する応答波形とミスマッチの原因

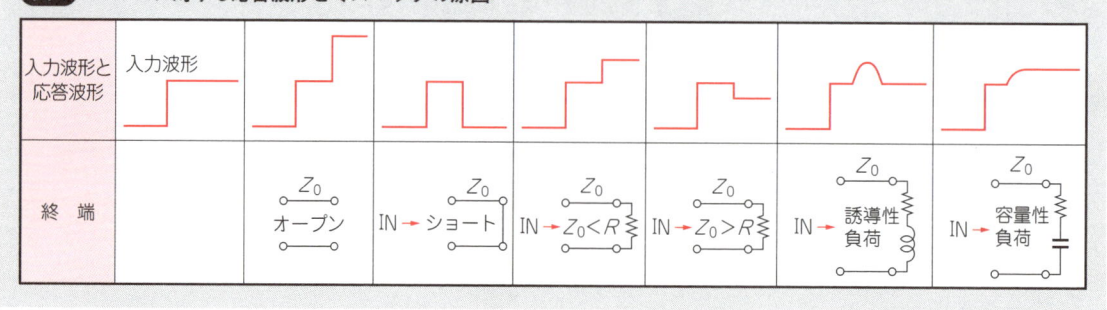

入力波形と応答波形	入力波形						
終端		Z_0 オープン	IN→ Z_0 ショート	IN→ $Z_0<R$	IN→ $Z_0>R$	IN→ Z_0 誘導性負荷	IN→ Z_0 容量性負荷

Appendix 1　プリント基板のインピーダンス・マッチングとは

Appendix 2

徹底図解★プリント基板作りの基礎と実例集

マイコン/FPGA/メモリ/ロジック搭載基板設計の必須知識

表面実装ICのパッケージとフット・プリントの種類

　プリント基板設計において，表面実装用パッケージの搭載は最大の難関です．ピッチの狭いフット・プリントでは，ちょっとした形状の違いや寸法ミスが命取りになります．引き出し線のないリードレス・パッケージの場合はなおさらです．表面実装パッケージの種類と形状の特徴をつかんでおけば，パッケージ間違いなどの大きなミスを防ぐことができます．

● SOP

　Small Outline Packageの略で，DIPを小型化し，端子をL字に曲げて表面実装に対応したパッケージです．

　SOPをさらに小型化したものが，SSOP(Shrink SOP)です．SSOPを一回り小さく薄くしたTSSOP(Thin-SSOP)もよく使われます（図1，図2）．

　ピン間ピッチは，SOPが1.27 mm，SSOPが0.8，0.65 mm，0.5 mm，TSSOPが0.65 mm，0.5 mmです．他にリードがJ型で底部に巻き込んだタイプのSOJもあります．SOJのピッチは1.27 mmです．

　SOPを薄くしたものがTSOPです．図3のようにパッケージ幅が広く，メモリICによく使われています．

図1 メモリやディジタルICに使われるSOP

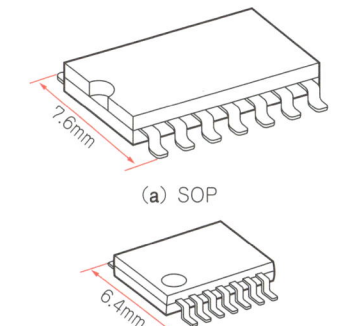

(a) SOP　7.6mm

(b) TSSOP　6.4mm

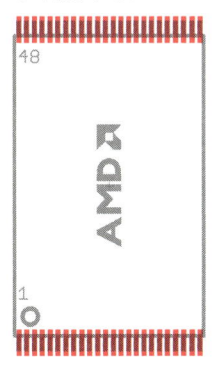

図2 SOPのフット・プリントの例

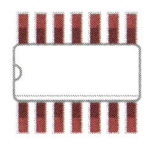

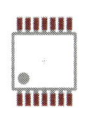

(a) SOP　(b) SSOP　(c) TSSOP

図3 TSOPのフット・プリントの例
メモリICによく使われる．

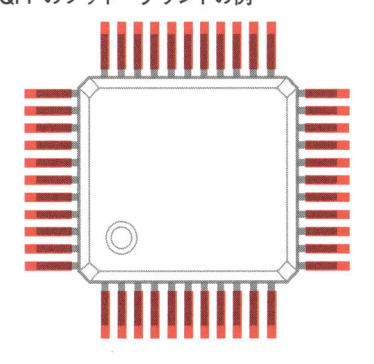

図4 マイコンやASICに使われるQFP

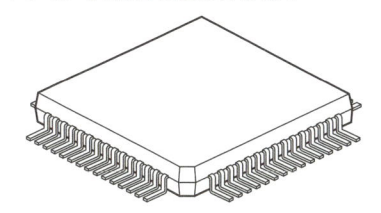

図5 QFPのフット・プリントの例

図6　QFNのパッケージ

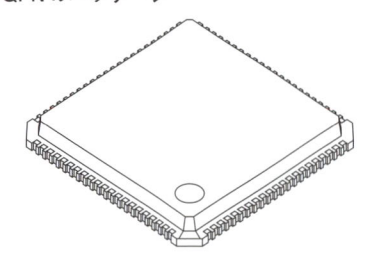

図7　QFNのフット・プリントの例
LTC3611（リニアテクノロジー社）.

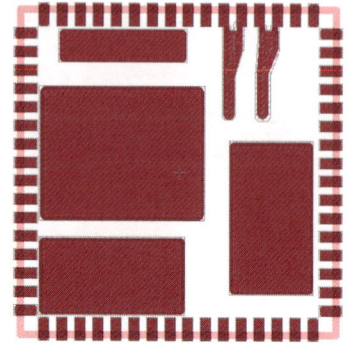

写真1　PLCCのパッケージ

図8　PLCCのフット・プリントの例

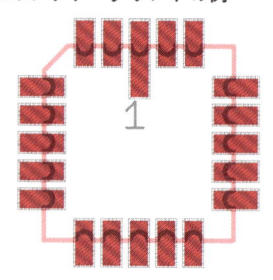

図9　LGAのパッケージ

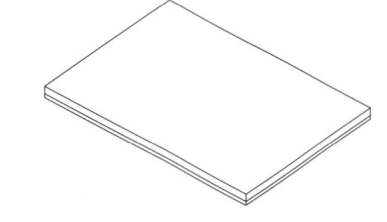

図10　LGAのフット・プリント（LTM8023）

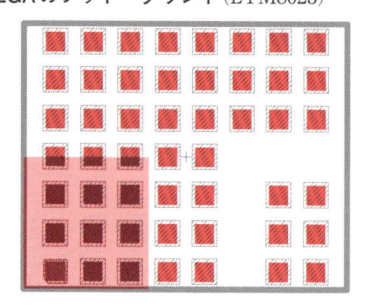

● QFP

QFPは，図4のようにパッケージの4側面からリードが出ているパッケージです．リードはL型で，カモメの翼に似ていることから，ガルウィング（gullwing）形状とも呼ばれます．ピッチは1mm，0.8mm，0.65mm，0.5mm，0.4mm，0.3mmなど多くの種類があります．ピン数も最大304ピンまであります．フット・プリントは，図5のようになります．

QFPの高さは1.9mmですが，より低背とした1.7mmのLQFP，1.2mmのTQFPもあります．

● QFN

端子がパッケージの四側面および底面に付いているものです（図6，図7）．底面端子は放熱に使われることが多いようです．

● PLCC

PLCCは，写真1のように，QFPの足を内側にたたみ込んだ構造です．一昔前のFPGAに使われていましたが，現在はQFPやBGAにその座を譲っています．

フット・プリントは，図8のように，1ピンが上部中央にあります．

● LGA

パッケージの底面に，格子状の平面電極パッドが並んだものをLGA（Land Grid Array）と呼んでいます．図9は上面から見た場合です．

図10は，インダクタなどの周辺部品を取り込んだマイクロモジ

図11 ダイ・サイズBGAの外観とフット・プリント SOT886（JEDEC MO-252）．

(a) 外観

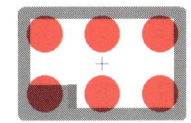

(b) フット・プリント

写真2 BGAのパッケージ

図12 BGAのフット・プリント（BGA256）

図13 FBGAのフット・プリント（BGA-CSP）

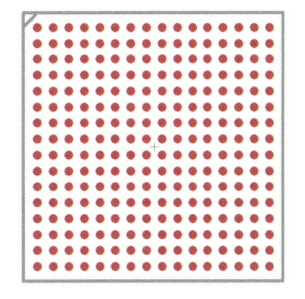

ュールLTM8023（リニアテクノロジー）のフット・プリントです．

● BGA

BGA（Ball Grid Array）は，端子がはんだボールになっていて，パッケージの底面に格子状に広く配置されているものです（写真2）．

図11は，超小型のダイ・サイズBGAです．74LVC1G66のようなシングル・ゲートICにも使われています．ダイとは，ICの中にマウントされているシリコン・チップのことで，ほぼチップ・サイズという意味です．

BGAはピン数が多いICの場合に俄然有利で，FPGAやマイコンに使われています．多いものでは，1932ピンもあります．図12と図13は256ピンBGAのフット・プリントです．図12では，中央の空いた部分にスルー・ホールを配置できます．図13は，よりピッチの狭いFBGA（Fine Pitch-BGA）のフット・プリントです．

〈漆谷 正義〉

Appendix 2 表面実装ICのパッケージとフット・プリントの種類

第5章
7セグメントLED周辺や内蔵ADCを利用するセンサ応用回路まで

マイコン周辺回路の配線実例集

5-1　大きな電流のスイッチングはノイズの原因になる
LED電流の流れる配線はできるだけ短く

■ 回路の説明と配線のコツ

例えば，トランジスタ技術誌2005年4月号（p.125）の実験基板では，LEDは基板上でマイコンの近くに配置してありますが，LEDを製品で使う場合は，マイコンから離して取り付けることが多いものです．

明るさも適当でよいのですが，周囲光が強くても判別できるよう輝度を明るく設定しなければなりません．LEDの輝度は，電流I_Fが同じでも，表1のように発光色により異なります．図1においてLEDに流れる電流は，数十mAになることもあり，この経路を長く伸ばすことは，LEDのON/OFFに伴うスイッチング・ノイズを周囲の回路に誘起させる原因となります．

LED電流は最大定格の半分以下で使うと寿命を伸ばすことができます．

● LED電流の流れる配線はできるだけ短く

駆動トランジスタはLEDの近くに置き，LED電流ICの経路が短くなるようにします．

輝度は電流に比例するので，純緑のLEDを基準として，表の設定値のように各色の電流値を変えます．パターンは図2のようにマトリクス状に配置すれば，整然と並べることができます．また，駆動トランジスタをデジトラとし，直列抵抗とともに基板裏面に配置すれば，LED周囲がさらにすっきりします．

〈漆谷　正義〉

◆参考文献◆
(1) 山本秀樹；特集 第1章 付録マイコン基板を動かしてみよう！，トランジスタ技術，2005年4月号，p.125，CQ出版社．

表1　LEDの発光色と輝度の関係

型名	材質	発光色	輝度 [mcd]	順電流I_F [mA]	設定値 [mA]
BR1111C	GaAlAs	赤	11.7	20	4
AY1111C	GaAsP	黄	3.4	20	14
BG1111C	GaP	純緑	2.4	20	20

図1　基本的なLED駆動回路

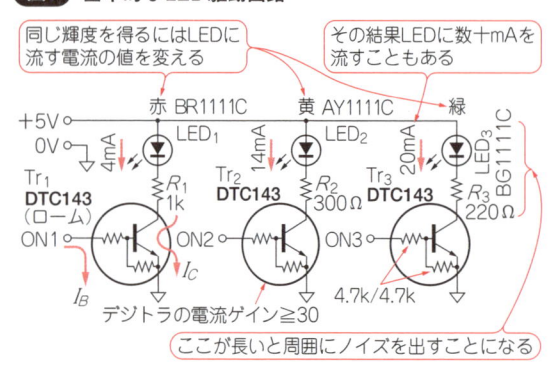

図2　基本的なLED駆動回路のパターン（両面基板）

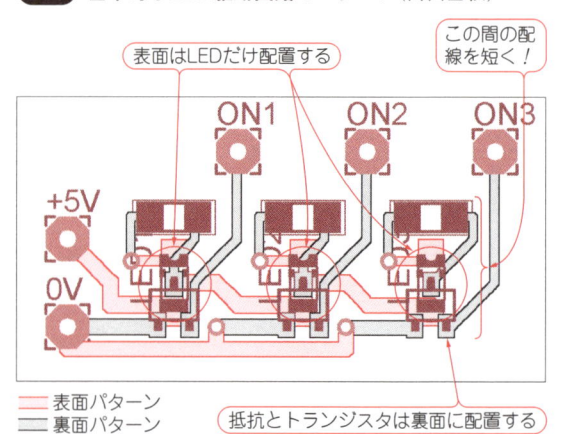

5-2 7セグメントLEDのコモン端子のパターンは太く
コモンを流れる電流の大きさに注意

■ 回路の概要と配線のコツ

図3はアノード・コモン型の7セグメントLEDを，マイコンのオープン・ドレイン端子でダイナミック駆動するための回路です．

● 駆動トランジスタのエミッタからコモン端子までの配線は太く

電源から7セグメントLEDのコモン端子までの配線は，全セグメント点灯時の電流（40 m～100 mA）を考えて太めにします．

● チップ部品を使い整然とシンプルに配線する

両面基板とディスクリートで構成する場合，表示器の外側に部品を配置することになり，7セグメントLEDを実装する際にじゃまになることがあります．

チップ部品で構成し，部品を裏面に配置すれば，図4のように，表示器側の部品をなくすことができます．また，コネクタCN_1により，マイコン基板に取り付けるようにすれば，使いまわしが可能です．

● 自動配線の際は配線方向を設定する

図4はプリント基板設計CAD EAGLEで自動配線

図3 7セグメントLEDのダイナミック駆動回路

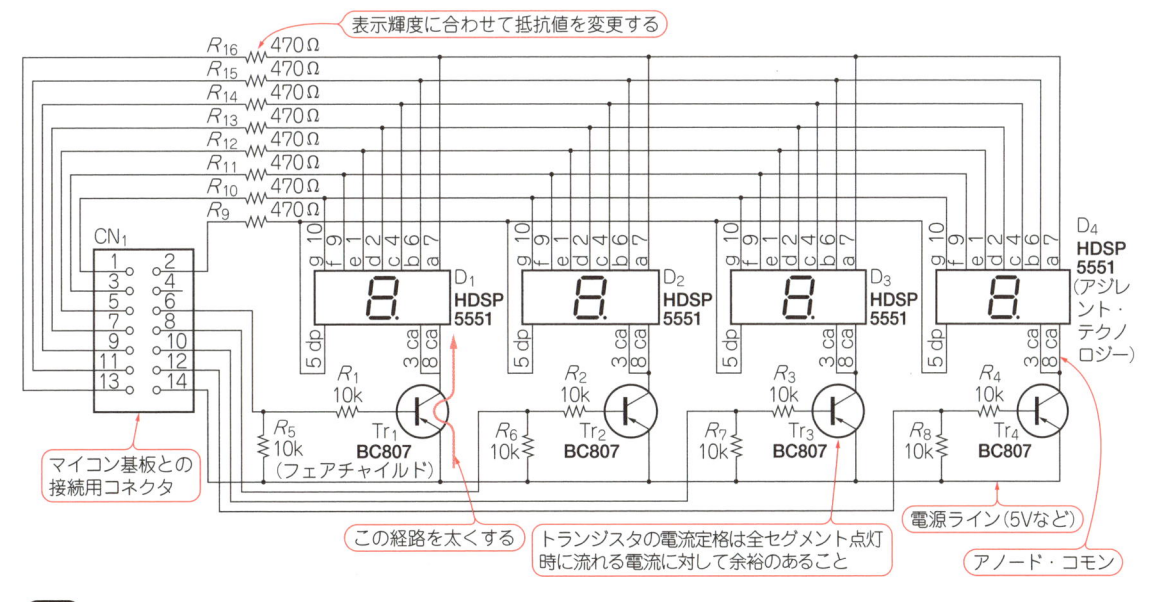

図4 チップ部品で構成した7セグメントLED駆動回路（両面基板）

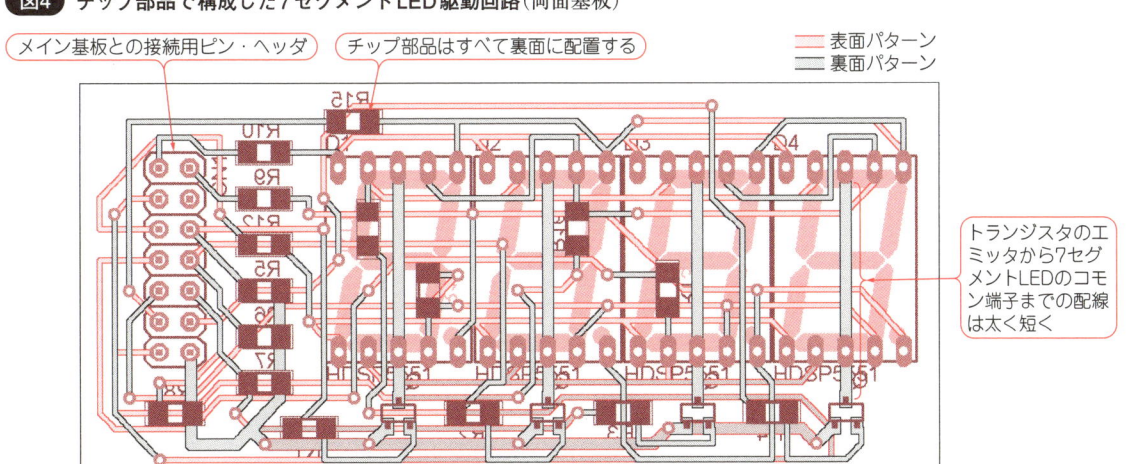

させたものですが，自動配線率を100％にもっていくために，配置を何度か変えました．オート・ルーティングは試行錯誤でいろいろなルートを探るようですが，裏表で配線が直交するように初期設定しておいたほうが仕上がりがきれいです．特にこの回路の場合は，配線方向を特定しないと成功率が悪いようです．

〈漆谷 正義〉

5-3 高湿度下で使う基板の配線例
リーク電流の発生を避けるためパターンの間隔に注意する

■ 回路の説明と配線のコツ

写真1は，周辺回路を一体化した湿度センサ CHS-GSS（TDK）です．**図5**のように，相対湿度100％が1Vに対応しているので，ディジタル電圧計で湿度が直読できます．しかし，これをマイコンのA-Dコンバータに接続する際は，5Vレンジに変換する必要があります．

図6の回路は単電源で，1V→5Vのレンジ変換を行うために，レール・ツー・レールOPアンプを使っています．ゲイン微調用VR_1中央で，ゲインは，ちょうど$(1+480/120)=5$となります．

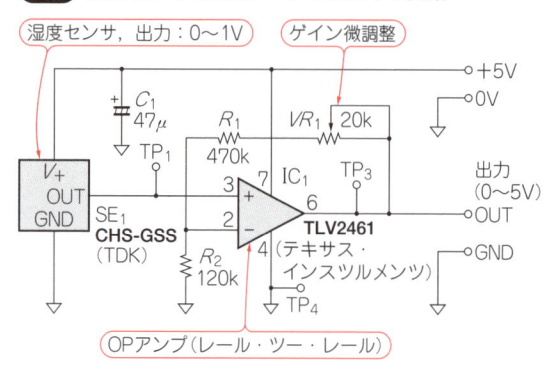

● 配線間隔を広くし配線幅は狭くする

配線設計の留意点は，高湿度でのリークを減らすため，OPアンプのランド間にパターンを通すことは避け，できるだけパターン間隔を広くし，パターン幅は逆に狭くします．

抵抗R_1，R_2は1/4Wの金属皮膜抵抗（±1％）を使います．**図7**は，オート・ルータで書かせたもので，両面基板とし，はんだ面はベタ・グラウンドとします．この基板は，調整後は全体を樹脂モールドして防湿したほうがよいです．

〈漆谷 正義〉

写真1 周辺回路を一体化した湿度センサ CHS-GSS（TDK）

図5 湿度センサの湿度-出力電圧特性

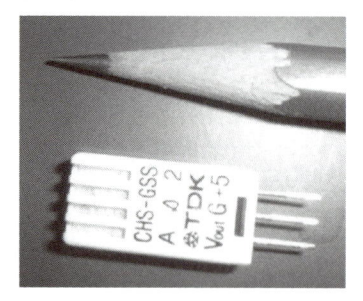

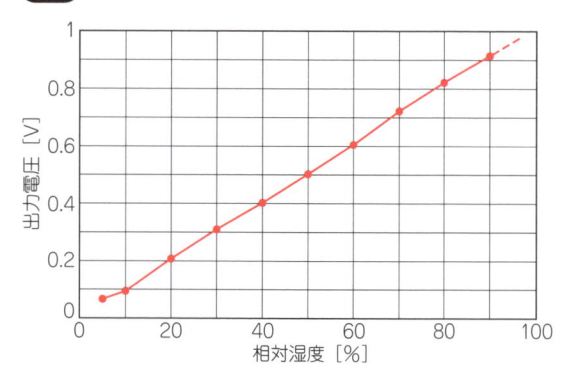

図6 湿度センサの出力レンジを拡大する回路

図7 湿度センサ周辺回路のパターン（両面基板，裏面のベタ・グラウンドの表示は省略）

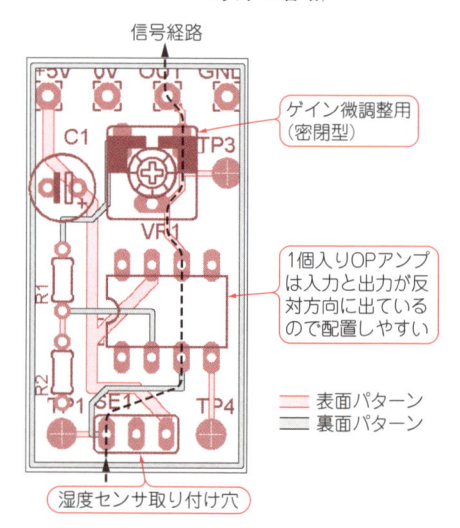

5-4 マイコン内蔵A-Dコンバータとプリアンプ周りのアナ/ディジ分離テクニック

ディジタルとアナログのグラウンドはマイコン近くの1点でつなぐ

■ 回路の概要

　最近のワンチップ・マイコンには，高分解能のA-Dコンバータ（以下，ADC）を内蔵しているものが多くなっています．このようなマイコンを実装する場合，アナログ回路であるADCとその周辺回路が，ディジタル回路のノイズの影響を受けないようにすることがポイントになります．

　図8に，小型のワンチップ・マイコンとADC用のプリアンプ（前置増幅器）回路を示します．IC_1は，入出力レール・ツー・レールのOPアンプで，ADCのプリアンプとして電圧ゲイン約10倍の非反転増幅回路として動作させています．IC_2は，低ドロップアウトの定電圧電源で，3.3Vのディジタル回路用電源から3Vのアナログ回路用電源を作っています．IC_3は，ルネサス エレクトロニクスのR8C/Tinyシリーズの小型マイコンで，10ビット分解能の逐次比較型ADCを内蔵しています．アナログ信号を入力している14番ピンは，ADC用アナログ入力ポートです．ここでは，C_3以外を表面実装部品として，両面プリント基板に実装する例を示します．

■ 配線のコツ

● アナログ系とディジタル系グラウンドの接続点をマイコンのグラウンド近くで1点だけに

　図9にグラウンドと電源のパターンを示します．グラウンド・パターンでもっとも重要なことは，アナログ・グラウンド（以降，AGND）とディジタル・グラウンド（以降，DGND）を明確に分離して，電位を合わせるための接続点を1点だけにすることです．こうしないと，ディジタル回路のノイズによってADCの変換精度が低下してしまいます．図9のようにAGNDとDGNDの接続点は，IC_3のV_{SS}端子（5番ピン）の直近に1点だけ設けます．

　ここで使用したマイコンは，グラウンド端子（V_{SS}）が1本しかありませんが，ICによってはAGNDとDGNDの端子を分離しているものがあります．その場合は，図10のようにAGNDとDGNDのパターンを明確に分離して，1点だけで接続します．

　電源回路で注意することは，IC_2の入出力に接続するコンデンサC_3，C_5の配置です．低ドロップアウト電圧の電源ICは，入出力端子の高周波インピーダンスを低くしないと発振することがあります．そのため，C_3，C_5ともIC_2の直近に配置し，太いパターンで短く配線します．

● アンプ反転入力端子への配線は短く

　図11にプリアンプ周辺のパターンを示します．OPアンプのパスコンC_2は，IC_1の直近に配置します．

　電圧帰還型OPアンプの反転入力端子は，入力インピーダンスが高く，外部からのノイズの影響を受けやすいので注意が必要です．図11のように反転入力端子（IC_1の3番ピン）への配線はできるだけ短くします．R_3は，容量性負荷とOPアンプの出力端子を分離す

図8 A-Dコンバータを内蔵するマイコンとプリアンプ周辺の回路

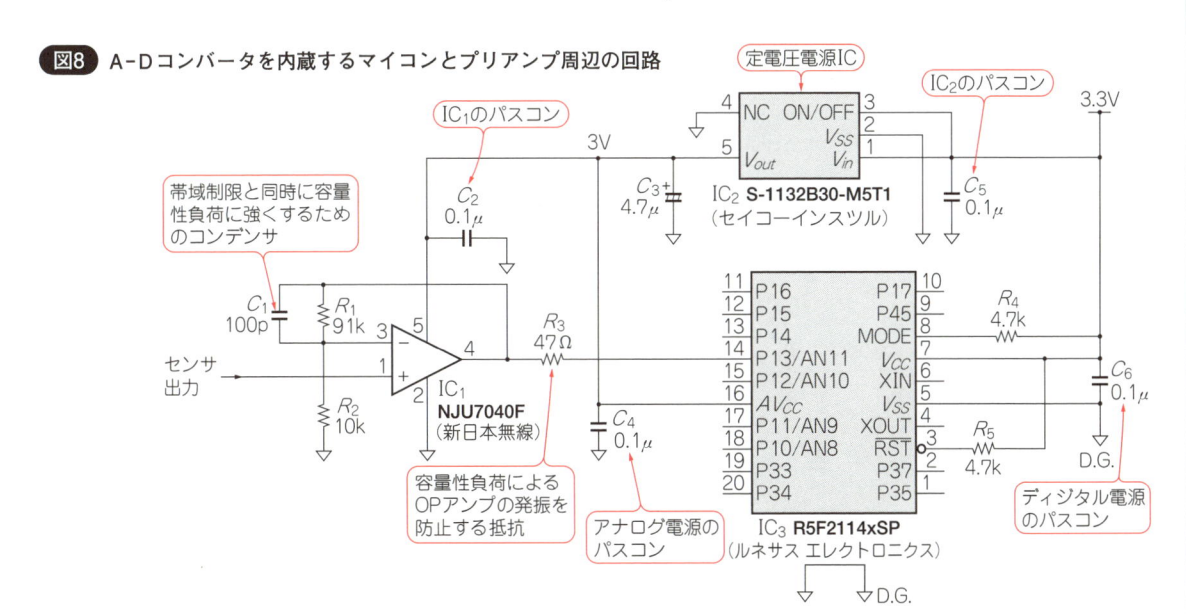

るための抵抗ですから，OPアンプとマイコンの間の配線が長くなるときはOPアンプのそばに配置します．

● **AGND自体のインピーダンスを極力下げる**
　AGNDの描きかたで注意することは，AGND自体のインピーダンスを極力下げることです．ベタ・パターンにすることはもちろんですが，プリアンプ部への入出力配線もスルー・ホールを活用してAGNDと反対面へまわして，AGNDのインピーダンスを下げることを優先します．

● **アナログ回路を実装している反対側の面には，ディジタル信号を通さない**
　プリアンプを含めたアナログ回路を実装している反対側の面には，ディジタル信号（DGNDも含む）を通さないようにします．これは，容量結合によってディジタル回路の信号がアナログ回路へノイズとなって侵入することを防ぐためです． 〈鈴木 雅臣〉

（初出：「トランジスタ技術」2005年6月号 特集第4章）

図10 AGNDとDGNDのパターンを明確に分離し1点で接続

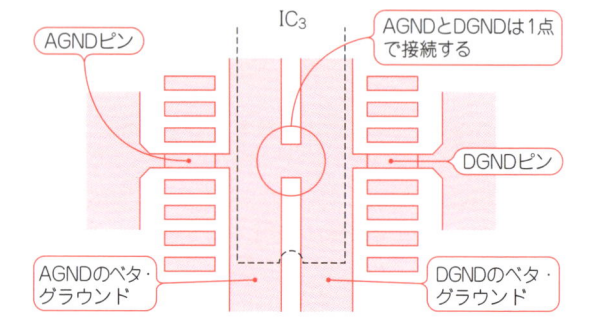

- AGNDピン
- AGNDとDGNDは1点で接続する
- DGNDピン
- AGNDのベタ・グラウンド
- DGNDのベタ・グラウンド

図9 グラウンドと電源の引き回しを説明するためのIC₃周辺のパターン

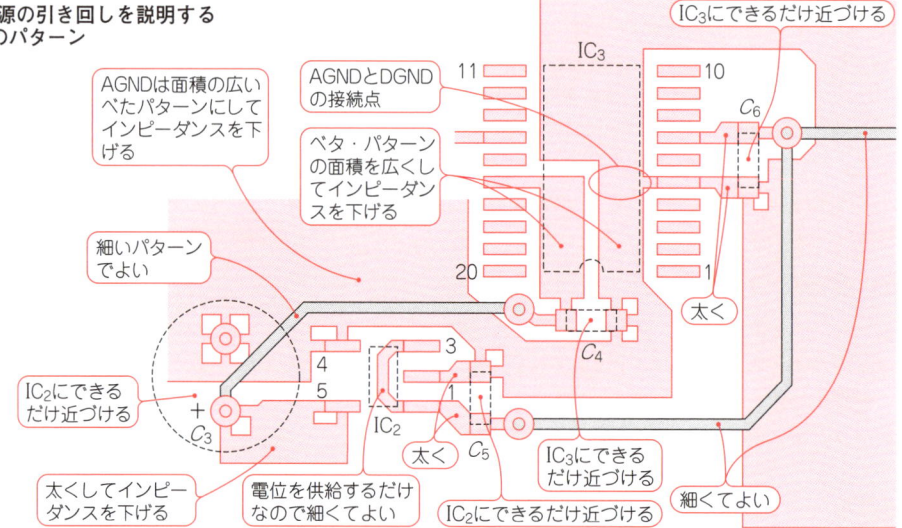

- AGNDは面積の広いべたパターンにしてインピーダンスを下げる
- AGNDとDGNDの接続点
- ベタ・パターンの面積を広くしてインピーダンスを下げる
- IC₃にできるだけ近づける
- 細いパターンでよい
- 太く
- IC₂にできるだけ近づける
- 太くしてインピーダンスを下げる
- 電位を供給するだけなので細くてよい
- 太く
- IC₃にできるだけ近づける
- IC₂にできるだけ近づける
- 細くてよい

図11 プリアンプ周辺のパターン

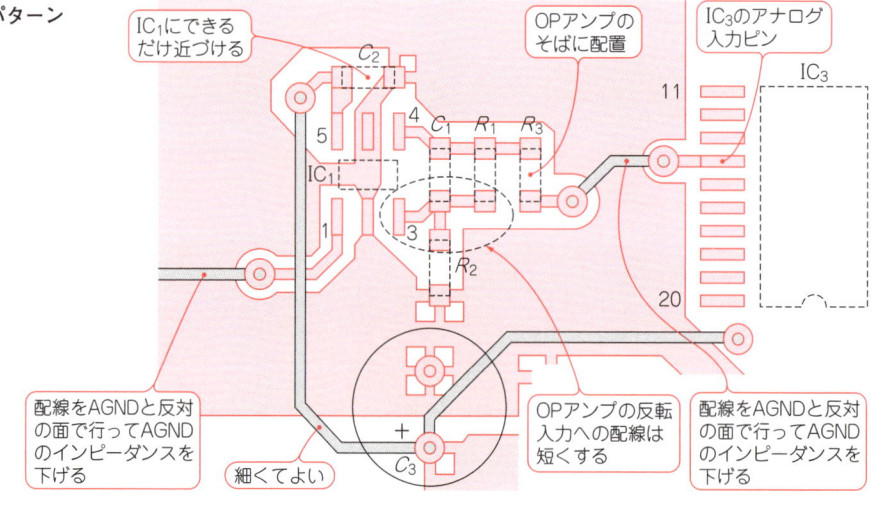

- IC₁にできるだけ近づける
- OPアンプのそばに配置
- IC₃のアナログ入力ピン
- 配線をAGNDと反対の面で行ってAGNDのインピーダンスを下げる
- 細くてよい
- OPアンプの反転入力への配線は短くする
- 配線をAGNDと反対の面で行ってAGNDのインピーダンスを下げる

第6章
DDR-SDRAMからPCI-Expressまで

ディジタル回路の配線実例集

6-1 BGAからのパターンの引き出しと層数の見積もり方法
ピン間3本ルールで256ピン・フルグリッドBGAを配線する

図1は，1.27 mmピッチの256ピン・フルグリッドBGAを，ピン間3本ルールで配線したパターンです．BGAの外側5列がパターン引き出しの必要な信号線，残りが電源やグラウンドとなっていることを想定しています．**図1**から，層は三つあれば配線できることがわかります．

はんだ面にパスコンなどの小さな部品を配置し，電源層とグラウンド層を加えると，合計6層必要です．

■ 配線のコツ

● BGA中心部にはスルー・ホールをあけない

配線引き出し用のスルー・ホールは，BGAの中心点から見て外側にあけ，BGAの中心の十字上にはスルー・ホールを空けないようにします．これはBGA中心部への電源電流の流入経路を確保するためです．

図1 1.27 mmピッチの256ピン・フルグリッドBGAをピン間3本ルールで配線したパターン

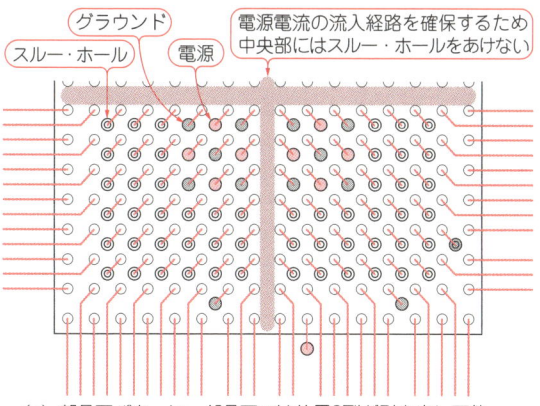

(a) 部品面パターン…部品面では外周2列が引き出し可能

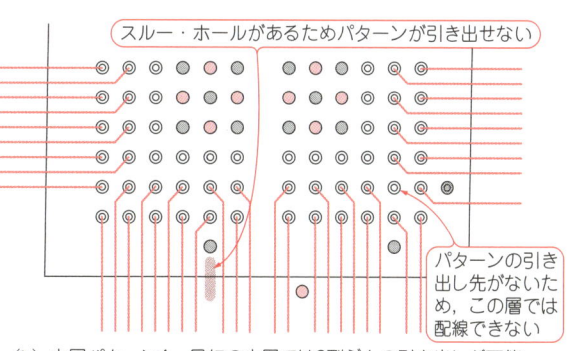

(b) 内層パターン1…最初の内層では2列ぶんの引き出しが可能　ただし，じゃまなスルー・ホールがあると1列しか引き出せない

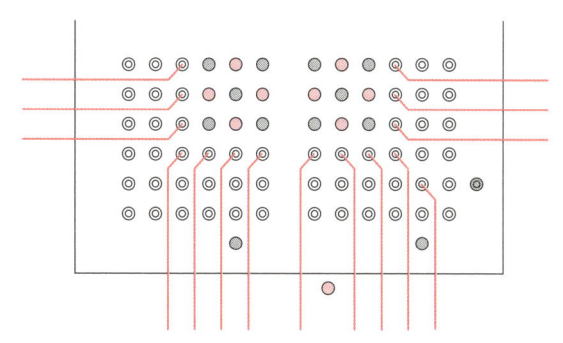

(c) 内層パターン2…2層目以降の内層では1列だけ引き出し可能

表1 BGAから引き出す信号線の列数と引き出しに必要なプリント基板の層数の関係

(a) 1.27 mmピッチBGAの場合

引き出し列数	最低配線層数 ピン間3本	最低配線層数 ピン間5本
2列以下	1層	1層
3列	2層	1層
4列	2層	2層
5列	3層	2層
6列	4層	2層
7列	5層	3層

(b) 1 mmピッチBGAの場合

引き出し列数	最低配線層数 ピン間3本	最低配線層数 ピン間5本
2列以下	1層	1層
3列	2層	1層
4～6列	—	2層
7～8列	—	3層
9～10列	—	4層
11～12列	—	5層

表2 ピン間3本, ピン間5本と称される設計ルールの詳細（単位：mm）

項目 ＼ ルールの名称	ピン間3本	ピン間5本
パターン幅	0.15	0.1
パターン間隔	0.15	0.125
ランド間隔（外層）	0.25	0.15
ランド間隔（内層）	0.2	0.15
パターン-ランド間隔	0.15	0.125
ランド-パッド間隔	0.225	0.225
パターン-パッド間隔	0.175	0.125
スルー・ホール径	0.35	0.25
ランド径（外層）	0.65	0.4
ランド径（内層）	0.75	0.4

● 電源とグラウンド層の接続はできるだけ多くのスルー・ホールで

　電源インピーダンスを下げるため，電源とグラウンド層への接続は，なるべくたくさんのスルー・ホールで行います．理想は1ピンあたり1個のスルー・ホールです．また，パスコンはできるだけ電源スルー・ホールの近くに配置します．

● プログラマブル・デバイスのピン割り当ては配線が楽になるよう考慮する

　FPGAなどのプログラマブル・デバイスを使用し，基板実装密度が高い場合には，パターン配線に合わせてピン配列を行うべきです．信号配線層を減らせることが多々あります．量産時のコストを考えると多少の手間を惜しまずピン配列を行いましょう．

■ BGAを実装する際に必要な層数の見積もり

　表1に示します．引き出し列数は，信号パターンを配線する必要のあるBGAの外周からのボール列のことです．電源ピンは通常内層に接続し，配線を引き出さないのでカウントしません．ただし，2列目のボールに電源ピンがあると，電源スルー・ホールが配線引き出しのじゃまになるので，必要な配線層数が増えることになります．

▶ピン間3本，ピン間5本とは

　2.54 mmピッチで空けられたスルー・ホール間に何本のパターンが通せるかという設計ルールです．ピン間3本であれば3本のパターンが通せるということになります．各社で若干の相違があると思われますが，私の勤務先で採用している各ルールでの最小加工寸法は**表2**のとおりです． 〈五十嵐 拓郎〉

6-2 メモリ・デバイス周りの配線を最小にするパターンニング
データ・バス幅32ビットのSSRAMを基板の表裏に配置する

メモリ・デバイスを両面実装する場合，くふう次第ではパターン配線を大幅に減らせます．

ポイントは，機能上回路接続を入れ替えても動作の変わらない信号を見極め，表裏で配線が最小になるよう，回路図の時点で配線を入れ替えます．例えば，データやアドレス信号は，配線を入れ替えても機能動作に変わりがないことが多々あります．

図2はデータ・バス幅32ビットのSSRAMを，基板の表裏に配置し，配線した例です．図3に示した考え方を元に，かなり効率良く配線できています．ただし，部品実装時のプリント基板への熱伝達が悪くなりやすく，はんだ付け不良や，基板の反りなどが起こる可能性があります．パターン設計時点で実装担当者と打ち合わせを行い，温度プロファイルの調整などで対応できるか確認したほうがよいでしょう．

● データやアドレス信号のピン配置を入れ替え効率よく配線する

入れ替え可/不可のピンを確認します．確認後，CAD上または机上で，いくつかの組み合わせを検討します．例えばデータ・バスとバイト・イネーブル信号などは，単独では入れ換えできなくても，セットであれば入れ替えできます．また，表裏へ分岐後の配線長は，最短かつ等長とすると反射の影響を抑えることができます．

一般的によく使われるメモリでは，以下のような基準で入れ替え可能な信号を選択します．

▶ **SDRAM**
Data：可（対応するDQMとセットで入れ替え）
DQM：可（対応するDATAとセットで入れ替え）
Address：不可（モード・レジスタ設定で使うため）
BA：可
制御線：不可

▶ **SSRAM**(Synchronous SRAM)
Data：可（対応するBWEとセットで入れ替え）
BWE：可（対応するDATAとセットで入れ替え）
Address：一部不可（ADV信号を使用したバーストアクセス時，下位2ビットは入れ替え不可）
制御線：不可

〈五十嵐　拓郎〉

図2 データ・バス幅32ビットのSSRAMを基板の表裏に配置したパターン

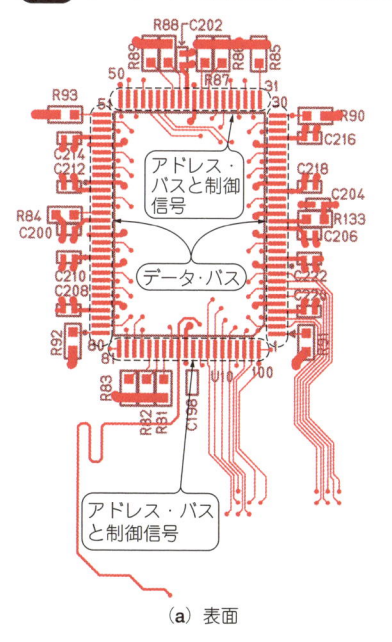

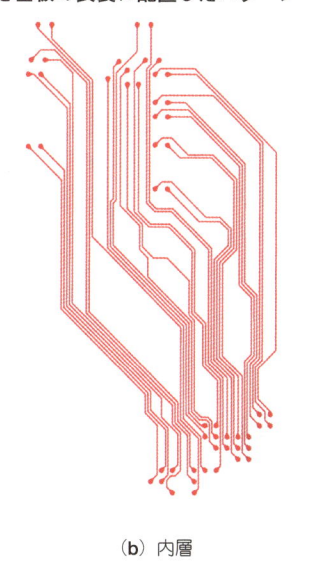

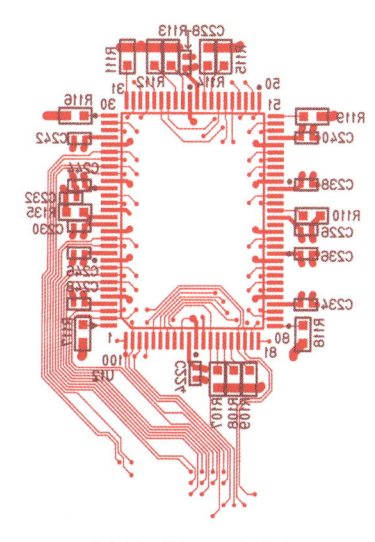

(a) 表面　　(b) 内層　　(c) 裏面（表面からの透視）

■図3 一般的なSSRAMのピン配置

```
            A A CE₁ CE₂ BW_D BW_C BW_B BW_A  A A
           100 99 98 97 96 95 94 93    82 81
   DQP_C  □ 1                              80 □ DQP_B
   DQ_C   □ 2                              79 □ DQ_B
   DQ_C   □ 3                              78 □ DQ_B
   V_DDQ  □ 4                              77 □ V_DDQ
   V_SS   □ 5    図2では，表面IC             76 □ V_SS
   DQ_C   □ 6    のバイトCは裏面             75 □ DQ_B
   DQ_C   □ 7    ICのバイトBと，            74 □ DQ_B
   DQ_C   □ 8    表面ICのバイトB            73 □ DQ_B
   DQ_C   □ 9    は裏面ICのバイト            72 □ DQ_B
   V_SS   □10    Cと接続されている           71 □ V_SS
   V_DDQ  □11                              70 □ V_DDQ
   DQ_C   □12                              69 □ DQ_B
   DQ_C   □13                              68 □ DQ_B
   NC     □14                              67 □ V_SS
   V_DD   □15         CY7C1371C            66 □ NC
   NC     □16                              65 □ V_DD
   V_SS   □17                              64 □ ZZ
   DQ_D   □18                              63 □ DQ_A
   DQ_D   □19                              62 □ DQ_A
   V_DDQ  □20                              61 □ V_DDQ
   V_SS   □21    図2では，表面IC             60 □ V_SS
   DQ_D   □22    のバイトDは裏面             59 □ DQ_A
   DQ_D   □23    ICのバイトAと，            58 □ DQ_A
   DQ_D   □24    表面ICのバイトA            57 □ DQ_A
   DQ_D   □25    は裏面ICのバイト            56 □ DQ_A
   V_SS   □26    Dと接続されている           55 □ V_SS
   V_DDQ  □27                              54 □ V_DDQ
   DQ_D   □28                              53 □ DQ_A
   DQ_D   □29                              52 □ DQ_A
   DQP_D  □30                              51 □ DQP_A
           31 32 33 34 35 36 37 38    49 50
          MODE A A A A A₁ A₀ 288M     A A
                              NC/
```

バイトC / バイトB / バイトD / バイトA

メモリのデータ・バスはこのようにバイト単位で扱えるので効率の良い配線ができる

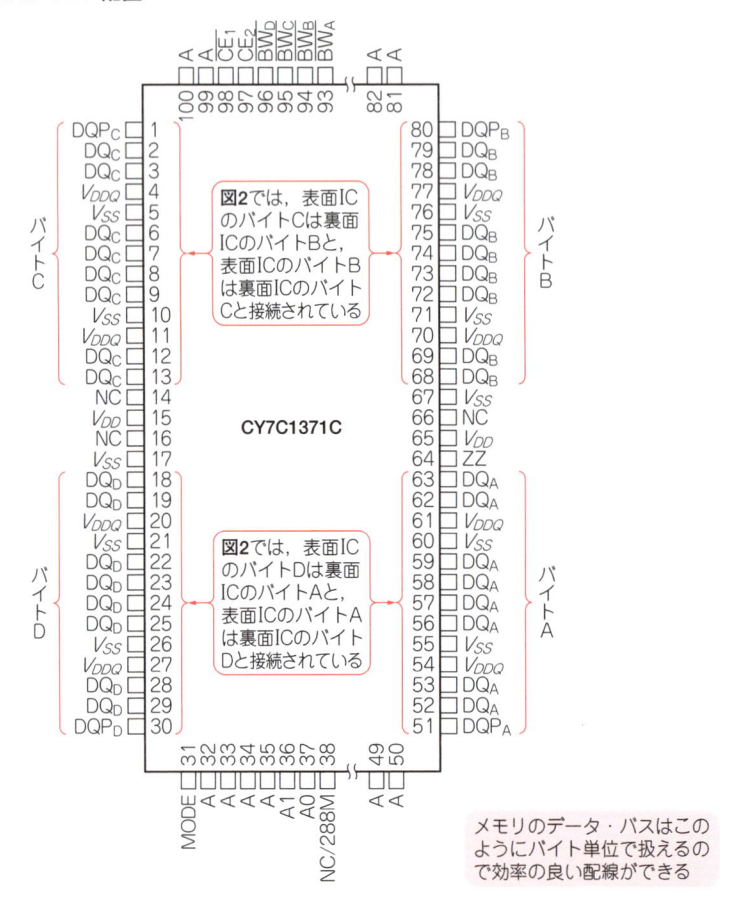

ガーバ・ビュワで出図データを確認する   column

　基板メーカへの発注は，ガーバ・データが基本です．PCB-CADでボード・データをガーバ・データに変換することは簡単ですが，データの中味が見えないので，果たして所望のパターンになっているのかどうか，心配です．もし，不具合がある場合は，親切な業者なら，「レジストがパターンにかかっています」などと指摘されます．指摘せずにそのまま製造する業者もあります．多くの場合，ボード・エディタでは，各層を重ねて見ており，レジストやシルク・スクリーンを一つ一つ確認することはめったにありません．発注前にガーバ・データをざっと見ておくとこのようなミスを防止でき，安心して発注できます．ガーバ・データの中味は，ガーバ・ビュワで確認できます．

　なかでも，インターネット（http://www.viewplot.com/）からすぐダウンロードできるVIEWPlot（図A）は使い方も簡単なのでお勧めです．無償バージョンは，ビュワだけで，製品版の編集，変換などの機能はありませんが，発注前の確認だけであればこれで十分です．

　File→Load Filesでガーバ・ファイルを一つずつ読み込みます．重ねて表示することもできますが，チェックするには別々の方が分かりやすいです．

　ガーバ・ビュワは，このほかに，ダイナビュワDynaViewer（http://www.dynatron.co.jp/product/dyna_viewer.html）などがあります．　〈漆谷 正義〉

■図A ガーバ・ビュワ"VIEWPlot"の起動画面

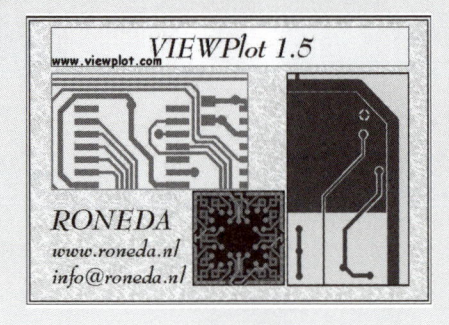

6-3 DDR-SDRAMのデータ・バスのタイミング誤差をなくす配線

2.54 mm以内の誤差でパターン配線の等長配線を行う

■ 回路の概要

　DDR-SDRAMはデータ信号DQ［7：0］とマスク信号DMに対して一つのストローブ信号DQSが存在します（**図4**）．DQ［7：0］とDMはDQS信号の立ち上がりと立ち下がりの両エッジでラッチします．例えば400 MHzで動作する場合，データが2.5 nsで切り替わることになります．

　メモリからの出力は各ビットで固体差があります．Micron製DDR-SDRAM MT46V16M16-5Bのデータシートを参照すると，最悪値では8ビットの有効データ期間は1.35 nsしか存在しません．これに加えて基板上のパターン配線長の差を考慮するとさらに有効期間が減少します．

■ 配線のコツ

● データやストローブ信号の配線長誤差を2.54 mm以内にする

　1.3 ns以上の有効期間を得るためには0.05 ns，つまり，配線長誤差は約7.5 mm以内で等長配線する必要があります．実際のパターン設計ではマージンを考慮し，配線長誤差2.54 mm以内での等長配線（**図5**）を指示します．**表3**は，**図5**のパターンの配線長誤差です．

　信号レベルはSSTL2となるので，配線インピーダンスは50 Ωに合わせます．なお，アルテラ製Stratixシリーズでは，DQSの位相制御がデバイス内部で行えるため，パターンは等長配線が最適ですが，位相制御が行えない場合，別途パターンのくふうが必要です．

〈村田 英孝〉

図4 メモリ・コントローラとメモリ間で等長配線が必要な信号

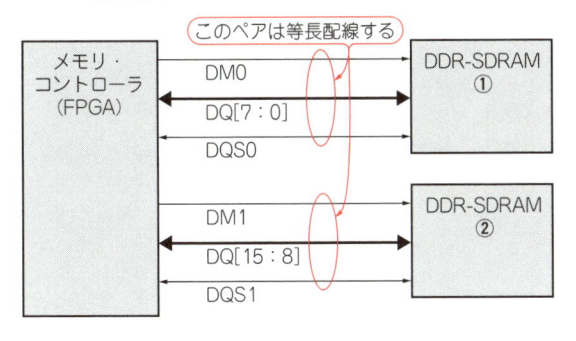

表3 図5のパターンの配線長誤差

項　目	信号名	パターン長[mm]
等長グループ①	DDR0_DQ[15]	65.249
	DDR0_DQ[14]	65.128
	DDR0_DQ[13]	65.11
	DDR0_DQ[12]	65.176
	DDR0_DQ[11]	65.179
	DDR0_DQ[10]	65.013
	DDR0_DQ[9]	65.046
	DDR0_DQ[8]	65.113
	DDR0_DQS1	65.149
	DDR0_DM1	67.24
	等長配線誤差	2.227
等長グループ②	DDR0_DQ[7]	65.041
	DDR0_DQ[6]	65.05
	DDR0_DQ[5]	65.209
	DDR0_DQ[4]	65.126
	DDR0_DQ[3]	65.105
	DDR0_DQ[2]	65.075
	DDR0_DQ[1]	65.063
	DDR0_DQ[0]	65.035
	DDR0_DQS0	65.064
	DDR0_DM0	67.217
	等長配線誤差	2.182

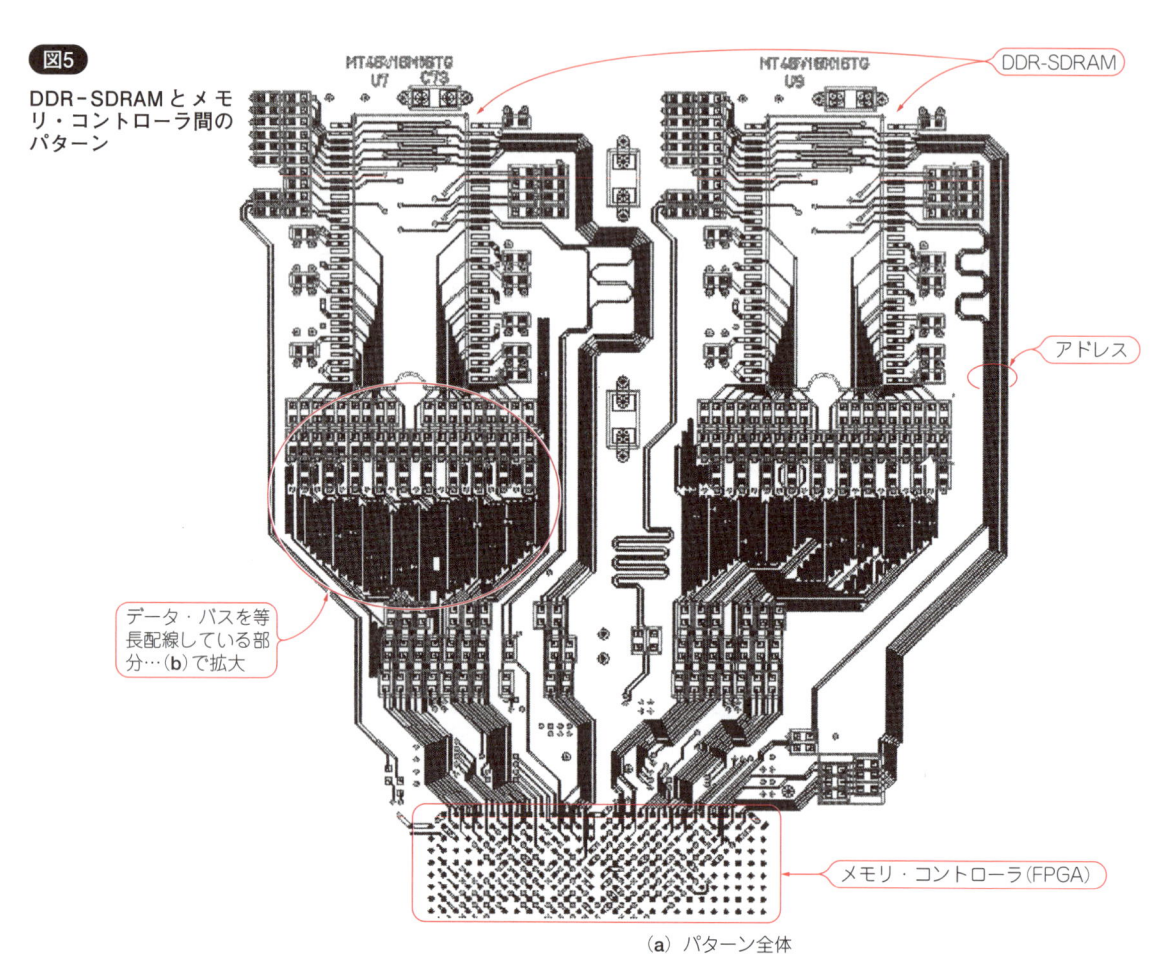

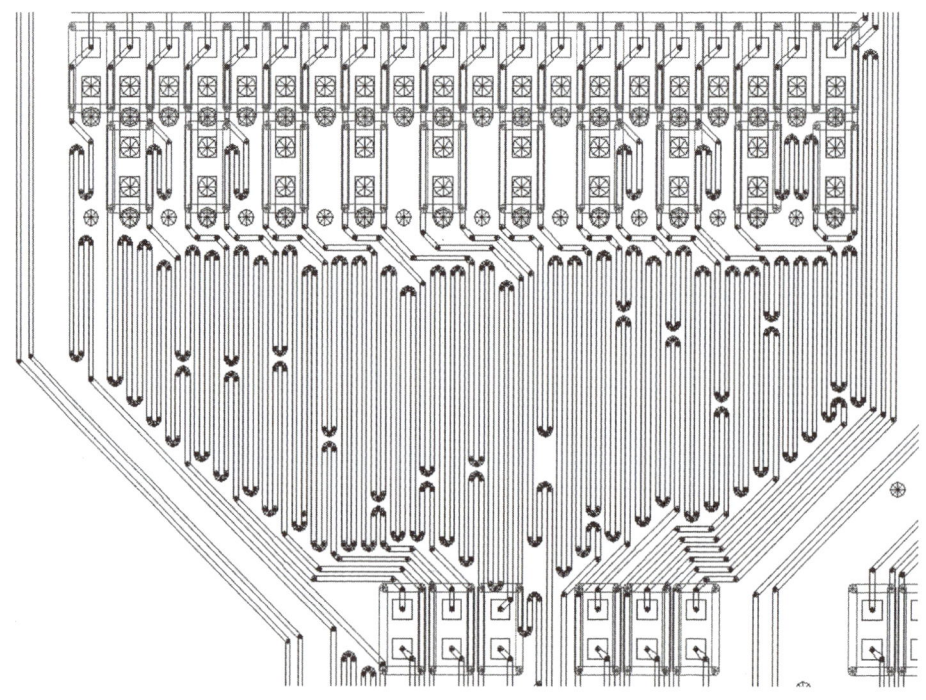

図5
DDR-SDRAMとメモリ・コントローラ間のパターン

- DDR-SDRAM
- アドレス
- データ・バスを等長配線している部分…(b)で拡大
- メモリ・コントローラ(FPGA)

(a) パターン全体

(b) (a)のデータ・バスの一部を拡大

6-4 PCI/PCI-Xバスのパターンニング

パターンの長さやパターン・インピーダンスに規定がある

■ 配線のコツ

PCIバスおよびPCI-Xバスのパターンについて解説します．PCIおよびPCI-Xに関して規格では，**表4**のようにパターン長とインピーダンスについて規定されています．

PCI-Xバスに関してはPCIデバイスからカード・エッジまでのパターン長の最大値と最小値を規定しているので，範囲内に収まるよう引き回します（**図6**）．

FPGAを使ってPCIデバイスを構成する場合，配線長を厳守するためにピン配置に気をつけます．市販のPCI-IPを使う場合はIPメーカから提供されるコンストレイン・ファイル（ピン制約）にしたがってピン配置を行います．

パターン・インピーダンスについても規定があるので基板の層構成に合わせてパターン幅を決定します．クロック・パターンはグラウンドを使いガードを施します．

表5に**図6**のパターンの配線長を示します．規格値の範囲内に収まっています．　　　　　〈村田 英孝〉

図6 PCIデバイスからカード・エッジまでのパターン

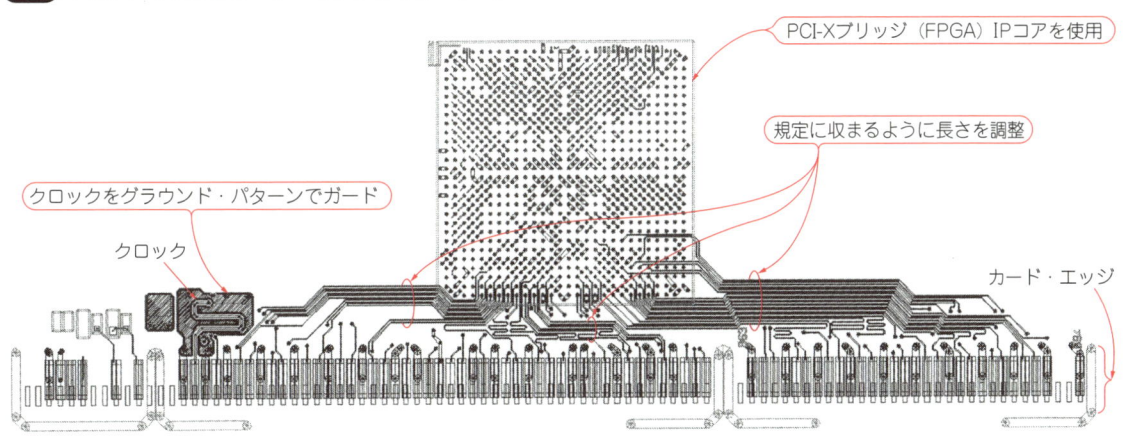

表4 PCIバスおよびPCI-Xバスのアドイン・カードにおける配線長さの規格値

(a) PCIアドイン・カードの配線長（単位：mm）

項　目	PCI-X 最小	PCI-X 最大	PCI 最小	PCI 最大
CLK信号配線長	60.96	66.04	60.96	66.04
32ビット・バス信号配線長	19.05	38.1	—	38.1
拡張64ビット・バス信号配線長	44.45	69.85	—	50.8
RST信号配線長	19.05	76.2	—	—

(b) PCIアドイン・カードの伝送線路仕様

項　目	PCI-X	PCI
ボード・インピーダンス特性（無負荷時）[Ω]	57 ± 10%	60 ～ 100
信号伝播遅延 [ps/mm]	5.91 ～ 7.48	5.91 ～ 7.48

表5 図6に示したパターンの長さ（一部，単位：mm）規格値に収まっていることが確認できる

信号名	配線パターン長	規格値 [最小]	規格値 [最大]
PCIX_AD [63]	45.157	44.45	69.85
PCIX_AD [62]	46.083	44.45	69.85
PCIX_AD [61]	48.01	44.45	69.85
PCIX_AD [60]	54.308	44.45	69.85
PCIX_AD [3]	23.432	19.05	38.1
PCIX_AD [2]	27.166	19.05	38.1
PCIX_AD [1]	20.58	19.05	38.1
PCIX_AD [0]	21.713	19.05	38.1
PCIX_CLK	63.519	60.96	66.04
PCIX_RST	57.926	19.05	76.2

6-5 PCI-Expressのパターンニング
8レーンの2.5 Gbpsの差動信号を伝送する

■ 規格の概要

PCIバスは32ビットまたは64ビット幅のパラレル・バスですが，PCI-Expressはシリアル・バスで構成されます．一対の差動信号当たり2.5 Gbpsで通信します(**図7**)．

差動信号の送信と受信をセットでレーンと呼びます．規格では，1/4/8/16/32のレーン数が定義されていますから，転送帯域を考慮してレーン数を選択できます．今回，例に挙げるPCI Express/PCI-Xブリッジ41210(インテル)は，1/4/8レーンをサポートします．このデバイスを使用したPCI-Express 8レーンのパターンについて次に説明しますが，主に高速差動信号のパターン設計についてまとめています．

■ 配線のコツ

● インピーダンス調整で信号品質を確保

パターンを**図8**に示します．差動ペアまたはペアを構成する1本(ライン)のインピーダンスをパターン間隔とパターン幅によって調整し，信号品質(シグナ

図7 PCI-Expressにおけるレーンの構成

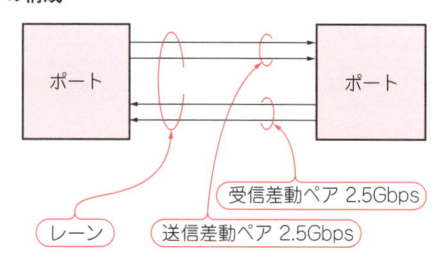

図8 PCI-ExpressとPCI-Expressブリッジを8レーンで接続したときのパターン(部品面)

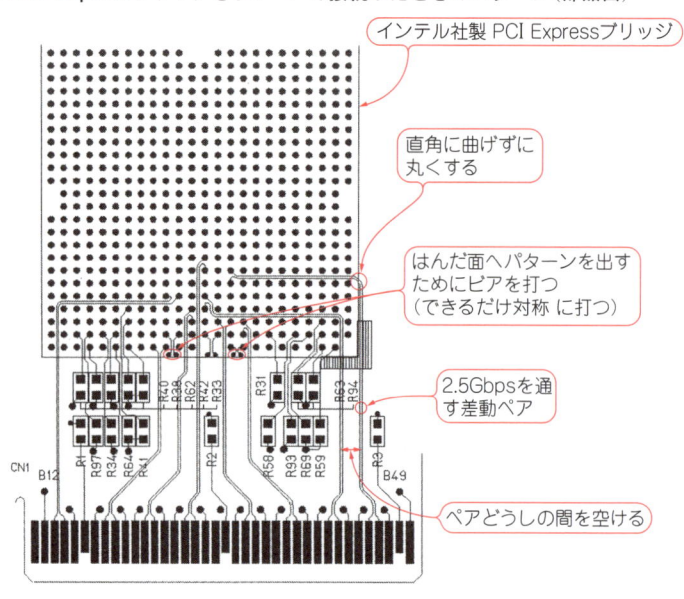

- インテル社製 PCI Expressブリッジ
- 直角に曲げずに丸くする
- はんだ面へパターンを出すためにビアを打つ(できるだけ対称に打つ)
- 2.5Gbpsを通す差動ペア
- ペアどうしの間を空ける

表6 [(2)] PCI-Expressの差動レシーバ入力インピーダンスの仕様(単位：Ω)

項目	最小	標準	最大
DC差動入力インピーダンス	80	100	120
DC入力インピーダンス	40	50	60

表7 図8の各差動ペアの配線長さ（単位：mm）

信号名	コネクタからICまでの線長	ペア間の誤差
PCIE_RP0	35.967	0.002
PCIE_RN0	35.965	
PCIE_RP1	21.707	0
PCIE_RN1	21.707	
PCIE_RP2	24.964	0.003
PCIE_RN2	24.967	
PCIE_RP3	28.957	0.002
PCIE_RN3	28.959	
PCIE_RP4	23.24	0
PCIE_RN4	23.24	
PCIE_RP5	23.943	0.003
PCIE_RN5	23.94	
PCIE_RP6	37.407	0.002
PCIE_RN6	37.405	
PCIE_RP7	39.584	0
PCIE_RN7	39.584	

（a）PCI-Express受信側の配線長（許容誤差を0.127 mmで指示）

信号名	コネクタからICまでの線長	ペア間の誤差
PCIE_TP0	35.424	0
PCIE_TN0	35.424	
PCIE_TP1	30.962	0
PCIE_TN1	30.962	
PCIE_TP2	25.064	0.01
PCIE_TN2	25.074	
PCIE_TP3	30.197	0.003
PCIE_TN3	30.2	
PCIE_TP4	23.736	0
PCIE_TN4	23.736	
PCIE_TP5	26.355	0.011
PCIE_TN5	26.344	
PCIE_TP6	31.913	0
PCIE_TN6	31.913	
PCIE_TP7	37.606	0.003
PCIE_TN7	37.603	

（b）PCI-Express送信側の配線長（許容誤差を0.127 mmで指示）

図9 パターンを曲げる際は直角に曲げない

（a）良い例　　（b）悪い例

図10 差動ペアが隣接する場合はペアとペアの間隔を空ける

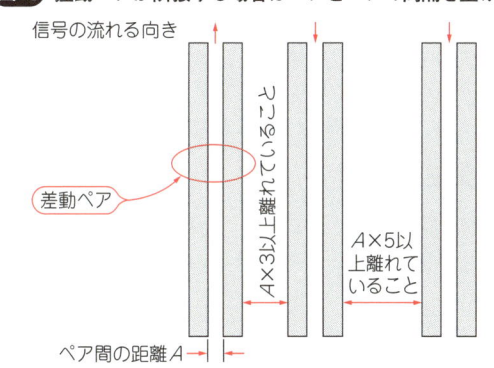

信号の流れる向き

差動ペア

ペア間の距離 A

$A\times3$以上離れていること

$A\times5$以上離れていること

ル・インテグリティ，SI）を確保します．PCI-Expressでは，インピーダンスが**表6**のように規定されています．

● 差動ペアは等間隔等長で，他のペアと距離をとる

差動ペア内では等長配線を行います．等長誤差は0.127 mm以下を指示します（**表7**）．パターンを曲げる場合はRを付けて曲げます．差動ペアを等間隔に保つことにより，インピーダンスの乱れを抑制します（**図9**）．

パターンはできるだけ表面層で引き回します．信号の劣化を防ぐためビアの数は最小限とします．目安として一つのビアで0.5〜1 dB信号が減衰します．

複数レーンを使うときは差動ペアが隣接します．この場合は，ペアとペアの間隔を空けます．同相差動ペア間の場合は，差動間距離の5倍以上，同相ではない差動ペア間の場合は，3倍以上ペアとペアを離すようにします（**図10**）．　　　　　　　　　〈村田 英孝〉

◆参考文献◆
(1) PCI-X Addendum to the PCI Local Bus Specification Rev1.0b, PCI-SIG.
(2) PCI Express Base Specification Rev1.0a, PCI-SIG.

（初出：「トランジスタ技術」2005年6月号 特集第10章）

徹底図解★プリント基板作りの基礎と実例集

第7章
OPアンプ応用回路から高精度A-Dコンバータまで

アナログ回路の配線実例集

7-1 OPアンプを使った全波整流回路のパターンニング
差動回路を使い部品配置とパターンを対称にする

■ 回路の概要

トランジスタ技術誌2004年1月号に掲載されている回路（図1）を元にします．全波整流回路は，プラス側とマイナス側のゲインの不ぞろいにより，波形が均一にならないことがあります．ゲインを決める抵抗は，±1%の金属皮膜抵抗とします．この回路では，IC_{1b}を差動動作させているので，高周波での波形の不ぞろいが軽減できます．OPアンプは，LF412（ナショナルセミコンダクター）を選びましたが，汎用のLM358など多くのOPアンプがピン・コンパチですので，目標性能により差し替えができます．

■ 配線のコツ

● 整流回路はまとめて配置し対称になるように配線

IC_1の1，2ピンから，5，6ピンに行くルートがポイントです．図2では，ICの下を通しています．ICの外側を迂回するルートは距離が長くなるので避けたほうが無難です．

プラス電源とマイナス電源のパターン幅は同格に扱います．信号は図2の矢印の方向に流し，ダイオードなどの整流回路を左側にまとめています．電源ラインは太くし，グラウンドはベタ・グラウンドとします．図2のように両面基板にすれば無理がありません．

〈漆谷 正義〉

◆参考文献◆
(1) 飯田文夫；OPアンプ差動増幅器による全波整流回路，トランジスタ技術2004年1月号，p.127，CQ出版社．

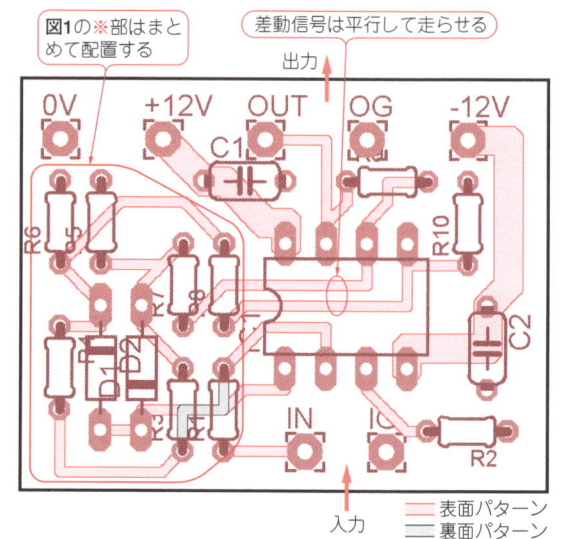

図1 OPアンプ差動増幅器による全波整流回路

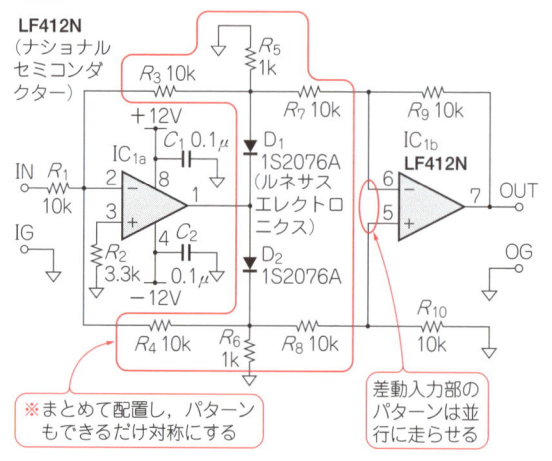

図2 OPアンプ差動増幅器による全波整流回路のパターン（両面基板，裏面のベタ・グラウンドの表示は省略）

7-2 フォト・カプラ周りの配線の基本

直下のパターンは1次側と2次側を十分に分離する

■ 回路の概要

フォト・カプラを実装する際の分離パターンについて解説します．

フォト・カプラは，ボード間や機器間を絶縁するためのデバイスです．各デバイスが保証する絶縁耐圧を実現するには適切な分離パターンを形成する必要があります．**図3**の回路は12V系の入力と5V系の出力を分離しています．**図3**では4個入りのフォト・カプラ PS2801-4(ルネサス エレクトロニクス)を使っています．

■ 配線のコツ

● 1次側と2次側の距離を十分に保つ

1次側(発光部)と2次側(受光部)の沿面距離を十分に確保するため，表層パターンと内層パターンを分離(**図4**)します．内層がベタ・パターンの場合は，ベタ・パターンも同じようにくり抜きます．

沿面距離とは，絶縁物に沿った導体間の最短距離を指し，距離が長いほど絶縁耐圧が高くなります．耐圧と沿面距離に関してUL規格，VDE規格など各国の安全規格で規定されています．

● 複数のフォト・カプラを使うときは放熱を考慮する

I/Oの点数が多く，複数個のフォト・カプラを使う場合は熱への配慮が必要です．**図5**にパターンの例を示します．1次側または2次側のグラウンドが共通の場合，ベタ・パターンで接続し，放熱効果を上げます．内層グラウンドがある場合は，ベタ・パターンに数か所ビアを打ち，内層グラウンドと接続します．1次側，2次側ともに電流値や放熱を考慮し，抵抗の定格とパターン幅を選定します．

〈村田 英孝〉

図4 フォト・カプラの真下のパターンは1次側と2次側をしっかり分離する

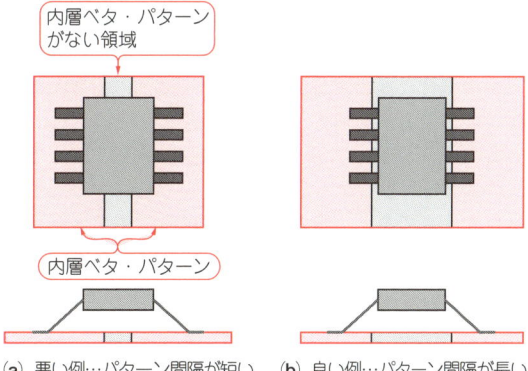

(a) 悪い例…パターン間隔が短い　(b) 良い例…パターン間隔が長い

図3 フォト・カプラを使った電圧変換回路

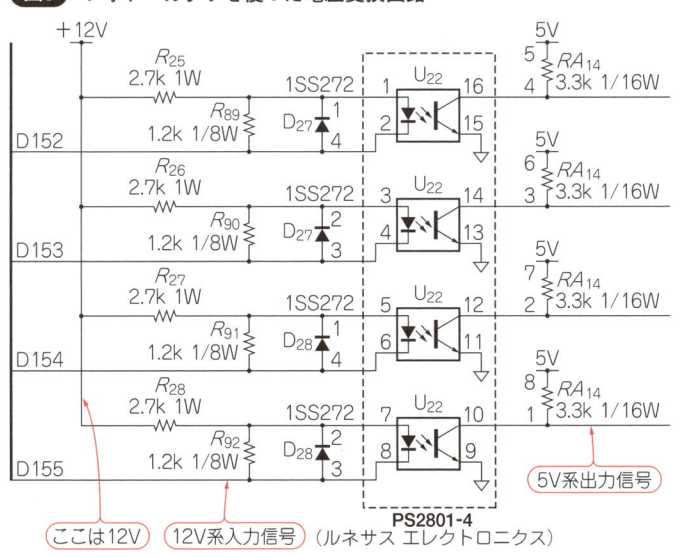

図5 放熱を考慮したパターン

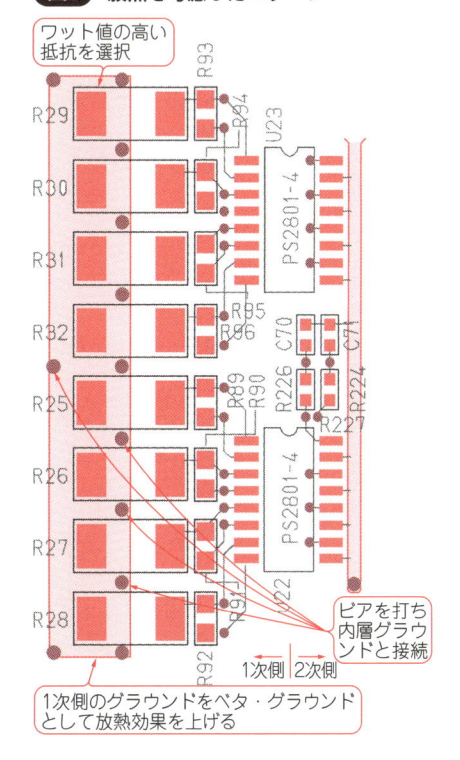

7-3 100Vを超える商用電源ラインのパターンニング

未使用のランドが部品と接触しないようにくふうする

■ 回路の概要

図6は商用交流電圧のゼロクロス・ポイントを，絶縁されたパルスで出力する回路です．TLP626（東芝）のLEDが両方とも点灯していないときにフォト・カプラのフォト・トランジスタがOFFになり，正極性のパルスを出力する簡単な回路です．

商用交流の入力ラインは大変危険なので，基板に引き込む場合は十分な絶縁と安全性を考慮したパターン設計を行わなければなりません．R_1は，**図7**のように1本でも電気的には同じ動作になりますが，商用交流入力に直接接続されるパターンが長くなることや，一つの抵抗に加わる電圧が高いため抵抗の耐電圧が問題になることがあるので分けておきましょう．

入力電圧が高くなると，R_1の電力損失は加える電圧の2乗で大きくなるため（**図8**），さらに大きな電力抵抗が実装できるようなパターンにしておくと汎用性が高まります．

■ 配線のコツ

● 交流信号のパターンと部品の近接をできるだけ避ける

図9はパターンの例です．次の点を配慮しています．
① パターンはすべてはんだ面に施して，部品との近接を最小限に抑える．
② 発熱部品であるR_1の近くには背の低いR_2を配置してC_1を少しでも離す．
③ R_1は1W，2W，3Wの電力抵抗が実装できるように複数のランドを設ける．

● 実装状態が変化する部品も考慮し絶縁性を保つ

図9のパターンの欠点は2Wまたは3Wの抵抗を実装したときに，抵抗の実装状態によっては胴体部分に未使用ランドが近くなる恐れがある点です．それを防ぐために**図10**のようなパターンにします．このように配置すれば，R_1をどこに実装しても部品の下にランドがくることはありません． 〈木下 隆〉

図6 商用交流ゼロクロス・ポイント検出回路

図7 図6のR_{1-1}，R_{1-2}をR_1一つに置き換えると…

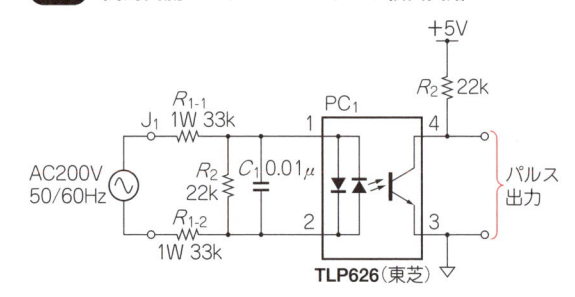

図8 図6のR_{1-1}，R_{1-2}の許容電力を大きくすれば広い電圧範囲に対応できる

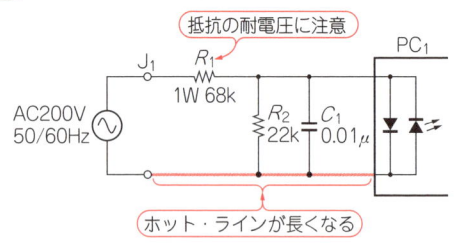

図9 商用交流ゼロクロス・ポイント検出回路のパターン

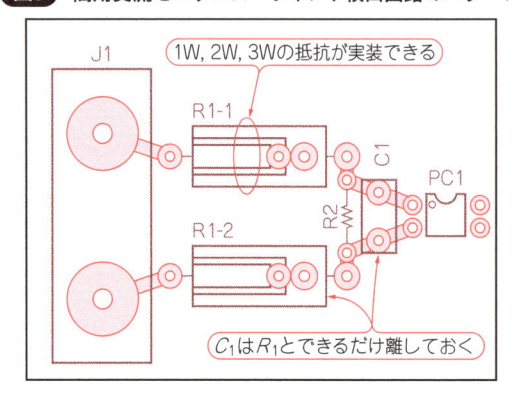

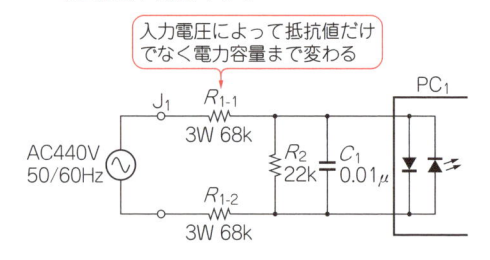

図10 図9の欠点（R_1の胴体に未使用ランドが近接）を改善したパターン

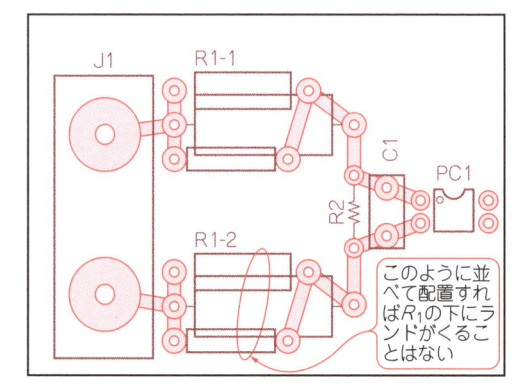

7-4 24ビット分解能を引き出すA-Dコンバータ周辺のパターンニング

基準電圧の精度を重視し，リモート・センシングやケルビン接続などの配線技法を使用する

■ 回路の概要

図11は，24ビットのA-Dコンバータ（以降，ADC）を複数使用し，直流から20kHzまでの信号解析を目的とするマルチチャネル・データ・レコーダのフロントエンドです．電圧測定精度とSN比の最適化を目標とします．

ここでの解説は3チャネル以上のデータ・レコーダについても適用できます．目的を達成するため，ADCの変換基準となるリファレンス電源REF3125（以降，REF）をADCとペアにして使用します．これにより，ADCのチャネル間のゲイン誤差は増大しますが，複数のADCに共通のREFを使うよりパターンの設計自由度が増すので理想的な配線ができます．

■ 配線のコツ

● グラウンド電位差を考慮したグラウンド接続図を描いてみる

図12は信号源から電源に至る過程で発生するグラウンド電位差を示すものです．ディジ/アナ混在回路なので，アナログとディジタルの回路電流がグラウンドに流れ，処理を誤るとディジタル回路のリターン電流がアナログ・グラウンドに混入してノイズ源となります．

各回路の電流は，供給元である電源のプラス極より出力され，供給元電源のマイナス極へ戻ります．この性質を利用して，全体を統合するリターン電流の合流点と分岐点を設け，経路を分けます．

初段のアナログ回路（プリアンプ）は，自身の電位基準点を基に信号電圧を受けます．信号源とこの電位基準点がグラウンドの同電位上にあれば，正しい信号電

図11 24ビットのA-Dコンバータを複数使用したマルチチャネル・データ・レコーダの回路図

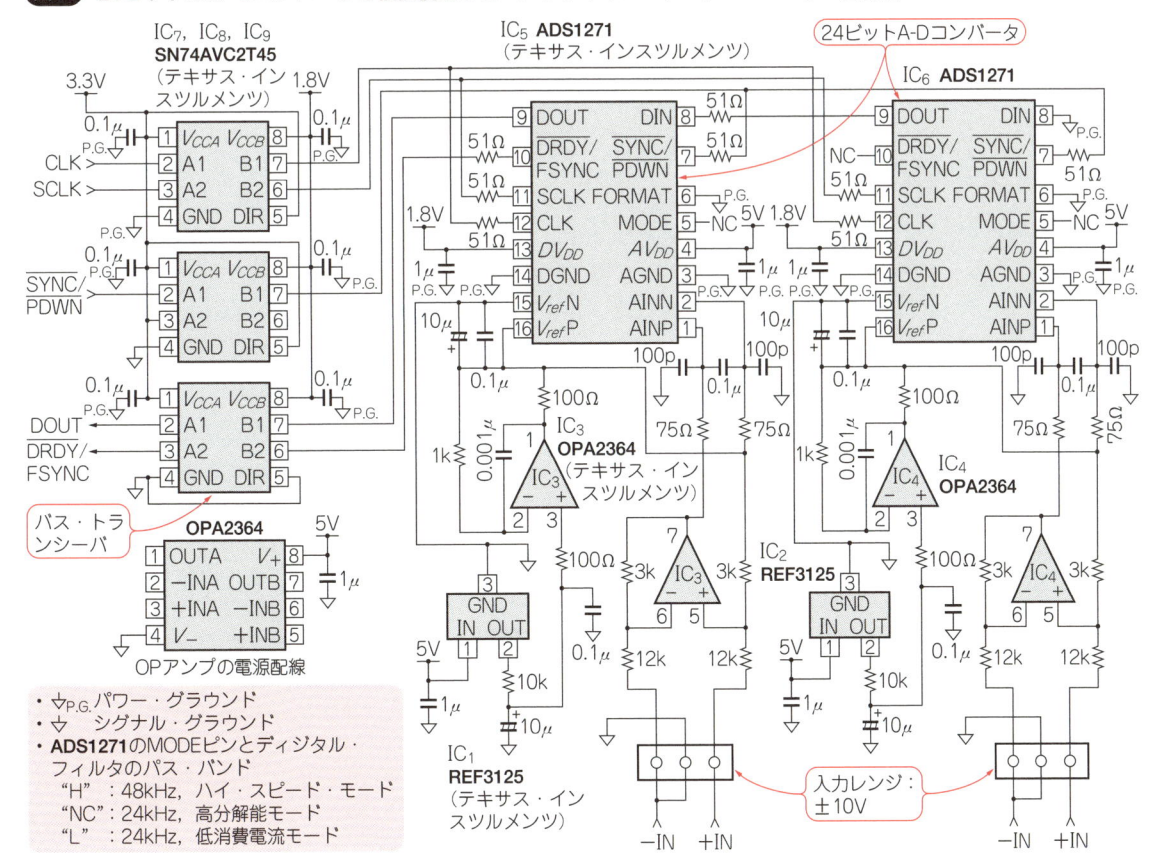

- ▽P.G. パワー・グラウンド
- ▽ シグナル・グラウンド
- ADS1271のMODEピンとディジタル・フィルタのパス・バンド
  "H" : 48kHz，ハイ・スピード・モード
  "NC" : 24kHz，高分解能モード
  "L" : 24kHz，低消費電流モード

図12 グラウンドに流れる電流の種類とそれによって生じる電位勾配を図に描いて整理する
電源出力から電源へのリターン電流を念頭に置き，つねにループ回路を思い描く．

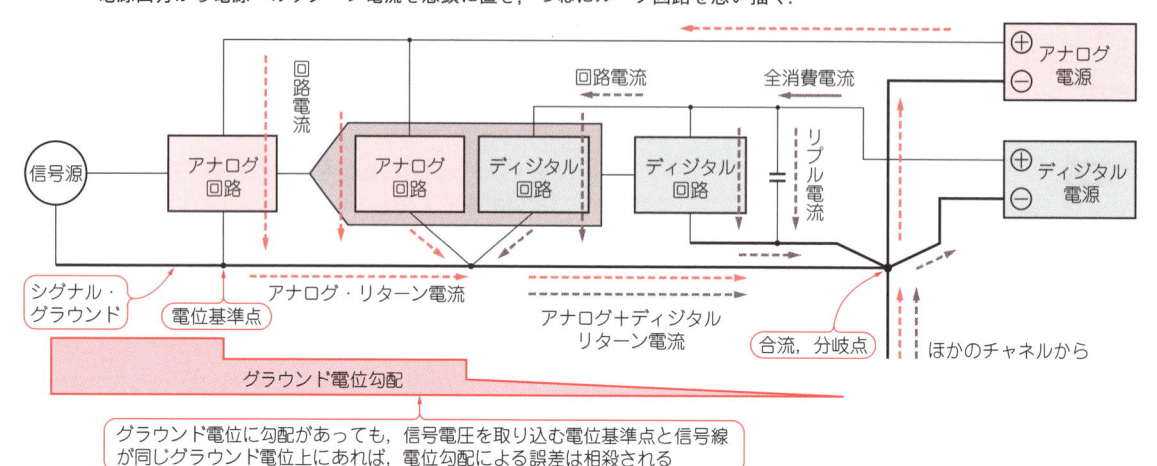

図13 図12の思想を反映したデータ・レコーダのパターン

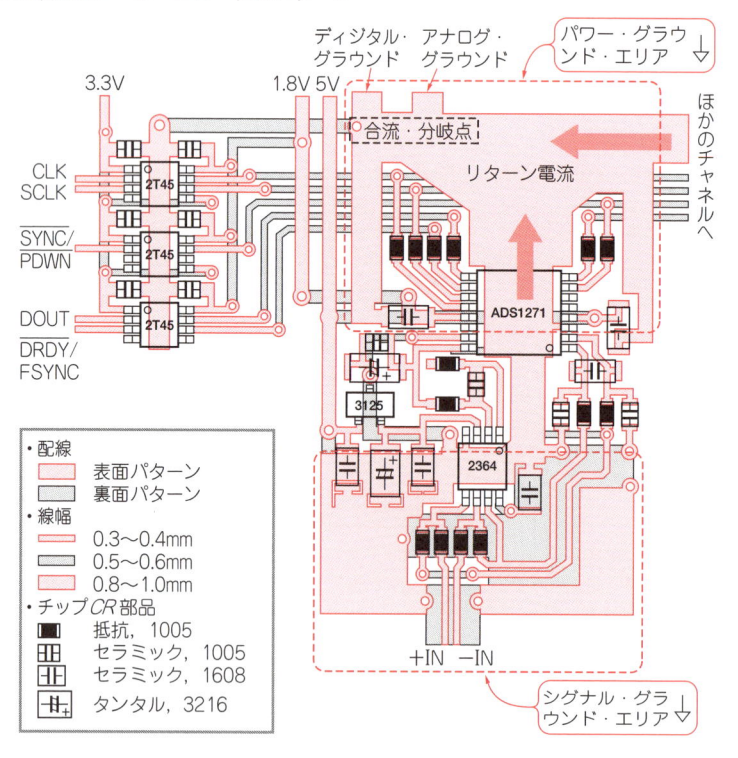

圧がプリアンプに伝達されます．図中には電流の合流，分岐点から見た電位勾配が示されています．

ADCはアナログとディジタルの両回路が含まれます．これらのグラウンド間電位がダイナミックに変動すると，アナログ部にカップリングしてSN比が悪化するため，図のようにグラウンド電位上の同じ位置に接続します．

図13はこれらの思想を反映したパターン図です．ADCやOPアンプの真下には幅広のグラウンド・パターンを走らせてあります．これは，低グラウンド・インピーダンス化を目指すほかに，ICチップに対するシールド効果も兼ねています．内層や裏面にパルス状の信号を伝達するパターンが走っている場合は効果的です．

図14 A-Dコンバータへリファレンス電圧を精度良く供給するパターン

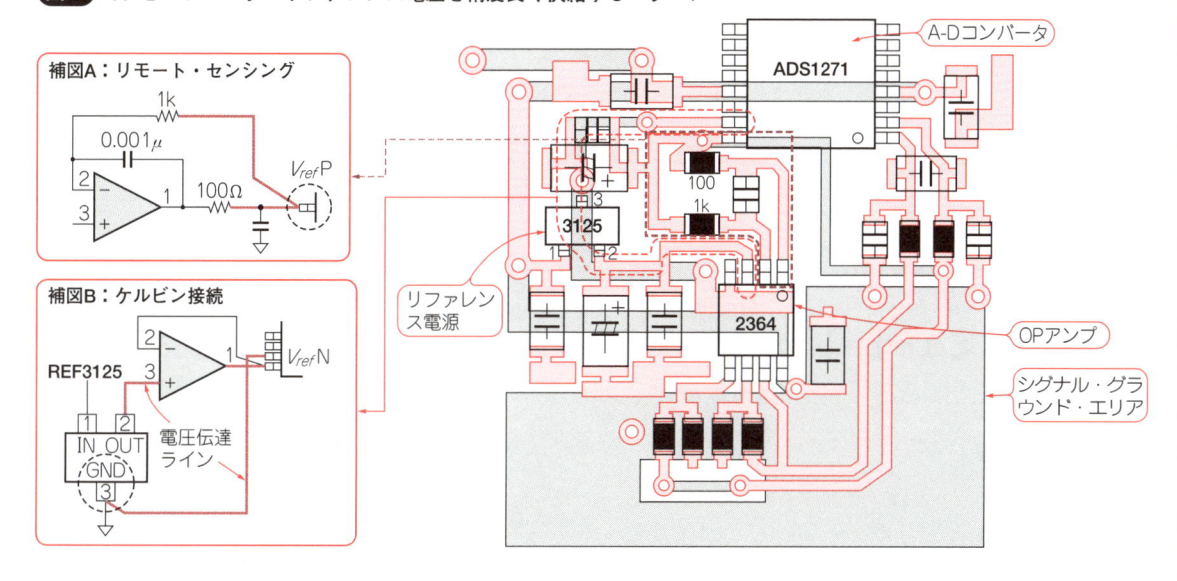

補図A：リモート・センシング

補図B：ケルビン接続

● 電圧精度を重視した配線技法を取り入れる

図14は裏面のパターン図です．図中の**補図A**は リモート・センシングと呼ばれる技法です．OPアンプの出力にはコンデンサ負荷による発振防止抵抗が入っていますが，この抵抗と$V_{ref}P$の電位を含め帰還ループに入れると，$V_{ref}P$へ正確なリファレンス電圧を伝達することができます．

補図Bはケルビン接続と呼ばれる技法です．REFの基準電圧はOPA2364の2番と3番ピンの間に発生しますので，ここから直接$V_{ref}P$と$V_{ref}N$へ電圧伝達ラインを配線します．こうすることで，リターン電流などが紛れ込んで電圧誤差を生じることがなくなります．

〈中村 黄三〉

（初出：「トランジスタ技術」2005年6月号 特集第7章）

リモート・センシングの動作 column

図Aはリモート・センシングの接続図と動作原理です．これはOPアンプ出力が，その二つの入力が等しくなる方向（極性）と大きさ（振幅）で振り，入力間の電位差が0V（バーチャル・ショート）の状態になるとそこでバランスすることを利用するものです．OPアンプ出力と負荷間にある抵抗R_Sに負荷電流I_Lが流れ0.1Vの電圧降下が発生しますが，OPアンプの反転入力（N_2）は負荷電圧を検知（センシング）しているので，OPアンプ出力はN_4より0.1V高い電圧でバランスします．その結果，負荷に加わる電圧はN_1の2.5Vと等しくなります．センシングをOPアンプ出力から離れたところで行うことから，このような方式をリモート・センシングと呼びます．

〈中村 黄三〉

図A リモート・センシングの回路と動作原理

OPアンプの出力は，二つの入力がバーチャル・ショートの状態（$N_1=N_2$）になる方向と大きさで振れる．負荷側のN_4からフィードバック（センシング）すると，バーチャル・ショートを成立させるために，OPアンプの出力は$R_S \times I_L$の電圧降下0.1Vだけ余分に振れ，結果として基準電圧N_1（2.5V）は負荷N_4に正確に伝達される

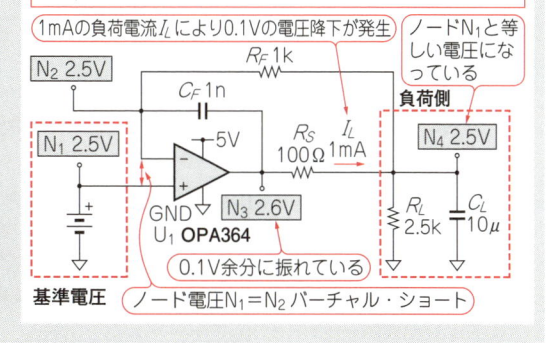

徹底図解★プリント基板作りの基礎と実例集

第**8**章
ミュート回路から多チャネルD-Aコンバータまで

オーディオ回路の配線実例集

8-1　消音回路でノイズを出さないために
ミュート・トランジスタで吸い込む電流は最短でグラウンドへ

■ 回路の概要

　オーディオ・ミュートは，直流バイアスぶんのある箇所でミュートすると，「ボツ音」を完全になくすことができず，苦労します．図1の回路は，平均値0Vの交流信号をトランジスタのコレクタ-エミッタ間で両方向にショートするもので，この点で有利です．

　ミュート用の2SC2878などが適していますが，一般のトランジスタでも使えるものがあります．ここでは，2SC2785Fを使いました．

■ 配線のコツ

● ミュート・トランジスタが信号の流れを妨げないように

　パターン設計においては，ミュート用トランジスタTr_1が，最短ルートで信号を短絡するようにします

図1　オーディオ・ミュート回路

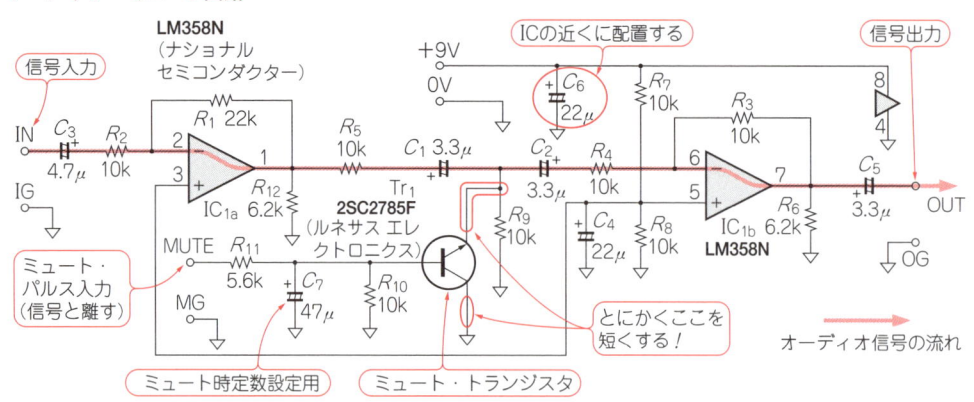

図2　オーディオ・ミュート回路のパターン（両面基板の表面）

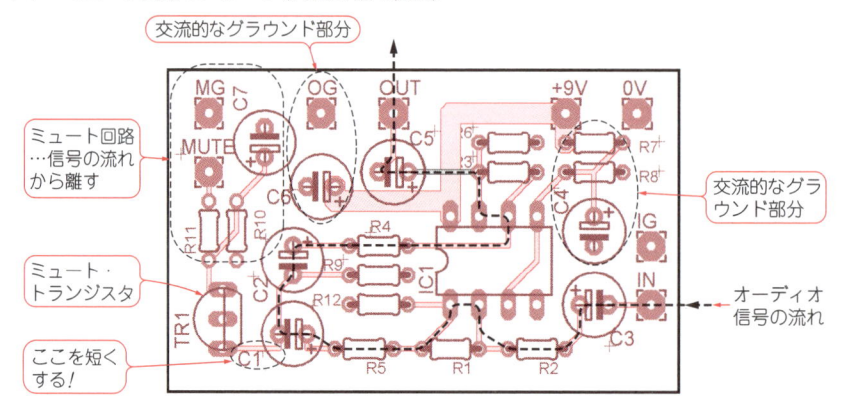

図3 図2のR_4をこのように縦に配置すると，信号が干渉しやすくなる

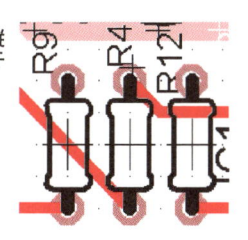

図4 グラウンド面に入った深い切れ込み

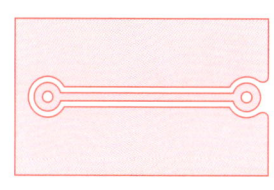

（**図2**）．信号経路では，IC_1の①ピン→⑥ピン間が工夫のしどころです．**図2**では，ミュート・パルスとも出力信号とも離れた位置（左下）にまとめています．信号の流しかたも，R_4を**図3**のように，縦に配置すると，信号（赤）が鋭角となり，好ましくありません．

● ベタ・グラウンドに切れ込みを入れない

裏面はベタ・グラウンドとしますが，**図4**のようにグラウンド面に深い切れ込みが入ると，ベタ・グラウンドの効果が少なくなります．バイアス設定用のR_7，R_8，C_4は交流的にはグラウンドですから，入出力間の隔壁として使うとよいでしょう． 〈漆谷 正義〉

ミュート専用トランジスタとは　column

図Aはミュート回路の原理図です．図のⒶ点では，信号は0Vを中心として±V_Oの間をスイングします．ミュート・トランジスタQ_1は，Ⓐ点をグラウンドにショートしてこの振幅を0Vにする役目をします．信号が＋側にスイングした場合は，E→Cの方向に信号電流が流れ，－側にスイングした場合は，C→E間に電流が流れるとショートします．

うまい具合に，トランジスタは，原理的に**図A**右のようにNPNが対称な構造です．従って，ベース電流をおのおのB→E，またはB→Cの方向に流してやれば，Q_1を双方向にON，つまりショートす

ることができます．ところが，実際のトランジスタは，コレクタとエミッタの構造は非対称で，**図A**のようにエミッタをⒶ点につなぐなど工夫が必要ですが，それでも良い特性は得られません．これに対して，ミュート専用トランジスタは，コレクタとエミッタを対称な構造にすることで，両者を入れ替えたときの特性が同じになるようにしたものです．その特性は，**表A**のように，①R_{CE}(on)が小さい．②V_{EBO}が大きい．③リバース（逆方向）h_{FE}が大きい．という特徴があります． 〈漆谷 正義〉

図A ミュート回路の原理

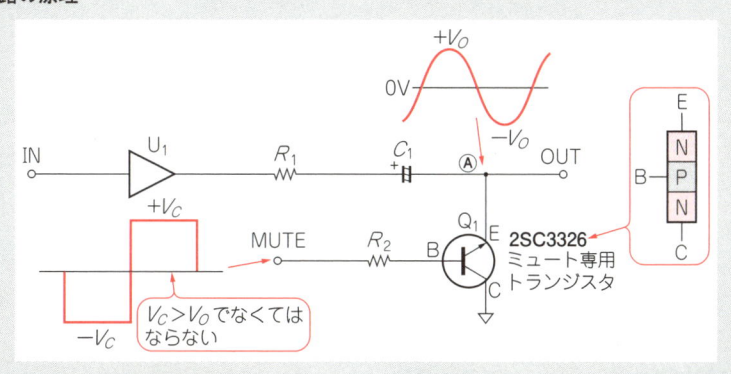

表A ミュート専用トランジスタの特性

型番	メーカ	R_{CE}(on)	V_{EBO}(max)	h_{FE}	リバースh_{FE}*
2SC3326	東芝	1 Ω	25 V	200 ～ 1200	150 typ
2SC4213	東芝	1 Ω	25 V	200 ～ 1200	150 typ
2SD2144	ローム	0.4 Ω	12 V	820 ～ 2700	—
2SD2704	ローム	0.7 Ω	25 V	820 ～ 2700	—
条件		I_B = 5 mA		V_{CE} = 2 V，I_C = 4 mA	V_{CE} = －2 V，I_C = －4 mA

＊：リバースh_{FE}はトランジスタのエミッタとコレクタを入れ替えて測定した電流増幅率．

8-2 チャネル間干渉のないミキシング回路のパターンニング

ICのピンに合わせて入力信号経路を分離する

■ 回路の概要

オーディオ用途でOPアンプを使うときは，単電源で設計したほうが便利です．**図5**は，入力側に反転アンプを設けて，各チャネルのゲインを設定できるようにし，かつ入出力が同相になるようにしたミキシング回路です．

抵抗とセラミック・コンデンサは，チップ部品を使っています．サイズは1608が入手しやすく，手はんだもでき，抵抗値も印刷されているなど好都合です．電解コンデンサは，チップ部品を使っても面積的なメリットはあまりありません．

■ 配線のコツ

● OPアンプの入力端子に合わせて入力回路を配置

パターン設計では，チャネル間で干渉しないように部品を配置します．**図6**では，各チャネルの入力端子の位置を，ICの該当する入力ピンの方向に合わせています．ボリュームは外付けなので，シールド線用のランドを設けています．

パターンにはすきまが多いのですが，ベタ・グラウンドの効果を出すためにも，この程度にしておいたほうが信号干渉の点では有利です．

オートルータの配線を修正する必要がある場合は，手作業で変更せず，できるだけ部品配置を自分で変えて，配線をオート・ルータに任せたほうが，設計変更に対して柔軟性があります．**図6**はオート・ルータの出力そのものです．

〈漆谷 正義〉

図6 オーディオ・ミキシング回路のパターン例（両面基板の表面）

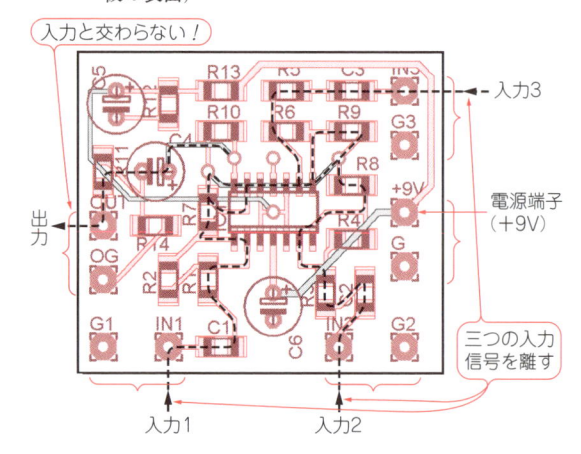

図5 オーディオ・ミキシング回路

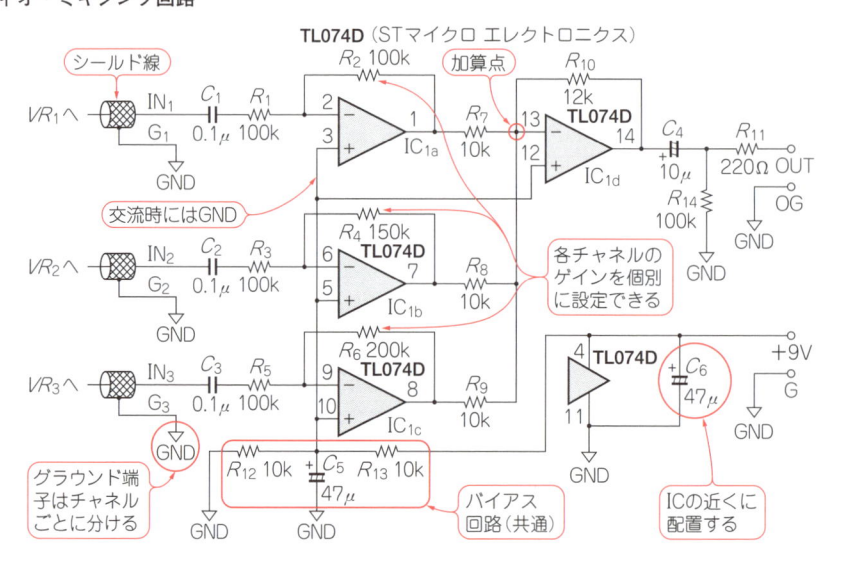

8-3 高ゲインのトランジスタ・アンプで発振やノイズを減らすパターンニング

エミッタ周りのデバイスを入出力回路と離す

■ 回路の概要

図7に示すのは，ダイナミック・マイク（600Ω）用のアンプです．ゲインは実測で50dBです．直流帰還により，動作点は安定で，トランジスタを変えても定数を大きく変える必要はありません．トランジスタは，低雑音オーディオ用を選びます．抵抗は外形4mmの1/4W型，電解コンデンサは入手性を考えて，大きめにしました．

■ 配線のコツ

● 入出力が近接あるいは交差しないようにエミッタ側の部品を割り振る

図8(a)に示すパターンは，パターン設計CADEAGLEのオート・ルータの出力そのものです．配置を変えながら納得のいく形に近づけていきます．基板の左下から，右上に向かって信号が流れるように配置し，入出力が近接あるいは交差しないようにエミッタ側の部品を割り振りします．

最初は両面基板でルーティングさせて，両面のパターンがクロスしないように部品配置を変えます．だめならばジャンパを入れます．この後，片面でルーティングします．100%引けるようなら，グラウンドとパワー・ラインを太くしていきます．

最後に**図8(b)**のように周囲をベタ・グラウンドとすれば，誘導ノイズ（ハム）に強くなります．

〈漆谷 正義〉

図7 ダイナミック・マイク用のアンプ回路

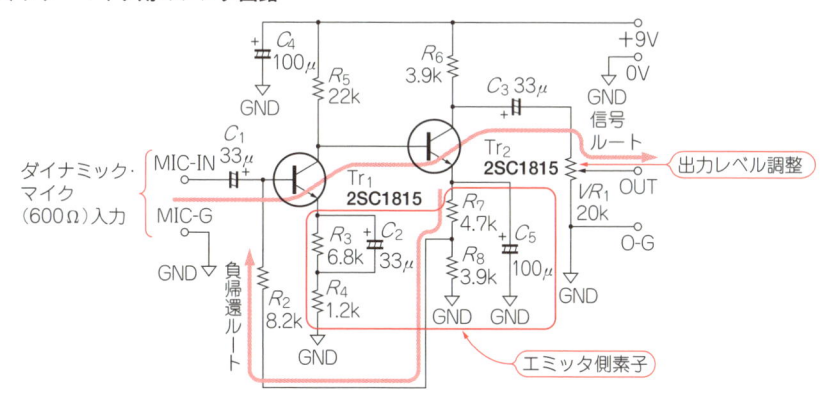

図8 ダイナミック・マイク用アンプ回路のパターン例（片面基板）

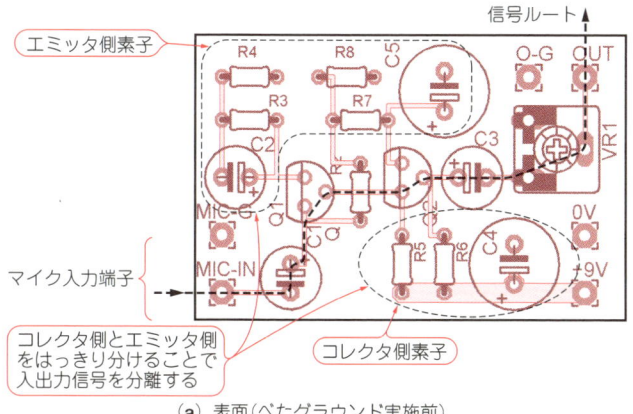

(a) 表面（ベたグラウンド実施前）

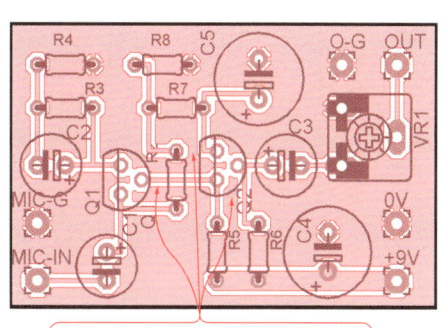

(b) 表面（ベタ・グラウンド実施後）

8-4 伝送ひずみを抑えるディジタル音声信号送受信回路のパターンニング

特性インピーダンスの不明な経路やディジ/アナ双方のグラウンドの接続に注意する

■ 回路の概要

図9は，AVアンプのディジタル・オーディオ・インターフェース送受信回路です．DVDプレーヤやCDプレーヤなどと，AVアンプの間のディジタル音声信号の伝送は，接続を簡便にするためIEC60958やAES3，EIAJ-1201などの規格に沿った変調をかけています．

ディジタル音声信号の伝送形式は，特性インピーダンス75Ωの同軸ケーブルによるものと，光ファイバによるものがあります．**図9**は同軸ケーブルによる回路例です．

ディジタル音声信号の変復調には，AK4114VQ(旭化成マイクロデバイス)を使っています．このICで受信した信号を復調してDSPへ送ると同時に，内蔵しているPLL(位相同期)回路でD-Aコンバータなどの基準となるマスタ・クロックを抽出します．

図9の回路では，入力を2系統(IC内部の入力切り替えによって選択する)，出力を1系統としました．T_1は，グラウンドを分離するためのパルス・トランスです．

IC_1のアナログ電源端子AV_{DD}(38番ピン)に入っているR_1，C_1は，電源リプルなどの低周波雑音を除去するためのリプル・フィルタです．R_2，C_3は，PLL回路の応答特性を決めるループ・フィルタです．

■ アナログ・グラウンド周辺の配線のコツ

● 1点グラウンドを使いノイズを抑える

図10に，アナログ・グラウンド(以降，AGND)周辺のパターンを示します．AGNDはディジタル・グラウンド(以降，DGND)と明確に分離して，1点だけでDGNDと接続します．これは，アナログ回路，この場合はPLL回路がディジタル回路の影響を受けないようにするためです．

AV_{DD}端子(38番ピン)のパスコンC_2は，IC_1にできるだけ近づけて配置します．さらに，C_2のグラウンド側とAV_{SS}端子(41番ピン)の間の配線はベタ・パターンにして，高周波インピーダンスをできるだけ低くします．

リプル・フィルタC_1のグラウンド側配線は，AGNDとDGNDの接続点へ配線します．こうすると，C_1を流れる低周波雑音電流がアナログ回路に及ぼす

図9 AVアンプのディジタル・オーディオ・インターフェース送受信回路

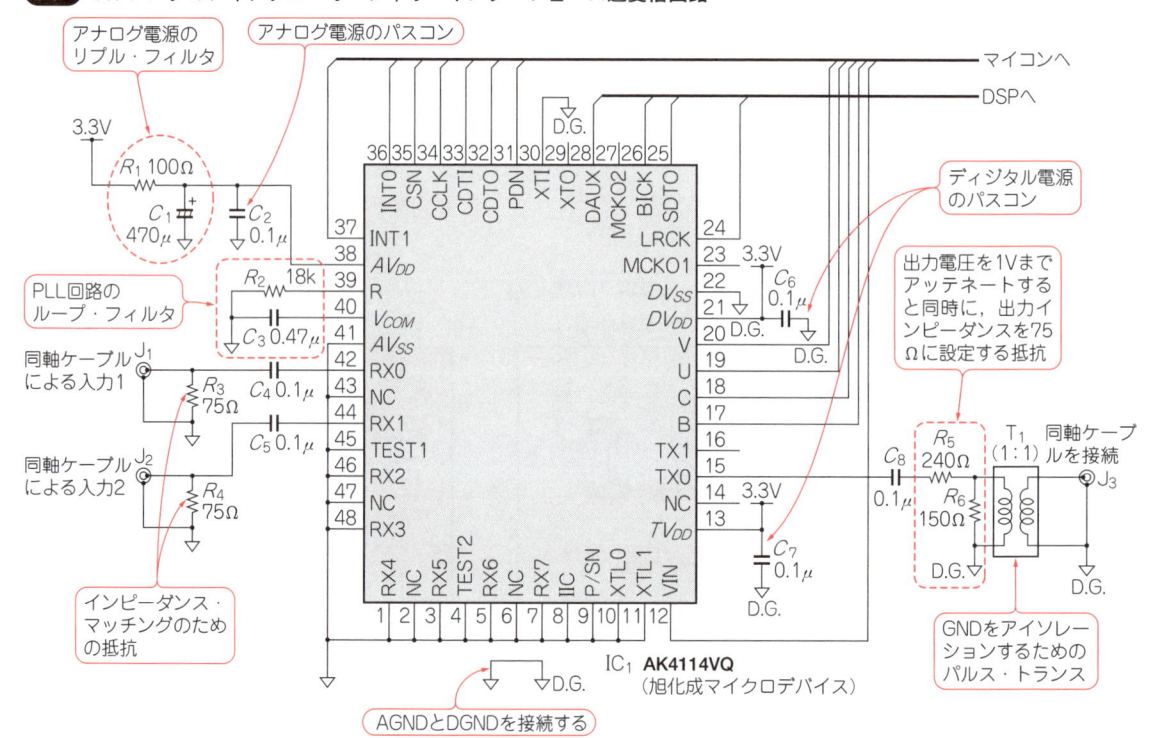

影響を低減することができます.

■ 信号入力部の配線のコツ

● マッチング抵抗はコネクタに近づける

図11に同軸ケーブルからの信号入力部のパターンを示します.インピーダンス・マッチングのための入力抵抗R_3,R_4は,同軸ケーブルを接続するコネクタ・ジャックJ_1,J_2にできるだけ近づけて配置します.これは,インピーダンス・マッチングを正確に行って,伝送波形のひずみを低く抑えるためです.

● コネクタからICまでの配線はほかとの容量結合を避けるため短く

J_1,J_2からIC_1までの配線はできるだけ短くします.

また,この配線は電圧振幅が0.5 Vp-pとたいへん小さいので,ディジタル信号の配線からクロス・カップルするノイズの影響を大きく受けてしまいます.そのため,J_1,J_2からIC_1までの配線は,**両側にDGNDを沿わせてほかの配線との容量結合を防ぎます.**

■ 信号出力部の配線のコツ

● コネクタとICの間の配線はベタ・グラウンドで

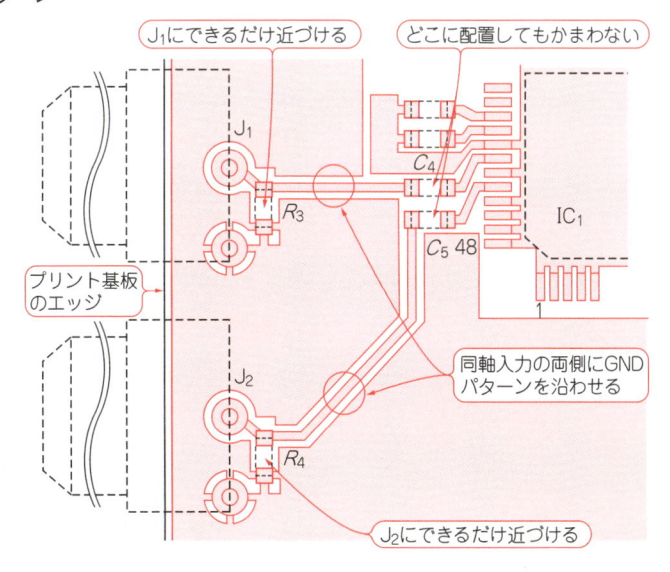

図12に同軸ケーブルからの信号出力部のパターンを示します.IC_1のDV_{SS}端子(22番ピン)とR_6のグラウンド側,T_1の1次側グラウンド端子の間には,ミリ・アンペア・オーダの大きな電流が流れます(出力信号のリターン電流).そのため,この間のDGNDパターンは,ベタ・グラウンドとして配線の高周波インピー

図10 アナログ・グラウンド周辺のパターン

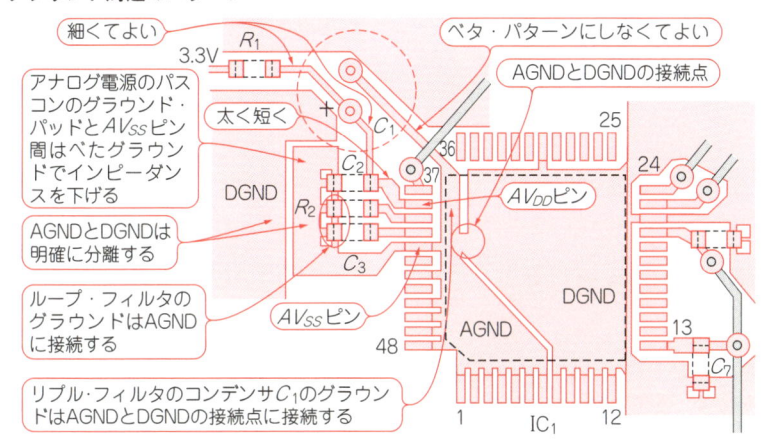

図11 信号入力部のパターン

8-4 伝送ひずみを抑えるディジタル音声信号送受信回路のパターンニング

図12 同軸ケーブルからの信号出力部のパターン

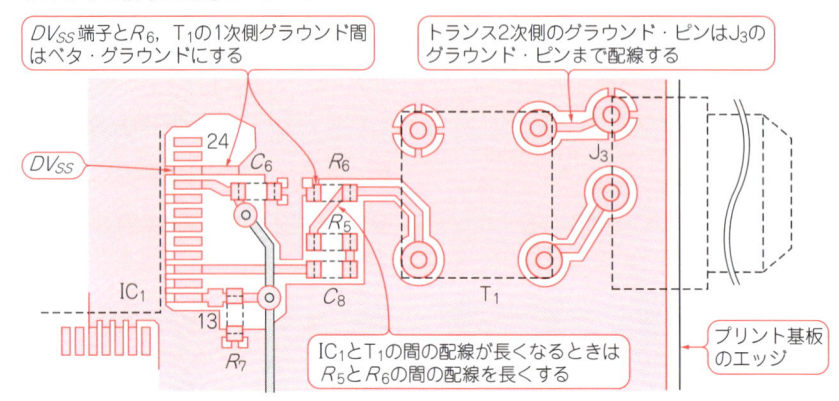

- DV_{SS}端子とR_6，T_1の1次側グラウンド間はベタ・グラウンドにする
- トランス2次側のグラウンド・ピンはJ_3のグラウンド・ピンまで配線する
- IC_1とT_1の間の配線が長くなるときはR_5とR_6の間の配線を長くする
- プリント基板のエッジ

ダンスを下げます．

● **特性インピーダンスが不明確な箇所はできるだけ短く**

出力コネクタJ_3の直近にT_1を配置し，特性インピーダンスを正確に設定できないJ_3-T_1間の配線をできるだけ短くします．

もちろん，IC_1-T_1間の配線もできるだけ短くすることが理想ですが，それができない場合は，R_5-R_6間の配線を長くします．こうすることで，伝送波形のひずみを小さくすることができます．

〈鈴木 雅臣〉

OPアンプの入力端子の引き回し方　　column

オーディオ・アンプのグラウンドは，ノイズのアンテナのようなものです．ちょっとした不注意がSN比の悪化を招きます．**図B**は，ステレオ・アンプの入力側アンプ(L, R)と，出力側アンプ(L, R)のバイアス回路の例です．

OPアンプの入力側をすべて同じバイアス電源から取っています．この回路では，R，Lチャネル間のセパレーションも大事ですが，最も気をつける必要があるのは，入・出力間の干渉です．信号のレベル差が大きいことから，発振や信号漏れなどSN比悪化の原因となります．この場合は，**図C**のようにバイアス電源の根もとからパターンを思い切って分けてしまうと良い結果が得られます．デカップリング・コンデンサは，バイアス電源の根もとに配置します．

〈漆谷 正義〉

図B ステレオ・アンプの共通バイアス回路

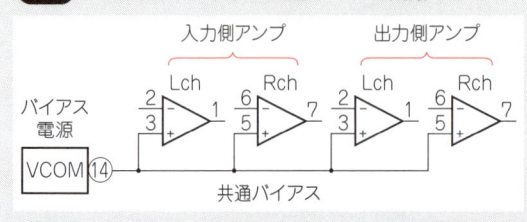

図C OPアンプのバイアス電源はパターンを分ける

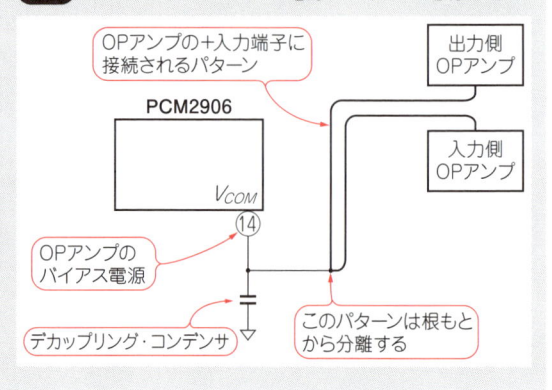

- OPアンプの+入力端子に接続されるパターン
- OPアンプのバイアス電源
- デカップリング・コンデンサ
- 出力側OPアンプ
- 入力側OPアンプ
- このパターンは根もとから分離する

8-5 雑音やひずみを抑える多チャネルD-Aコンバータ周辺のパターンニング

アナログ・グラウンドは相互にベタで接続,ディジ/アナ相互のグラウンドはDAC直下で接続する

■ 回路の概要

AVアンプは，DVDプレーヤからのディジタル音声信号を受信して，多チャネルのアナログ・オーディオ信号を出力するアンプです．最近では音響効果を向上させるため，6～12回路のオーディオ・チャネルを内蔵する必要があります．このときに問題になるのは，多数のD-Aコンバータ(以降，DAC)をどのように実装するべきかということです．同じ回路でも，実装方法によってオーディオ回路に大変重要な，雑音特性やひずみ特性が大きく左右されるからです．

図13はAVアンプのDAC周辺の回路です．DACにはPCM1796DB(テキサス・インスツルメンツ)を使っています．PCM1796DBは，2回路のコンバータを内蔵しているので，**図13**は4チャネルぶんの回路になります．

図13 AVアンプにおけるD-Aコンバータ周辺の回路

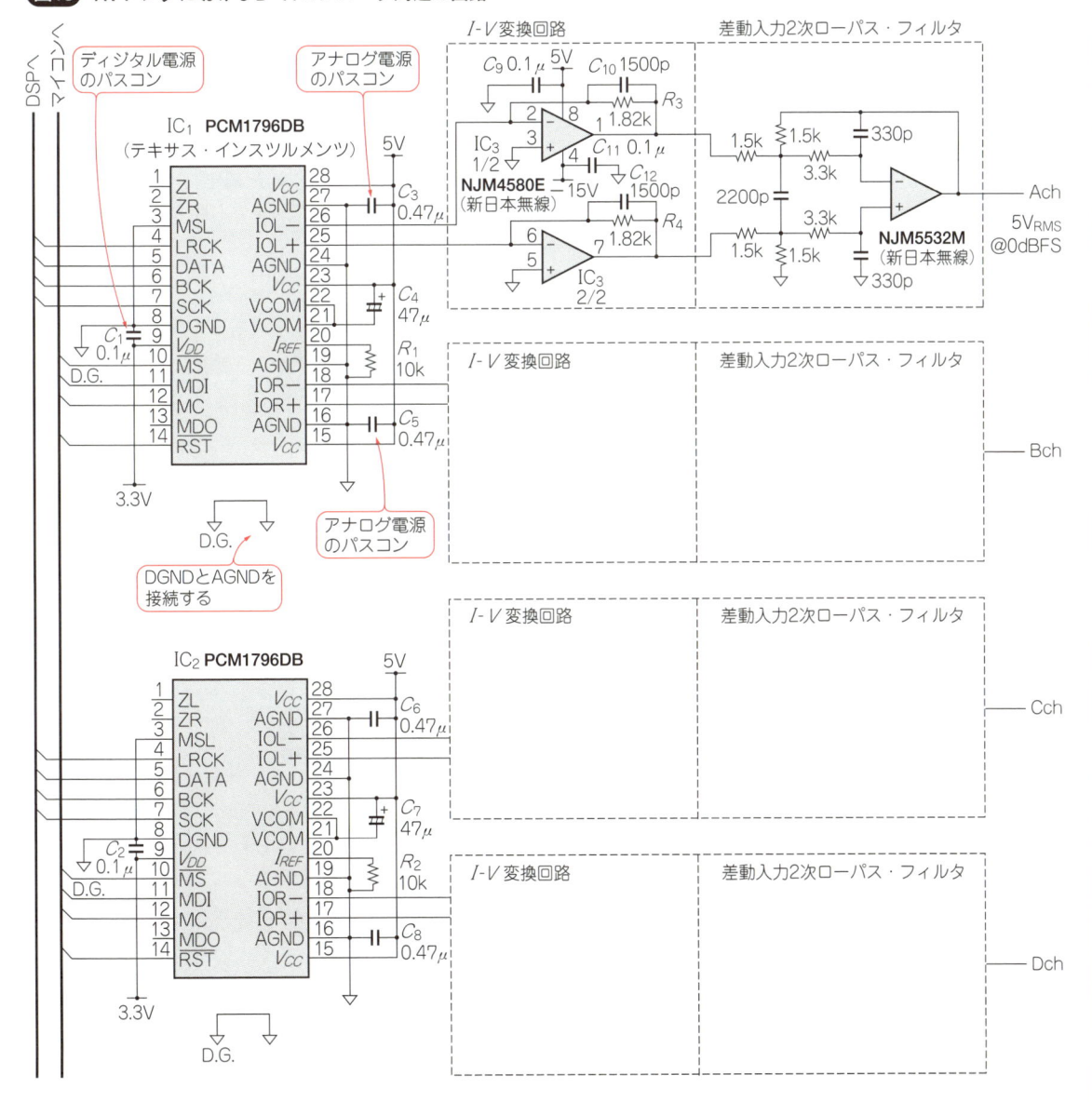

PCM1796DBは電流出力なので，後段のI-V変換回路で電圧に変換しています．I-V変換回路では電流‐電圧変換と同時に，帰還抵抗R_3，R_4にC_{10}，C_{12}を並列接続して1次ローパス・フィルタの機能をもたせています．

I-V変換回路の後段は，差動入力の多重帰還型2次ローパス・フィルタです．フィルタの次数は，全体で3次（1次+2次）になります．ここでは，両面基板で回路を実装する例を示します．

■ 配線のコツ

● パスコンからDACへ電源電流が供給されるようにする

雑音特性とひずみ特性を大きく左右するのが，DACのアナログ電源に接続するパスコン（電源のデカップリング・コンデンサ）の実装方法です．

図14にDAC周辺のパターンを示します．パスコンは，チップ・タイプのセラミック・コンデンサを使って，DACにできるだけ近づけて配置します．こうすることによって，電源に流れる高周波電流のループを最小にすることができます．

また，電源端子V_{CC}（15，28番ピン）への配線はパスコンを経由して給電するように配線し，パスコンからDACへ電源電流が供給されるように配慮します．

さらに，AGND（アナログ・グラウンド）はベタ・パターンとして，配線のインピーダンスを下げます．

● アナログとディジタル・グラウンドはそれぞれのDACの下で1点接続する

図15にDAC周辺のグラウンド・パターンを示します．AGNDとDGND（ディジタル・グラウンド）は，それぞれのDAC直下の1点で接続します．

本来，回路規模に関係なくAGNDとDGNDは1点で接続するのが理想です．しかし，DACを多数個搭載する大規模なシステムでは，図15のようにAGNDとDGNDの接続点をそれぞれのDAC ICごとに設けたほうが高性能化しやすくなります．ただし，AGNDとDGNDの接続点間に電流が流れないように，アナログ電源，ディジタル電源ともICの直近にパスコンを配置して，電源電流のループを最小にする配慮が必要です．

DAC間のグラウンドは，AGND，DGNDともベタ・グラウンドにして，インピーダンスを下げて相互に接続します．

● DACの出力端子とOPアンプの反転入力端子の間の配線はできるだけ短く

図16にDACとI-V変換回路間のパターンを示します．DACの出力端子（17，18，25，26番ピン）とOPアンプの反転入力端子間（2，6番ピン）の配線は，できるだけ短くします．この配線を長くすると，OPアンプの反転入力端子とグラウンド間の静電容量が大き

図14 パスコンに着目したD-Aコンバータ周辺のパターン

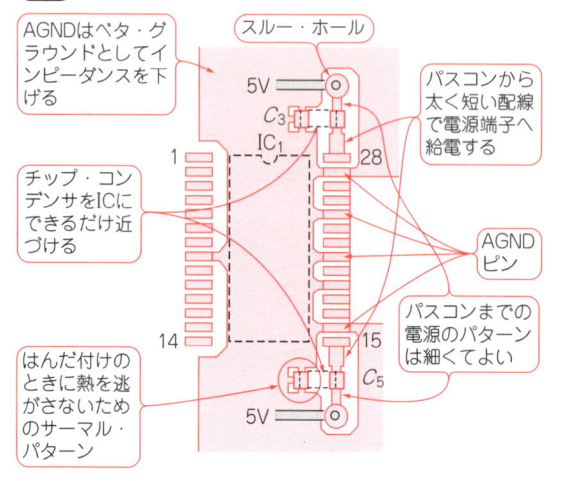

図15 複数のIC間のグラウンド接続に着目したD-Aコンバータ周辺のパターン

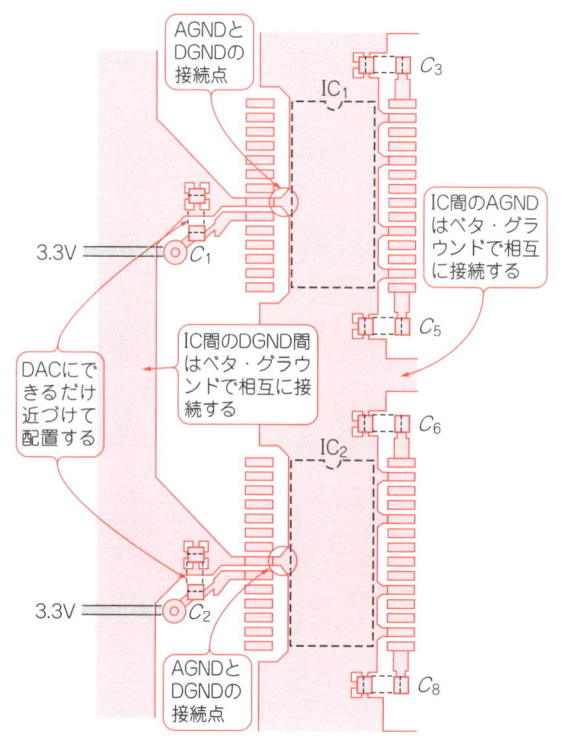

くなって，OPアンプの動作が不安定になります．

DACのAGNDとOPアンプのパスコンのグラウンド側との接続は，ベタ・パターンで広く短く配線します．これは，DACとOPアンプの間に流れる高周波電流の共通インピーダンスを下げて低雑音化するためです．また，AGNDパターンのインピーダンスを下げることを優先するため，DACとOPアンプ間の配線をAGNDと反対の面に通します． 〈鈴木 雅臣〉

図16 D-AコンバータとI-V変換回路周辺のパターン

DACのAGNDとOPアンプのパスコンのGND側の配線は，ベタ・パターンにしてインピーダンスを下げる

DACの出力端子
AGNDピン
パスコンのグラウンド側のパッド
差動入力2次ローパス・フィルタへ
DACとOPアンプの間の配線は短くする
AGNDのパターンを優先するためDAC-OPアンプ間の配線は下面を通す

D-Aコンバータの内部回路とディジ/アナ・グラウンド　　column

本文で使用しているPCM1796は，従来CDなどに使われてきたPCMフォーマットと，最新のDSDフォーマットの両方式に対応したD-Aコンバータです．PCM1796の内部回路は，**図D**のようになっており，ほとんどがディジタル回路です．アドバンスト・セグメントDACとは，マルチビット方式とΔ-Σ方式を組み合わせたものです．オーバサンプリングによる高域ノイズを減らしており，高級オーディオ機器に使われています．アナログ回路は2チャネルで，電流出力です．電源端子とグラウンドはディジタルとアナログで完全に分離されています．ディジタル回路は，V_{DD}(3.3 V)とDGNDだけです．これに対して，アナログ回路は，V_{CC1}（アナログ+5 V）とV_{CC2L}，V_{CC2R}のチャネルごとの電源があり，グラウンドは，$AGND_1$，$AGND_2$，$AGND_{3L}$，$AGND_{3R}$の四つあります．**図D**のほんのわずかなアナログ回路にいかに神経が使われているかが分かります．

● グラウンド引き回しの注意点

ディジタル・グラウンドは普通たくさんはありません．複数あってもベタで接続してかまいません．いっぽう，アナログ・グラウンドは，次の鉄則があります．
① 同じ回路（例えばチャネルごと，フィルタなどのブロックごと）は同一グラウンドとする．
② ブロックごとのグラウンドを侵入，交差させない．
③ ブロックごとに1点アースするか，全面ベタ・グランドを内層に設ける．
④ IC直下で1点接続する．理由は，IC自体が信号源と負荷に相当するからで，こうすることで，不要信号による電圧降下が最小になる．〈漆谷 正義〉

図D D-AコンバータPCM1796の内部回路

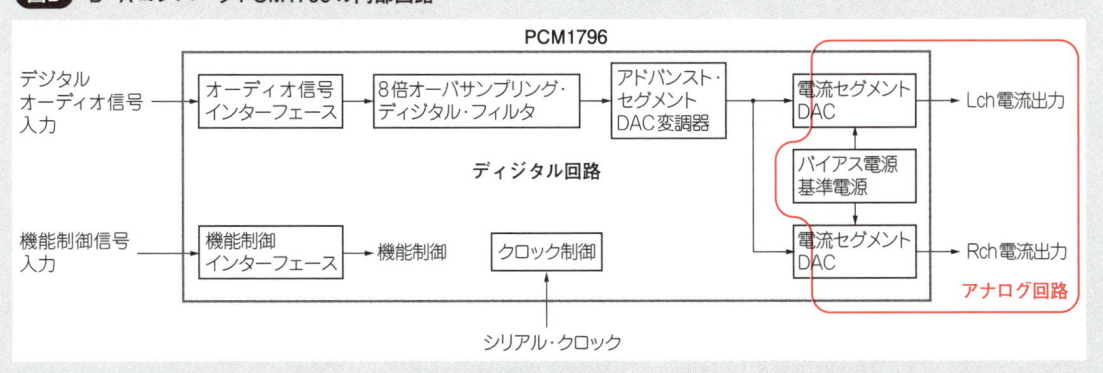

8-6 A-DとD-Aを内蔵したICの入出力のパターンニング

AGND，DGNDともベタが基本，AGNDにはスリットが必要

■ 回路の概要

CODECとは，A-Dコンバータ(CODER)とD-Aコンバータ(DECODER)の両方が一つのパッケージに内蔵されているICのことです．CODECの実装においては，アナログ回路とディジタル回路間の干渉，A-DコンバータとD-Aコンバータ間の干渉をどれだけ抑えることができるかが鍵になります．

図17にCODEC回路を示します．CODECには，2チャネル，標本化周波数192 kHz，レコーディング向け，分解能24ビットのAK4620AVF（旭化成マイクロデバイス）を使っています．

CODECの入力部には，電圧ゲインが6 dBの非反転増幅回路をプリアンプとして接続しています．出力部には，CODEC出力のイメージ・ノイズを除去するための差動入力2次ローパス・フィルタを接続しています．

図18 CODEC周辺のグラウンド・パターン

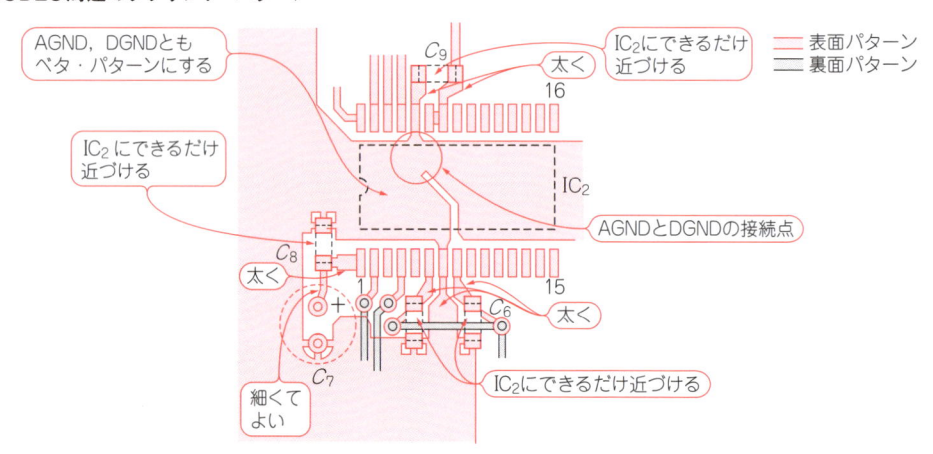

図17 CODECとその入出力周りの回路

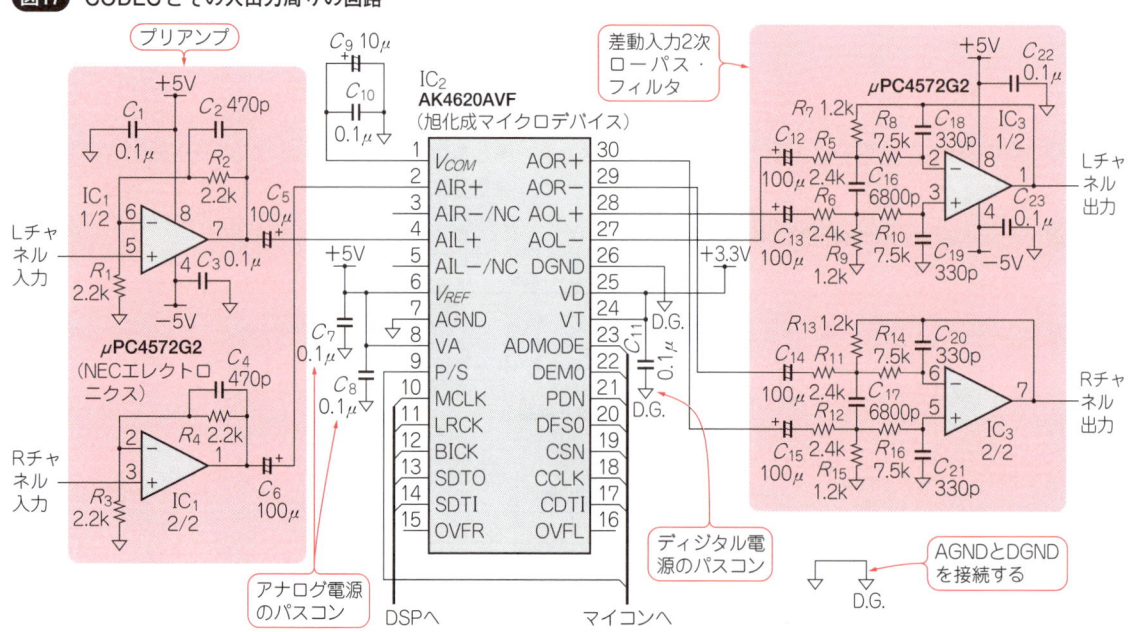

■ 配線のコツ

● グラウンドはアナログとディジタルを明確に分離し1点で接続

図18にCODEC周辺のグラウンド・パターンを示します．アナログ部とディジタル部の間の干渉をなくすために，AGND(アナログ・グラウンド)とDGND(ディジタル・グラウンド)を明確に分離して1点だけで接続します．

さらに，AGND，DGNDともインピーダンスを下げるために，ベタ・グラウンドにします．また，AGNDの反対の面にディジタル系の信号を通さないように配線します．

小容量のパスコンC_5，C_6，C_8，C_9は，IC_2の直近に配置して，太く短いパターンでIC_2に接続します．

● CODECと入出力回路間のAGNDは広い面積のベタ・グラウンドでつなぐ

図19にアナログ信号入出力回路のパターンを示します．プリアンプとCODECの間，差動入力2次ローパス・フィルタとCODECの間の配線は，AGNDと反対の面を通します．

こうすることによって，CODECと入出力回路間のAGNDが途切れることなく広い面積のベタ・グラウンドでつながるので，AGNDのインピーダンスを下げることができます．

● アナログ・グラウンドにスリットを入れて入出力回路を分離する

入力回路と出力回路の干渉を軽減するため，入力回路と出力回路の間のAGNDにスリットを設けます．

OPアンプのパスコンC_1，C_3，C_{22}，C_{23}は，OPアンプの直近に配置して，太く短いパターンで電源端子に接続します．

〈鈴木 雅臣〉

(初出:「トランジスタ技術」2005年6月号 特集第5章)

図19 アナログ信号入出力回路のパターン

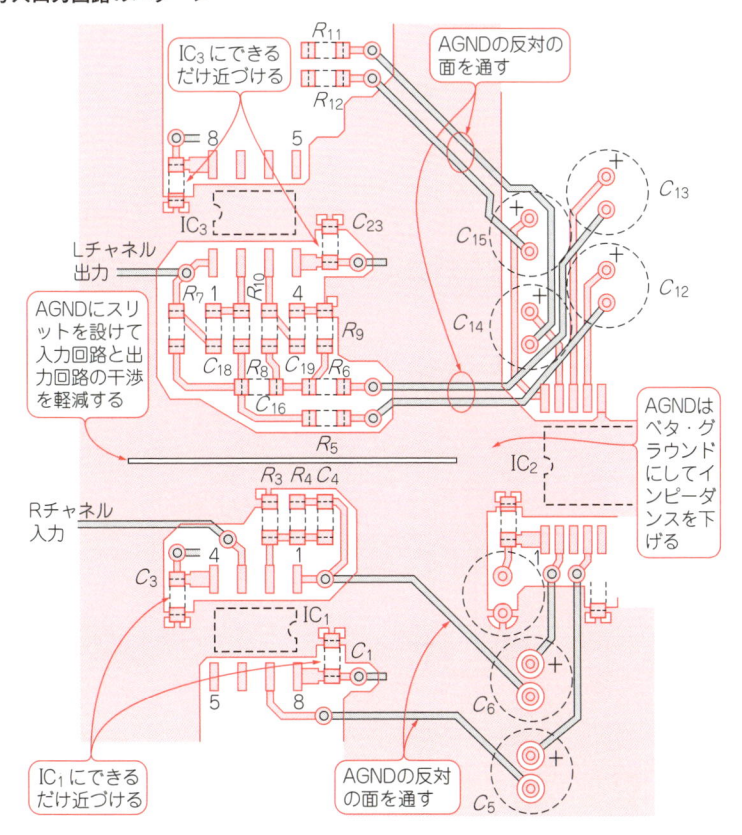

第**9**章
バッファ・アンプからHDTV変換回路まで

ビデオ応用回路の配線実例集

テレビの方式の主役が，標準テレビからハイビジョン，ディジタル・テレビへと移り変わり，ビデオ信号を扱うプリント基板のパターン設計は，よりいっそう，高速化・高精度化への対応が必要になっています．この章では，ビデオ回路のパターン設計を行う際の基本的な注意事項や，基板が出来上がってしまったあとで，性能が出なかったり，ノイズに悩んだりすることが起きないようにするためのちょっとしたノウハウを紹介します．

9-1 電流帰還型OPアンプとチップ部品で構成した 帯域が数十MHzのビデオ・アンプのパターンニング

アナログ回路，特にビデオ信号のような広帯域（0〜数十MHz）回路の場合は，回路図を描くときから信号の流れや部品の位置などを表現しておくことが大切です．例えば，信号は回路図の左から右へ流れるように描いたり，バイパス・コンデンサを端子のすぐ近くに描いたりします．先輩の回路図は，たいていこのように描かれているはずです．

■ 回路の概要

電流帰還型のビデオ用OPアンプHA-5020（インターシル）を使用したビデオ・アンプ回路を**図1**に示します．従来は電圧帰還型を使っていましたが，ゲインを大きくすると帯域が下がってしまう欠点がありました．電流帰還型では，原理的に帰還抵抗値だけで帯域が決まるため，ゲインの影響を受けずに広帯域を得る

図1 帯域が数十MHzのビデオ・アンプ回路

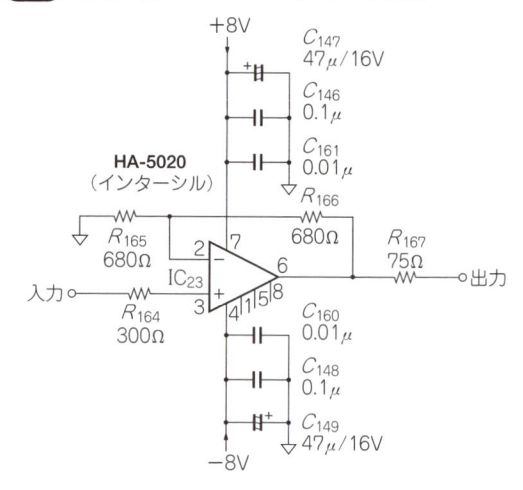

図2 帯域が数十MHzのビデオ・アンプ回路のパターン

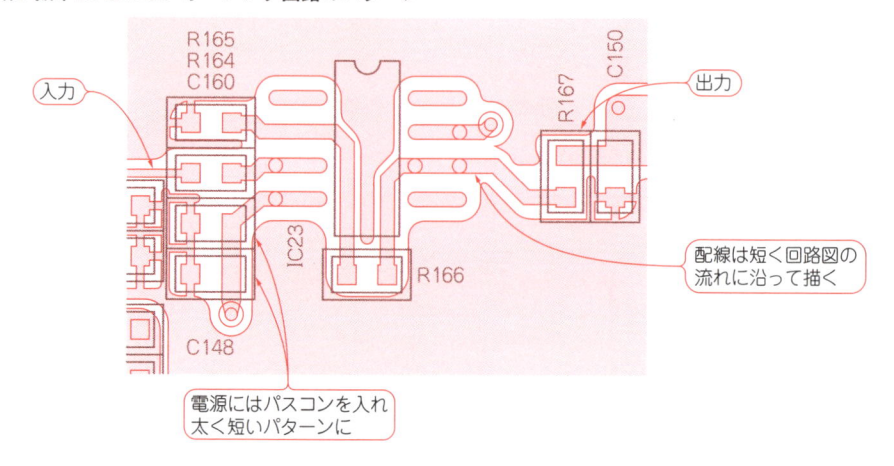

配線は短く回路図の流れに沿って描く

電源にはパスコンを入れ太く短いパターンに

ことができます．**図1**の左側から入力したビデオ信号を，IC_{23}（HA-5020）で構成したアンプ回路で2倍して，右側へ出力しています．

■ 配線のコツ

● 配線の影響を抑えるためビデオ信号を最短で結ぶ

図2にパターンを示します．周波数がビデオ帯域になってくると，基板設計の良し悪しが回路特性に直接影響します．つねに最短距離で接続することを心がけながら，回路図の流れに沿ってパターンを引いていきます．**図2**と**図1**を比較してみると，信号の流れかたや部品の配置が回路図と同じようになっていることがわかります．

部品は，できるだけチップ部品を使うことをお勧めします．リード部品を使うと，リードの抵抗成分やインダクタンス成分が回路特性に影響を及ぼしてしまいます．

● 電源とグラウンド間にはパスコンを入れる

ICへ供給する電源とグラウンド間には，パスコン（バイパス・コンデンサ）を入れます．**図1**，**図2**では，$47\mu F$の電解コンデンサと$0.1\mu F$および$0.01\mu F$のセラミック・コンデンサを並列に入れています．ICの電源ピンのすぐ近くに配置して，太く短いパターンで接続します．**図2**では，部品実装スペースの制約により，C_{146}，C_{147}，C_{148}，C_{149}，C_{161}は，基板の反対側の面に実装しています．

▶ パスコンは電源供給源とICの間に入れる

パスコンは，**図3(a)**のように電源供給源とICの間に入れます．たまに見かけるのですが，**図3(b)**のようにICの外側へ入れてしまうと，パスコンの役目を果たしません．

図3 パスコンは電源供給源とICの間に入れる

（a）良い位置　　（b）悪い位置

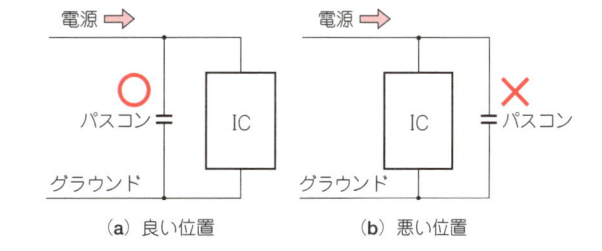

9-2 D-Aコンバータ周辺のアナログ系/ディジタル系の分離テクニック

DACを挟んで，基板上でディジタル・ブロックとアナログ・ブロックをはっきりと分けるのがポイント

地上デジタル放送を推進役として，テレビ局内の機器はディジタル化が進んでいます．家庭用にも薄型テレビが浸透して，ディジタル化の波が押し寄せています．しかし，地上デジタル放送への完全移行までの期間や，先進国以外の地域では，アナログ・ビデオ・インターフェースはなくならないと予想できます．しばらくの間，ビデオ機器は，内部はディジタル動作，外部とのインターフェースはディジタルとアナログという状態が続きます．

ここに紹介するD-Aコンバータや，後に紹介するディジタル・ビデオ・エンコーダは，アナログ・インターフェース出力には不可欠なLSIですが，基板上にディジタル信号とアナログ信号が混在するため，パターン設計を行う際には，多少のノウハウが必要になります．

■ 回路の概要

分解能8ビット，40 Mspsの高速D-Aコンバータ CXD1171M（ソニー）を例に説明します．**図4**にCXD1171Mを使用した回路図，**図5**にアナログ・コンポーネント Y/Pb/Pr 出力用にCXD1171Mを3個使用したパターン図を示します．

図4 40 Mspsの高速D-Aコンバータの回路

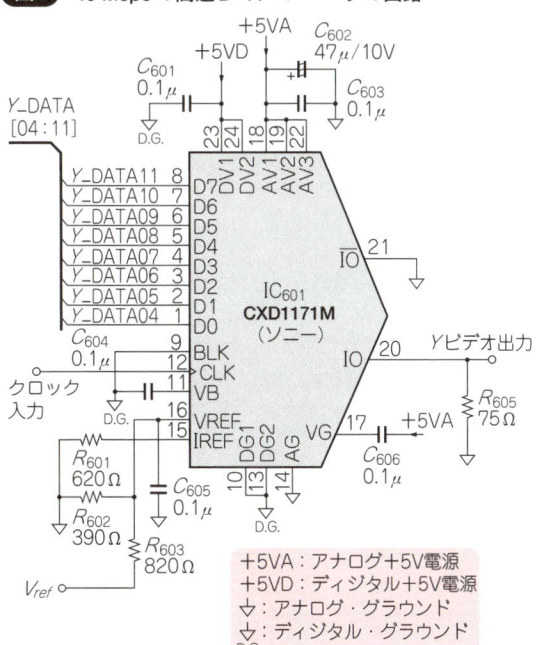

+5VA：アナログ+5V電源
+5VD：ディジタル+5V電源
▽：アナログ・グラウンド
▽：ディジタル・グラウンド
D.G.

■ 配線のコツ

● 部品や配線の量を考慮しアナログ／ディジタル・ブロックの大きさと位置を決める

ディジタル回路とアナログ回路が混在する基板のパターン設計を行う際，まず注意しなければならないのが，アナログ回路とディジタル回路のアイソレーションです．アイソレーションが不完全では，クロストークが発生し，アナログ信号にディジタル系のノイズが重畳してしまいます．設計初期の段階で部品や配線の量を考慮し，アナログ・ブロックとディジタル・ブロックの大きさと位置を決めます（図6）．部品はそれぞれのブロック内に配置していきます．

● グラウンド・パターンでアナログ／ディジタル信号を分離

次にパターン配線を行います．アナログ信号パターンにディジタル信号パターンが，近づいたり平行になったりしないようにします．基板の制約上どうしても近づく場合は，パターン間にグラウンド・パターンを入れて信号を分離します（図7）．

これは基板の層間でも同じことになります．両面基板の場合，ディジタル・パターンとアナログ・パターンが重なったり交差したりしていないかをチェックする必要があります．できればパターン層間にグラウンド層を入れて，シールドできる4層以上の多層基板を使うことをお勧めします．

● 電源はコネクタ部で分ける

アナログ電源とディジタル電源を基板上の同じ電源から供給する場合は，できるだけインピーダンスが低い電源コネクタ部から分岐させてください．

図5 ビデオ用D-Aコンバータ周辺のパターン

ディジタル信号とアナログ信号が図6のようにきちんとブロック分けされている

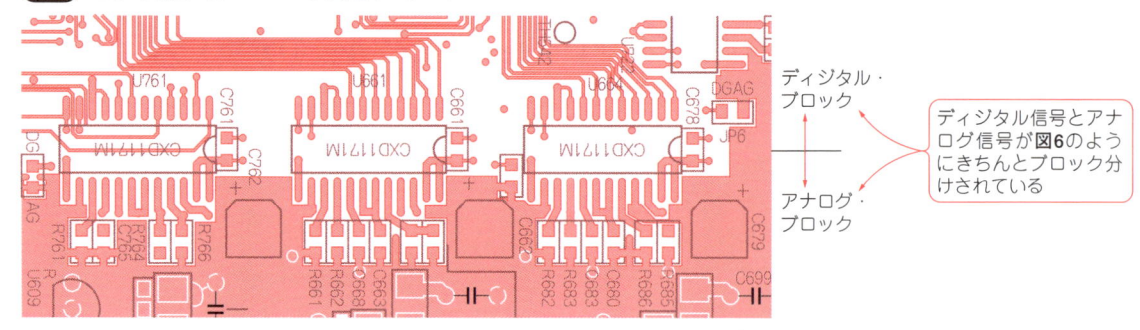

図6 アナログ・ブロックとディジタル・ブロックの配置例

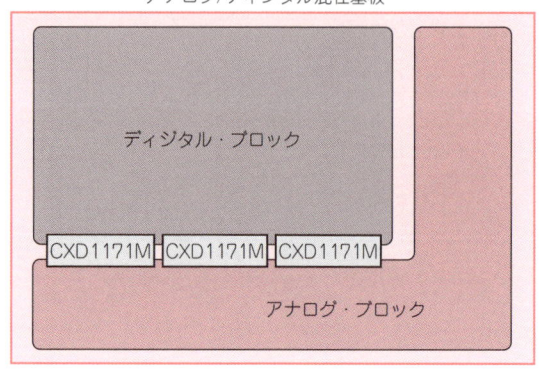

図7 アナログ信号パターンとディジタル信号パターンの分離

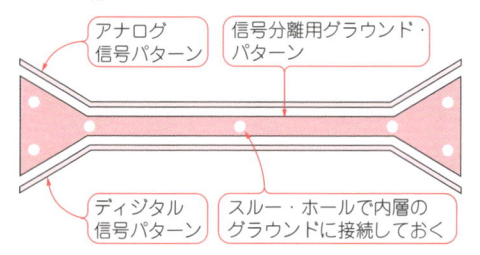

9-3 アナログ信号精度を確保したディジタル・ビデオ・エンコーダのパターンニング

ディジタルとアナログのグラウンドをIC近くの1点でフェライト・ビーズを使って接続する

前項でも紹介したように，ディジタル・ビデオ・エンコーダは，機器内部のディジタル信号と外部アナログ・インターフェースとの橋渡しをする重要なLSIです．

■ 回路の概要

図8（次頁）にディジタル・ビデオ・エンコーダADV7194（アナログ・デバイセズ）と周辺の回路図，図9にそのパターン図を示します．

ディジタル・ビデオ・エンコーダは，ディジタル・ビデオ・データを，コンポジット信号やY/C信号などのアナログ・ビデオ信号に変換するICです．図8の回路では，ADV7194は，27 MHzの高速クロックで入力したディジタル・データに対してディジタル・エンコード処理を行い，高精度10ビットD-Aコンバータからアナログ・ビデオ信号として出力しています．

■ 配線のコツ

● アナログとディジタル・グラウンドの接続にフェライト・ビーズを使う

通常，ビデオ・エンコーダなどのD-A変換またはA-D変換回路では，ノイズを減少させるためにディジタルとアナログのグラウンドを分離します．その際，両グラウンドの電位を一致させるためにICのできるだけ近くの1点で接続します．本回路では，1点で直接接続しないでフェライト・ビーズで接続することにより，ディジタル・グラウンドのノイズが，アナログ・グラウンドへ流入するのを防いでいます．

● 両面基板の場合は片面にできるだけ部品を実装し，反対面をベタ・グラウンドに

図9に示したADV7194左辺の44〜58ピンがアナログ信号，他の3辺がディジタル信号になっています．両者の信号が，平行になったり，交差したりしないように注意します．

また，アナログ信号系をベタ・グラウンドにしています．ADV7194の出力より左側の部分がベタ・グラウンドです．内層もベタ・グラウンドです．

グラウンドのインピーダンスは高周波になるほど高くなるため，ディジタル回路の信号が高速になればなるほどノイズの発生量が多くなります．アナログ信号の微小な変化は，ノイズに埋もれてしまい精度が取れなくなります．

ADV7194のような高速・高精度なICの性能を100％引き出すためには，グラウンドのインピーダンスを下げてノイズの発生を抑えてやる必要があります．インピーダンスを下げるために，ベタ・グラウンドを使用します．両面基板の場合は，片面にできるだけ部品を実装して，反対側の面をベタ・グラウンドにします．

▶ベタ・グラウンドが作れないなら格子状に電源グラウンドを接続

部品実装密度が高く，ベタ・グラウンドが作れない場合は，できるだけ太いパターンで格子状に接続（図10）して，インピーダンスを下げることになりま

図9 ディジタル・ビデオ・エンコーダとその周辺回路のパターン

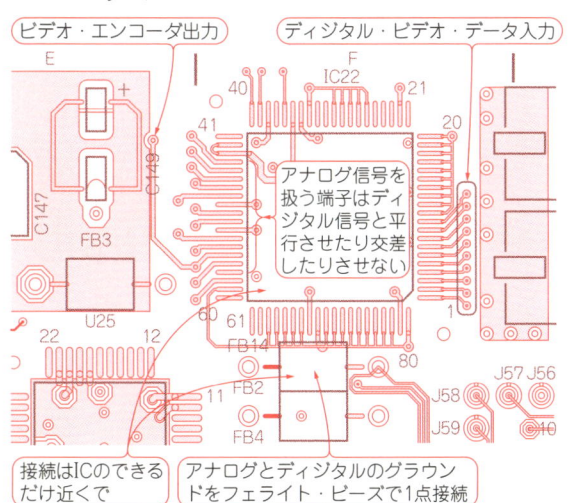

図10 部品密度が高い両面基板で複数のICに電源とグラウンドを供給するときの配線
ベタ・グラウンドができないときは電源とグラウンドのパターンを格子状に接続する．

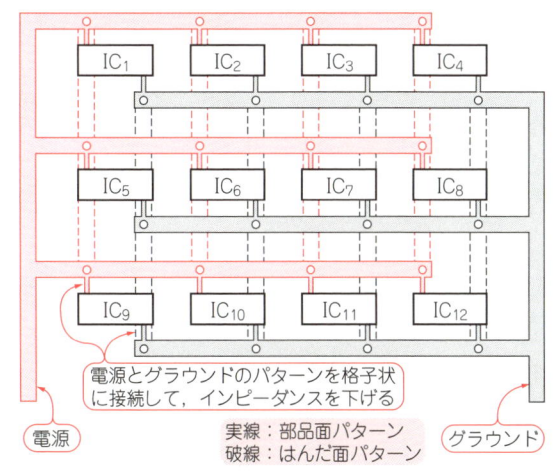

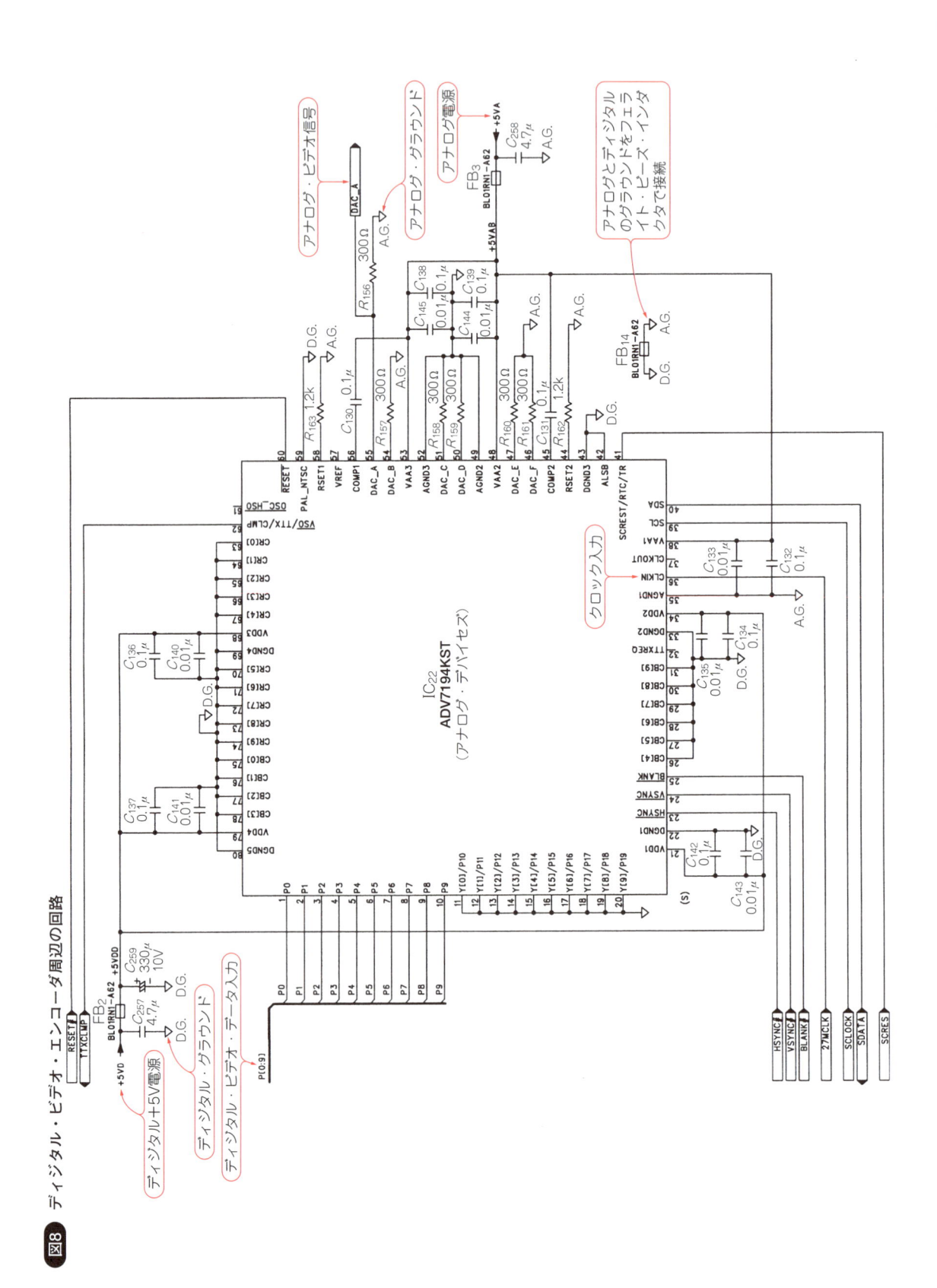

図8 ディジタル・ビデオ・エンコーダ周辺の回路

すが，ノイズで苦労する可能性が高くなります．

● **性能を求めるなら多層基板がお勧め**

コスト的に許されるなら，多層基板を使うことをお勧めします．内層に電源層，グラウンド層が入るので，電源，グラウンドのインピーダンスをともに下げることができます．表面層だけでは配線できず，内層にも配線パターンを通す場合や，複数の電源電圧により電源層が細切れになってしまう場合は，層数をさらに増やす必要があります．**図9**の場合は6層基板を使っています．

● **クロックは一筆書きで**

各ディジタルICのクロック入力端子は，反射波の影響を少なくするため，**図11**のように一筆書きパターンで接続します．部品配置は，あらかじめクロック信号パターンの一筆書きがしやすいように考慮しておきます．

図11 クロック信号の配線

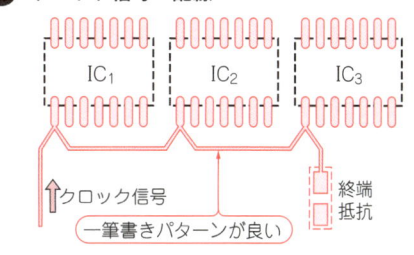

9-4 25 M～165 Mp/sを確実に伝送する差動インターフェースのパターンニング

差動ペア配線のパターン引き回しがポイント

DVI(Digital Visual Interface)は，DDWG(Digital Display Working Group)によって1999年に規格化されました．主にパーソナル・コンピュータとディスプレイ間の映像伝送に使われています．最近では，DVIと同じ映像伝送方式を使うHDMI(High Definition Multimedia Interface)が規格化され，民生機器用ディジタル・インターフェースとして使われています．どちらもディジタル・コンテンツを保護するHDCP(High-bandwidth Digital Content Protection)規格が盛り込まれています．

DVIの映像伝送は，シリコン・イメージ社が開発したTMDS(Transition Minimized Differential Signaling)リンクという技術を使っています．TMDSには，シングル・リンクとデュアル・リンクの2種類があります．

■ **回路の概要**

1画素分のデータ24ビット(8ビット×R, G, B)に，同期信号2ビット，コントロール・データ4ビットを加えて30ビットとし，エンコード処理を行った後，3チャネルの10ビット・シリアル・ディジタル信号に変換します．3チャネルの信号は，ピクセル・クロックとともに，4ペアの差動信号で伝送します．これをシングル・リンク(**図12**)と呼びます．

シングル・リンク伝送は，UXGA(162 Mp/s)程度が限界です(p/sはピクセル/秒を表す)．これ以上速

図12 TMDSリンクのシングル・リンク伝送

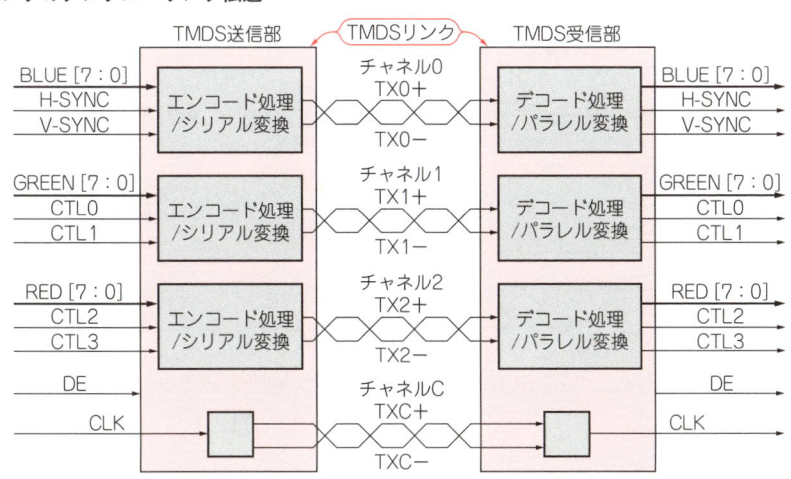

いピクセル・レートで映像を伝送する場合にデュアル・リンクを使用します。デュアル・リンクは，6チャネルを使って，2画素分のデータ48ビット（8ビット×R, G, B×2画素）と，同期信号2ビット，コントロール・データ10ビットをピクセル・クロックとともに伝送します。

図13にTMDSトランスミッタLSI SiI164(米Silicom Image)を使用したDVI送信回路を示します。TMDSシングル・リンクのDVI-I出力仕様です。

■ 配線のコツ

● 差動信号ペアはできるだけ近づけて配線する

DVI送信回路のパターン設計で注意しなければならないのが，トランスミッタ出力の配線パターン（**図14**）です。トランスミッタの各出力チャネルは，差動信号ペアになっています。差動信号ペアは，ノイズの影響を受けにくい，ノイズの放出が少ないなどの特徴がありますが，配線パターンが悪いとこれらの特徴を発揮できません。

差動信号ペアは，できるだけ近づけて配線してください。ノイズが重畳してもコモン・モードになるので，レシーバで打ち消すことができます（**図15**）。さらに磁界を打ち消す方向になるので，ノイズの放射を抑えることができます。

図13 TMDSトランスミッタLSIを使用したDVI送信回路

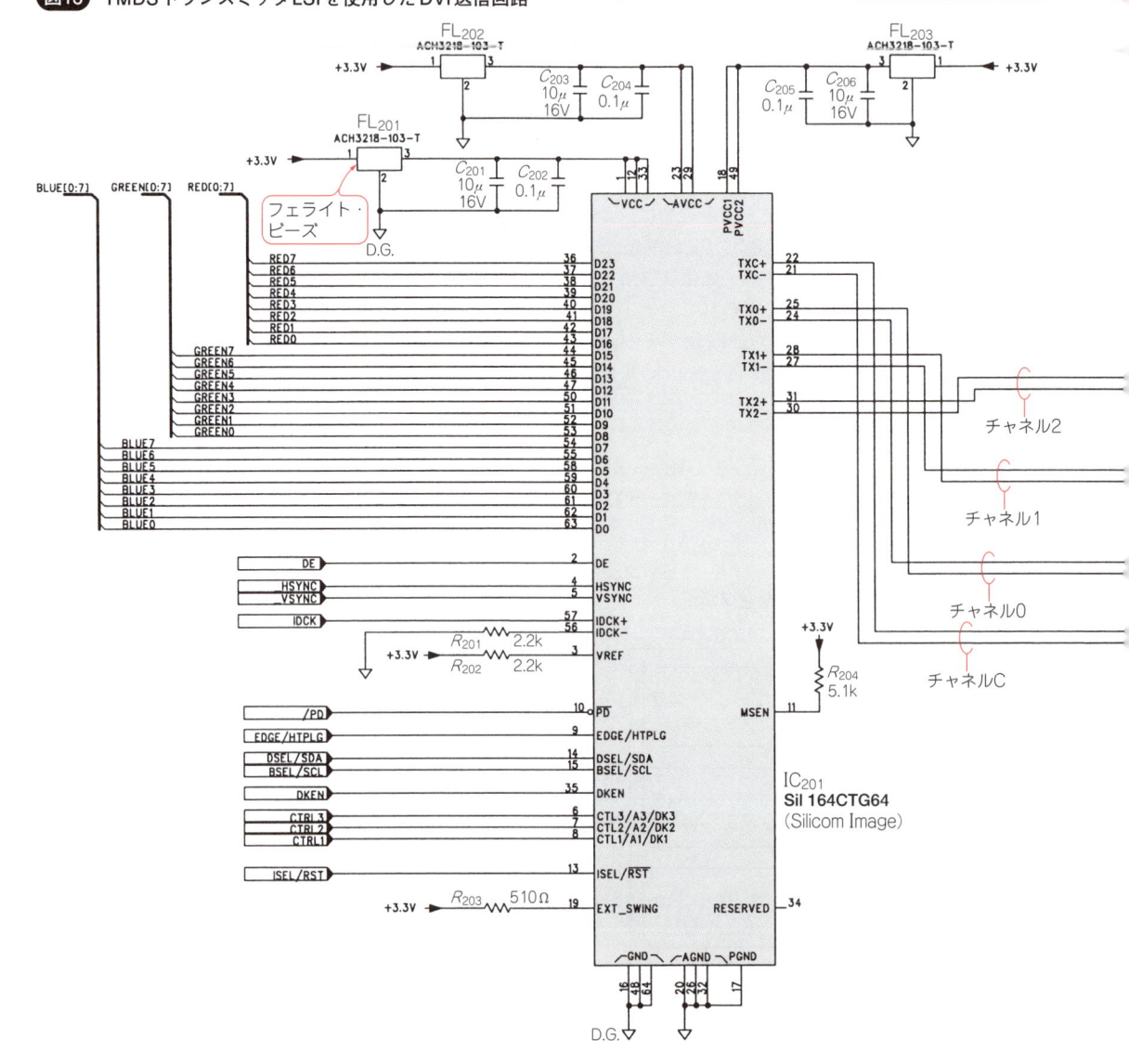

● 差動ペアの信号間の距離や長さをそろえる

差動信号ペア間の距離を一定にして，ビアの配置や配線の曲げ位置をそろえてください．差動伝送は，ペア間のバランスを保つことが大切です．

差動信号ペアの配線長を同じにしてください．配線長が異なるとスキュー(伝播遅延差)を生じます(図16)．スキューが発生して位相がずれてしまうと，磁界を打ち消し合わなくなるのでノイズの放射量が増加します．

● 高速信号の配線は直角や鋭角に曲げない

差動信号に限らず高速信号の配線パターンは，直角や鋭角に曲げないでください．インピーダンスの変化を少なくするため90°以上または曲線で配線してください．

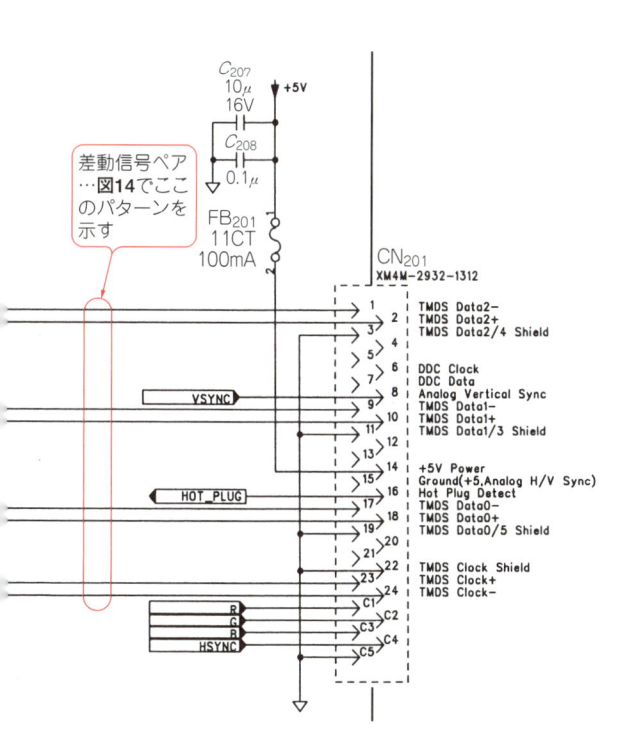

DVIで安定した伝送を行うためには，送信回路だけではなく，ケーブル，受信回路にも配慮する必要があります．ケーブルは，ツイスト・ペア，ツイナックスなどの平衡ケーブルを使ってください．受信回路の入力コネクタからレシーバLSIまでの配線パターンは，送信回路と同様の注意をして設計する必要があります．

図14 トランスミッタ出力の配線パターン

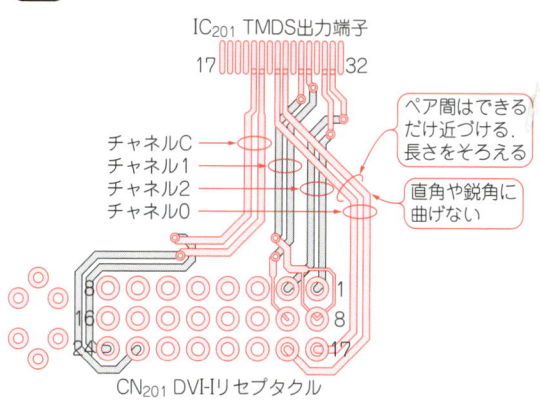

図15 差動伝送線に現れるコモン・モード・ノイズはレシーバで打ち消される

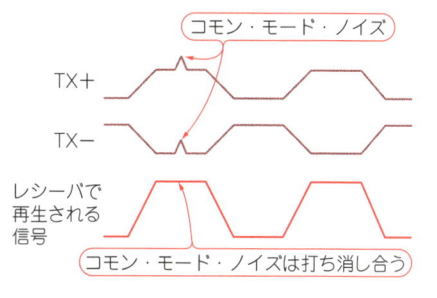

図16 差動信号の配線はペアどうしは同じ長さにしないと伝搬遅延差が生じる

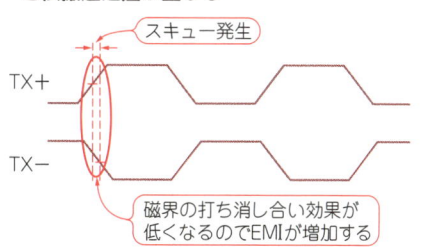

9-4 25 M～165 Mp/sを確実に伝送する差動インターフェースのパターンニング

9-5 同軸ケーブルによる1.485 Gbps伝送出力のパターンニング
マイクロストリップ・ラインを調整してインピーダンス整合をとる

　SDI(Serial Digital Interface)とは，ビデオ信号をシリアル・ディジタル信号に変換して伝送するインターフェースです．伝送レートは4：2：2コンポーネントの場合，270 Mbps, HDTVでは1.485 Gbpsになります．
　SDIを使うことにより，テレビ・スタジオ内の既設の同軸ケーブルを利用して，高解像度の映像データを伝送できます．映像データ以外にも，アンシラリと呼ばれる映像データの隙間領域に，オーディオ・データや局間情報，字幕データなどを重畳して伝送します．
　HDTVのシリアル・ディジタル・インターフェースは，SMPTE 292M規格で規定されています．同軸ケーブル・インターフェースと光ファイバ・インター

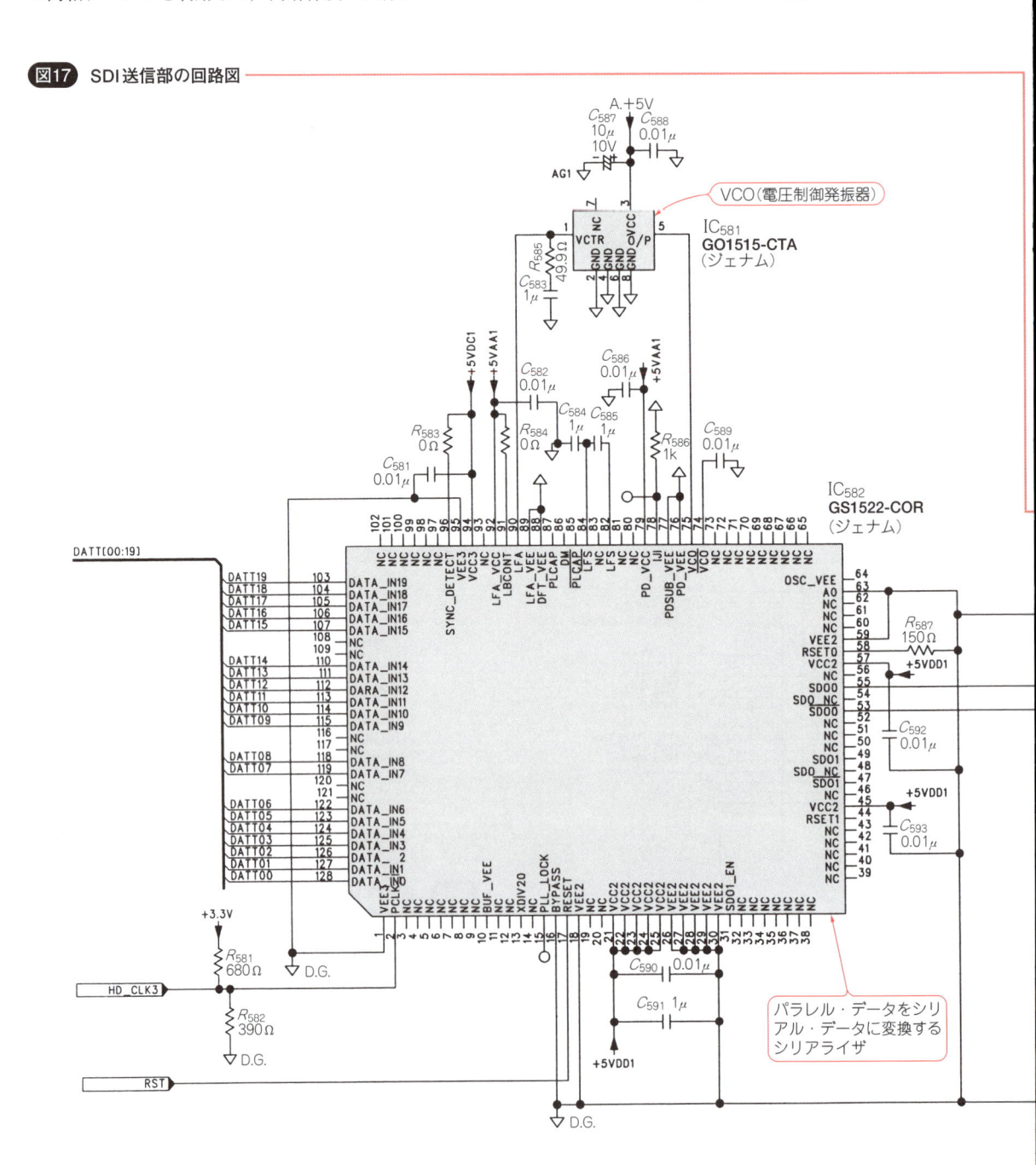

図17　SDI送信部の回路図

フェースがありますが，ここでは，ジェナム社のICを使用した送信回路を例に，同軸ケーブルを使ったインターフェースを説明します．

■ 回路の概要と配線のコツ

ジェナム社のHDTVシリアル・ディジタル・シリアライザGS1522，VCO GO1515，およびHDTVケーブル・ドライバGS1508を使用したSDI送信回路の回路図を**図17**に示します．**図18**は，その基板パターン図です．

GS1522は，SMPTE 274M，SMPTE 260Mのパラレル・ディジタル・データをSMPTE 292Mのシリアル・ディジタル信号に変換するICです．1.485 Gbpsおよび1.485/1.001 Gbpsに対応しています．

GO1515は，ジェナム社のシリアライザやレシーバと組み合わせて使うVCO（電圧制御発振器）です．GS1522からの制御電圧を受けて，1.485 GHzまたは1.485/1.001 GHzの基準クロックをGS1522へ与えます．基板上では，GS1522の裏側に実装して，配線長を短くしています．

GS1508は，ジェナム社のICと直結して使用できるケーブル・ドライバです．汎用ドライバとしても使用できます．75 Ωの同軸ケーブルを2本ドライブできます．

SDI出力は，1.485 Gbpsの高速伝送路です．本基板

図18 SDI送信部のパターン

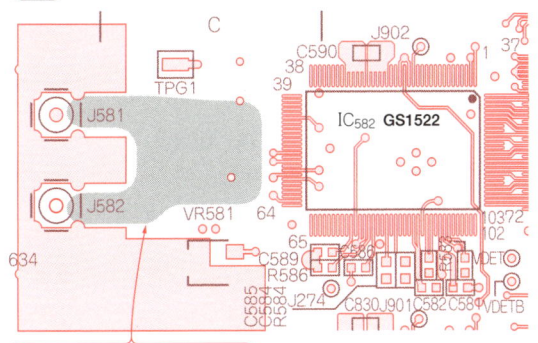

(a) 表面

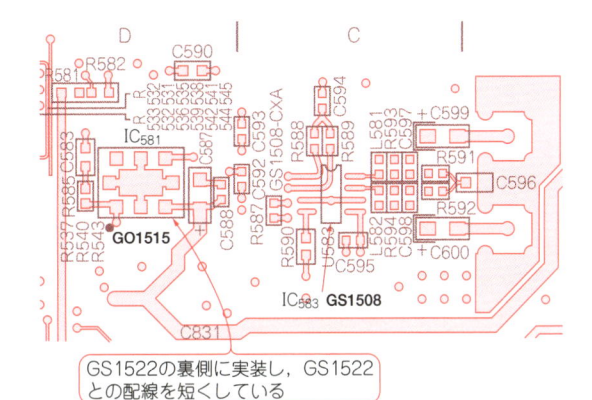

出力部品や配線パターン下のグラウンドを取り除いてある

(b) 裏面

GS1522の裏側に実装し，GS1522との配線を短くしている

ケーブル・ドライバ

リターン・ロスの改善に有効だが大きな効き目は期待できない

9-5 同軸ケーブルによる1.485 Gbps伝送出力のパターンニング

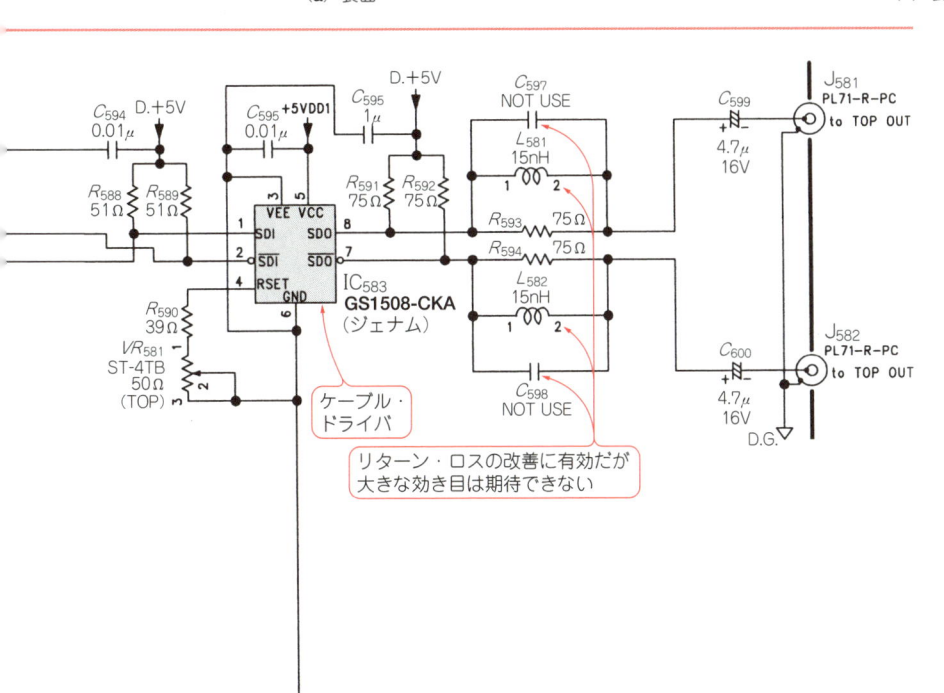

図19 マイクロストリップ・ラインの構造

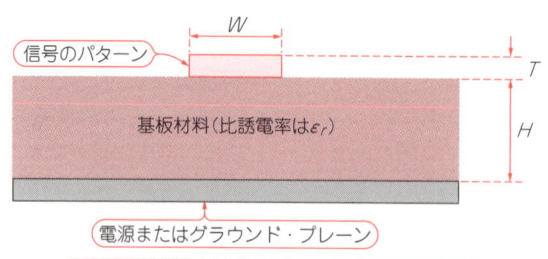

W：信号のパターンの幅, T：配線パターンの厚さ,
H：基板材料の厚さ, ε_r：基板材料の比誘電率

では，寄生容量を少なくするために出力部品および配線パターンの下のグラウンドを取り除いてあります．

■ パターンの形状を調整してインピーダンス整合

もし，配線パターン長が1 cmを越えるような場合は，マイクロストリップ・ラインなど使って特性インピーダンスの整合をとる必要があります．

1.485 Gbpsもの高速伝送になると，部品や基板は通常の扱いができなくなります．部品の寄生容量や寄生インダクタンスも一つの部品として扱う必要があります．同じように配線パターンも，抵抗，コンデンサ，インダクタンスが分散して配置された部品として扱わなければなりません．このように，配線パターンを部品として扱う回路を分布定数回路といいます．

マイクロストリップ・ラインは，分布定数回路の中でもっとも使われる回路です．**図19**にその構造を示します．マイクロストリップ・ラインの特性インピーダンスと回路との整合をとることにより，ロスの少ない伝送が可能になります．

● 特性インピーダンスの計算

特性インピーダンスは，配線パターンの幅W，配線パターンの厚さT，基板材料の厚さH，および基板材料の比誘電率ε_rで決まります．特性インピーダンスを求める計算式は，書籍などにより違いがあります．詳しく知りたい方は，高周波関連の書籍に載っているので参照してください．インターネット上にも，パラメータを入力すると自動的に計算してくれるソフトウェアやホーム・ページがあります．ここでは簡易的によく使う式を以下に示します．

特性インピーダンスZ_0は，

$$Z_0 = \frac{87.0}{(\varepsilon_r + 1.41)^{1/2}} \ln\left(\frac{5.98 H}{0.8 W + T}\right) \cdots\cdots (1)$$

ただし，W：パターンの幅［mm］，T：パターン厚さ［mm］，H：基板材料の厚さ［mm］，ε_r：基板材料の比誘電率

● リターン・ロスは基板設計時にシミュレーションで確認しておこう

SDIの出力回路を設計する際に注意しなければならないのが，リターン・ロスです．SMPTE 292M規格や，ARIB BTA-S-004B規格でも，内容に若干の違いがありますが，限度値が決められています．

リターン・ロスは，インピーダンスの不整合がある場合に発生する反射波の程度を表す値です．値が大きいほど，反射が少なく良い特性になります．

実際には，基板または機器が組み上がった後で，ネットワーク・アナライザなどを使ってリターン・ロスを測定します．そこで良くない結果が出ても**図17**にあるC_{597}, C_{598}, L_{581}, L_{582}の値を変えてみるくらいしかできず，結局，基板を作り直すことになります．できれば，基板設計時にシミュレーションを行い確認しておくことをお勧めします． 〈三田 博久〉

（初出：「トランジスタ技術」2005年6月号 特集第6章）

徹底図解★プリント基板作りの基礎と実例集

第10章
広帯域アンプからVCO回路まで

広帯域&高周波回路の配線実例集

10-1 入力インピーダンス1MΩ, フラットネス50MHzのOPアンプ増幅回路のパターンニング
反転入力回路の浮遊容量を目安として0.5 pF以下にする

■ 回路の概要

● ノイズ・ゲインをコントロールしてフラットネスを改善する

図1に示した回路は, FET入力の高速OPアンプOPA656(テキサス・インスツルメンツ)を使った高入力インピーダンスのアンプです. ゲインはR_1とR_2の値で決まり, 図の回路定数では2倍です. 回路上の工夫として, フラットネス改善のために, R_3を追加しています. この抵抗を追加することでノイズ・ゲインを大きくする(帰還量を小さくする)ことができるため, ゲイン-周波数特性の高域で生じるピークを抑えることができます.

■ 配線のコツ

● 反転入力端子の浮遊容量を小さくする

パターン例を図2に示しました. このパターンは, 両面基板で作ることを想定したものです. 基板を手作りすることも考えて, ICの下にスルー・ホールを作

図1 高入力インピーダンスの高速OPアンプ回路

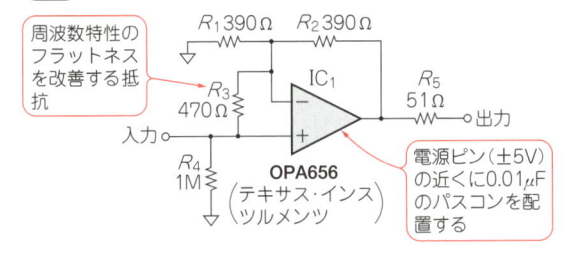

- R_1 390Ω, R_2 390Ω
- R_3 470Ω … 周波数特性のフラットネスを改善する抵抗
- R_4 1M
- R_5 51Ω
- IC$_1$ OPA656(テキサス・インスツルメンツ)
- 電源ピン(±5V)の近くに0.01μFのパスコンを配置する

図2 高入力インピーダンスの高速OPアンプ回路のプリント・パターン

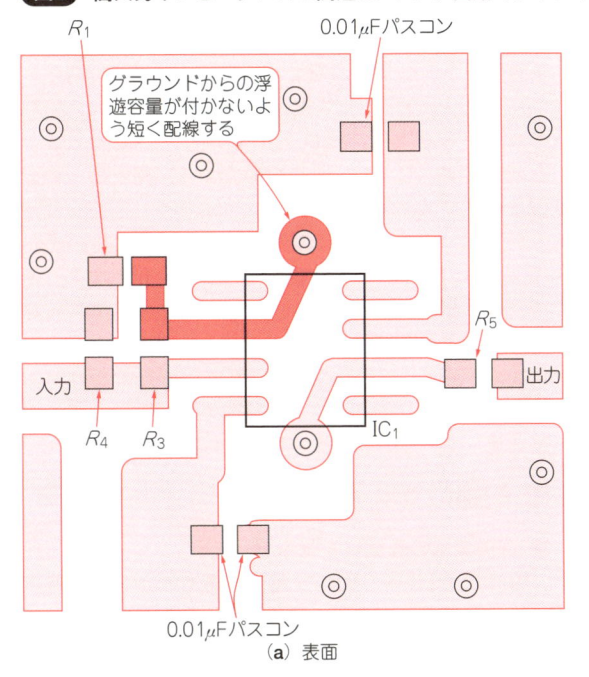

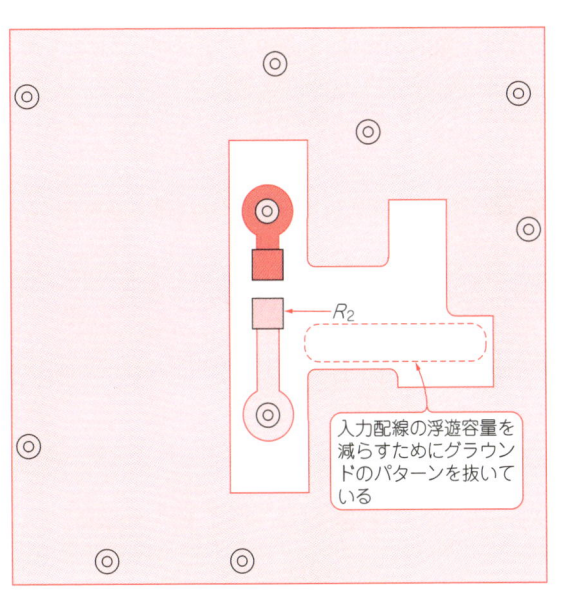

(a) 表面 / (b) 裏面
- 0.01μFパスコン
- グラウンドからの浮遊容量が付かないよう短く配線する
- 入力配線の浮遊容量を減らすためにグラウンドのパターンを抜いている

10-1 入力インピーダンス1MΩ, フラットネス50MHzのOPアンプ増幅回路のパターンニング

らないようにしています．

　高速OPアンプ回路では，反転入力端子とグラウンド間の浮遊容量を極力小さくすることが大切です．目安としては，この浮遊容量が0.5 pF以下となるように心がけるとよいでしょう．なお，この部分に大きな浮遊容量がつくと，高域の周波数特性にピークが生じる原因となり，最悪の場合は発振に至ります．これは，フィードバック抵抗と浮遊容量によって，フィードバック信号の位相が遅れることに起因します．

● 入力容量も小さくする

　さらに，高入力インピーダンスのアンプでは入力部分の浮遊容量も問題になるところです．そのため，このパターン例では，非反転入力端子部分もグラウンド面のベタを抜いています．もし，グラウンドを完全に抜いてしまうことにより，外来ノイズの影響を受けるようでしたら，グラウンドをメッシュ状にするのも良いでしょう．

● 実測結果

　今回紹介したプリント・パターンで実際にアンプを

図3 図2を元に作成したアンプのゲイン-周波数特性

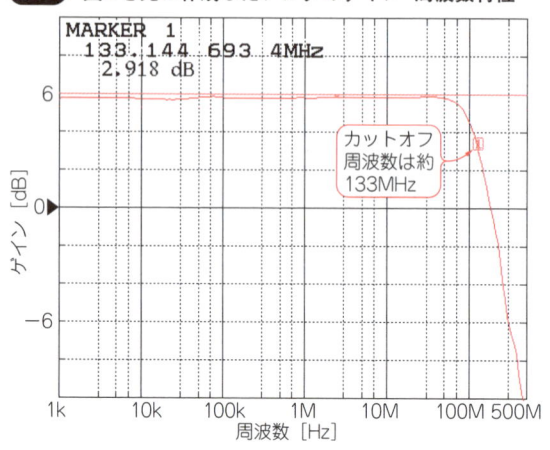

試作し，ゲイン-周波数特性を測定した結果を**図3**に示します．50 MHz付近までほぼフラットな特性で，-3 dBカットオフ周波数は約133 MHzです．

〈川田　章弘〉

10-2　50 M～6 GHz広帯域アンプの性能を引き出すパターンニング
FR-4は基本的に使用できない，tan δの小さい材料を選ぶ

■ 回路の概要

　図4は，モノリシック・マイクロ波集積回路（MMIC）であるNBB-310(RF Micro Devices)を使った，周波数帯域が50 M～6 GHzの広帯域高周波アンプです．NBB-310は，InGaP HBTプロセスにより製造されているため，AlGaAs HBTプロセスを使った高周波デバイスよりも信頼性が高いと考えられます．

図4 周波数帯域が50 M～6 GHzの広帯域高周波アンプの回路

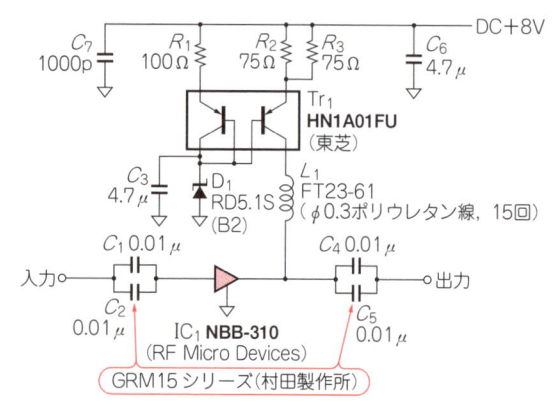

　MMICを使用したアンプは，プリント・パターンのインピーダンスや，周辺部品［カップリング・コンデンサや，高周波チョーク・コイル(以降，RFC)］の選択を間違えなければ，デバイスの性能を比較的簡単に引き出すことができます．

▶ カレント・ミラー回路でバイアスの過電流を防ぐ

　NBB-310のバイアス電流はデータ・シートに記載されているとおり，抵抗とRFCだけで供給することもできます．しかし，ここで紹介する回路では，複合型トランジスタを使ったカレント・ミラー回路を使っています．NBB-310は高周波入力電力レベルの変化によって出力ピンの直流電圧レベルが変化します．そのため，抵抗とRFCを使用した簡単なバイアス回路では，入力電力が大きくなったときに出力ピンの直流電圧が下がり，NBB-310に過電流が流れる恐れがあります．そこで，バイアス回路にカレント・ミラー回路を使って，この過電流を防いでいます．

■ 配線のコツ

● 高周波用の基板材を選ぶ

　周波数が2 G～3 GHzを越えるあたりから，回路を実装するプリント基板の材質にも注意を払う必要があります．今回紹介するアンプのような，6 GHzまで帯

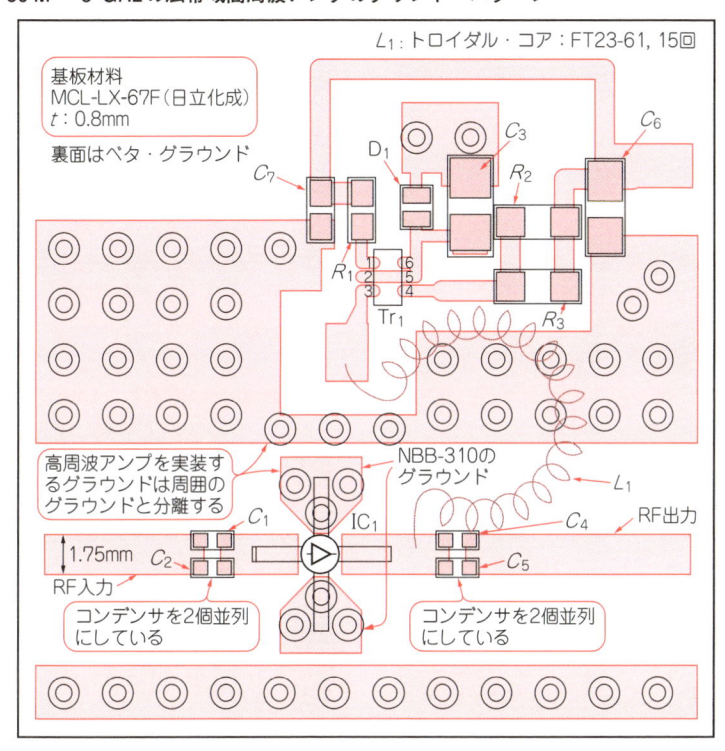

図5 周波数帯域が50 M～6 GHzの広帯域高周波アンプのプリント・パターン

基板材料
MCL-LX-67F（日立化成）
t：0.8mm
裏面はベタ・グラウンド

L_1：トロイダル・コア：FT23-61, 15回

高周波アンプを実装するグラウンドは周囲のグラウンドと分離する

NBB-310のグラウンド

RF出力
RF入力

コンデンサを2個並列にしている
コンデンサを2個並列にしている

1.75mm

域を伸ばそうとしている回路に，通常のFR-4(ガラス・エポキシ)は基本的に使用できません．ちなみに，鉛フリー対応で使用される機会の増えた，高T_gガラス・エポキシ材の高周波特性も通常のガラス・エポキシとあまり変わりません．

高周波回路では，高周波用の$\tan \delta$の小さい基板材を選ぶ必要があります．また，周囲の温湿度変化による高周波特性の変動を抑えるためには，基板材の吸湿特性にも配慮する必要があります．

● 部品配置と部品選びが大切

▶インサーション・ロスの改善

プリント・パターンを**図5**に示します．工夫している点は，マイクロストリップ・ライン上のカップリング・コンデンサC_1, C_2やC_4, C_5を2個並列にし，ラインのエッジに配置しているところです．このような配置にすることで高周波特性(インサーション・ロスやリターン・ロス)を改善することができます．

▶カップリング・コンデンサのメーカやシリーズの指定をする

カップリングに使用するコンデンサは製造メーカを指定したほうが無難です．数GHz帯以上になると，コンデンサ・メーカ間による高周波特性の違いが顕著に現れてきます．製造メーカを指定すると，調達のしやすさの関係から，資材部や購買部など部材調達部門の方々に眉をひそめられるかもしれません．しかし，アンプの性能上重要なポイントですので，性能重視のアプリケーションであれば譲歩するべきではないと思います．

▶高周波アンプを実装するグラウンドは周囲から独立させる

NBB-310を実装するグラウンド面は，周囲のグラウンド面と分離しておきます．こうすることでNBB-310を流れるグラウンド電流がベタ・グラウンド上を迷走することを防いでいます．このテクニックで，アンプのアイソレーション特性を改善できる場合もあります．

▶RFCの選択も大切なポイント

コイルを自作する場合はFT23-61タイプのトロイダル・コアと，0.3φ程度のポリウレタン線を使用して，NBB-310に近い側の5ターンを密に巻き，その後の10ターンを均一，かつ，疎に巻いたものを試してみてください．

既製品のコイルを使用する場合は，実験によって特性の良いものを探す必要があります．高価なコイルでもかまわないという場合は，WD0200A(岡谷電機産業)を使用すれば，NBB-310の性能を十分に引き出すことができます．

〈川田 章弘〉

◆参考文献◆
(1) NBB-310データシート，RF Micro Devices.
▶ http://www.rfmd.com/DataBooks/db97/NBB-310.pdf

10-3 直流から2.5 GHzまでを切り替えるRFスイッチ回路のパターンニング

配線パターン幅は1.8 mm，$Z_0=50\,\Omega$のMSLとする

■ 回路の概要

RF信号のスイッチには，以前はPINダイオードが多く使われていましたが，現在はGaAsやCMOSの専用スイッチICが主流を占めています．ここでは μPD5710TK（現在生産中止）を使った直流〜2.5 GHzまでの広帯域スイッチを例に挙げます．

回路図を**図6**に示します．μPD5710TK（NEC化合物デバイス，現ルネサス エレクトロニクス）はCMOSプロセスであり，直流から使えるので，直流ブロック用のコンデンサは点線で示してあり，基本的には必要ありません．ほかのスイッチICでは端子のバイアス・レベルが直流的に規定されるため，コンデンサで直流カットするものがほとんどです．この場合は当然，直流では使えません．

■ 配線のコツ

● スイッチICのグラウンドは端子のできるだけ近くでベタ・グラウンドに接続する

図7にプリント・パターンを示します．裏面はベタ・グラウンドになっています．パターン幅は $Z_0=50\,\Omega$ のマイクロストリップ・ラインの伝送線路となるように，幅1.8 mmで引いてあります．基板厚は $t=1.0$ mmです．

スイッチICのグラウンドは端子のできるだけ近くで裏面のグラウンドに落とします．スイッチ制御ラインは，インピーダンスを端子そばで強制的にコントロールさせたため，長さや幅などは特に問題となりません．単なる「つなげるだけのパターン」として取り扱うことができます．

● ICの動作に影響しないようスイッチ制御端子は交流的にグラウンドと接続しておく

スイッチ制御端子もICの動作に余計な影響を与えないようにきちんと処理する必要があります．**図6**のコンデンサ C_1，C_2 を使い，交流的にグラウンドと接続させることで，コンデンサから先の電源や制御回路につながるパターンの影響を低減させます．パターンは等価的なコイルになるし，パターン長と周波数の関係でインピーダンスがゼロから無限大にまで大きく変動します．

コンデンサ自体も共振周波数をもちますので，自己共振周波数が高い種類や定数のコンデンサを選定します．チップ・コンデンサで100 p〜1000 pF程度が（高い周波数をバイパスするのに）一般的です．

〈石井 聡〉

図6 直流から2.5 GHzまでを切り替えるRFスイッチ回路

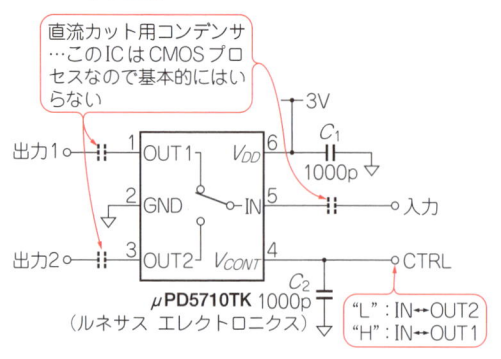

図7 直流から2.5 GHzまでを切り替えるRFスイッチ回路のパターン

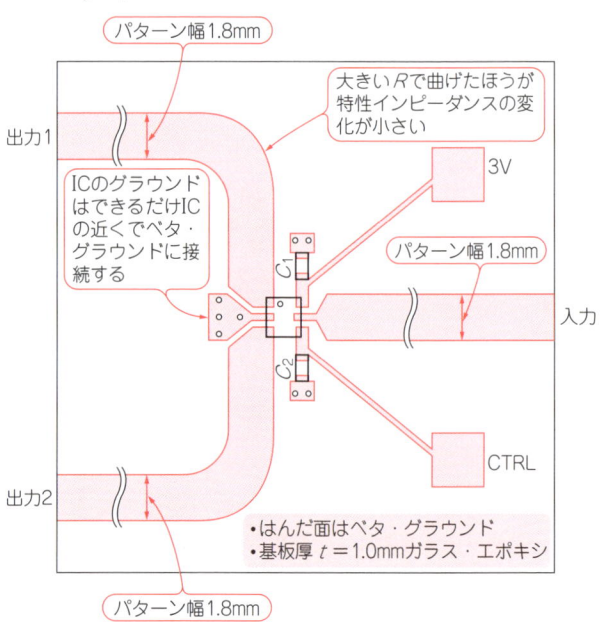

10-4 4 GHz帯VCOのパターンニング

ビア・ホールもインピーダンスをもつことに注意

■ 回路の概要

図8は，4 GHzを中心として500 MHz程度の広帯域で発振できるVCO(Voltage Controlled Oscillator)回路です．あまり見かけない回路です．コルピッツ回路を基本にしているようですが，コルピッツ型で必須とされるC-C-Lの構成になっていません．しかし，きちんと負性抵抗を示し，きちんと発振します．普通のVCOは負荷を軽くしバッファをつけますが，この回路は50Ω負荷のときに良好な負性抵抗を示しました．そのため50Ω伝送線路に直結できます．

■ 配線のコツ

● 発振周波数を決定する素子と発振トランジスタを最短で配置する

図9にパターンを示します．VCOとしてのポイントは，発振周波数を決定する素子と発振トランジスタを，電流の流れまで考えて最短で配置することです．

上記のように50Ω直結で安定な発振状態が得られたことから，出力は$Z_0 = 50$ Ωのマイクロストリップ・ラインに直結しています．また，制御電圧端子V_Tは外部回路(PLL回路)でアナログ電圧で制御されますので，この配線から影響を受けないように，きちんとC_7で高周波的にグラウンドに落とします．

▶ 発振回路の電流の流れ

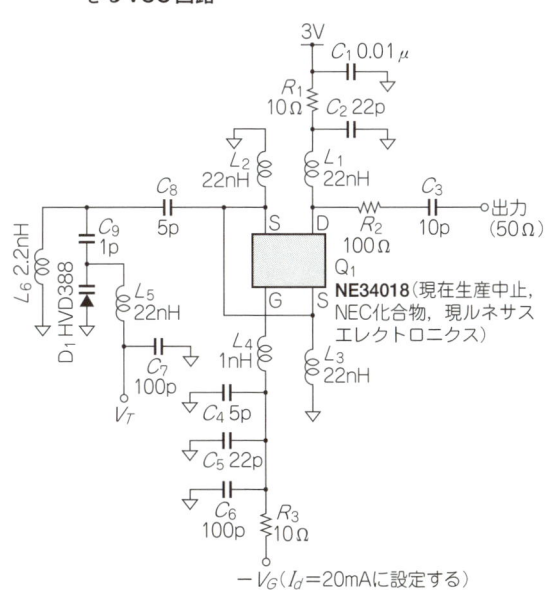

上記で説明したように，Q_1, L_4, L_6, C_9, D_1が発振周波数を決定します．これらの素子を貫通する回路電流の流れを考えてレイアウトします．**図9**にこの経路を示しておきます．グラウンド接続としてビア・ホールを使ってL_2につながっていますが，ベタ・グラウンドとはいえ，余計な経路が生じないように短く結線させます．なお，このビア・ホールも複数打つなど，余計なインピーダンスが生じないように配慮することが必要です．

● レイアウトはコンパクトに！

この例のように4 GHzであれば，真空中の1波長も75 mmであり，基板上では短縮率(プリント基板上では真空よりも波長が短くなる)もありますので，1波長もさらに短くなってしまいます．電気的にはこの1/20程度が「ほぼ無視できる長さ」となりますので，相当短距離になります．このことから部品はできるだけコンパクトにレイアウトしてください．動作する周波数をいつも考えながらプリント基板設計をすることが大切です．

● コネクタの選定にも注意しよう

写真1は今回使うSMAコネクタで，Johnson components社のEnd launch connectorというもので，RSコンポーネンツなどから入手可能です．海外メーカのIC評価用プリント基板などでよく見かけるものです．

中心導体がマイクロストリップ・ラインに対してサイズが小さく，影響を与えることが少ないので，インピーダンスの暴れが生じず良好な伝送特性が実現できます．さて，**図10**にこのコネクタの基板上のフット・

図8 4 GHzを中心として500 MHz程度の広帯域で発振できるVCO回路

(回路図: 3V電源，C_1 0.01μ，R_1 10Ω，C_2 22p，L_2 22nH，L_1 22nH，C_8 5p，C_3 10p，出力(50Ω)，R_2 100Ω，Q_1 NE34018(現在生産中止，NEC化合物，現ルネサスエレクトロニクス)，L_6 2.2nH，C_9 1p，D_1 HVD388，L_5 22nH，L_4 1nH，L_3 22nH，C_7 100p，V_T，C_4 5p，C_5 22p，C_6 100p，R_3 10Ω，$-V_G$(I_d=20mAに設定する))

写真1 SMAコネクタ(End launch connector)の外観

図9 4 GHzを中心として500 MHz程度の広帯域で発振できるVCO回路のパターン

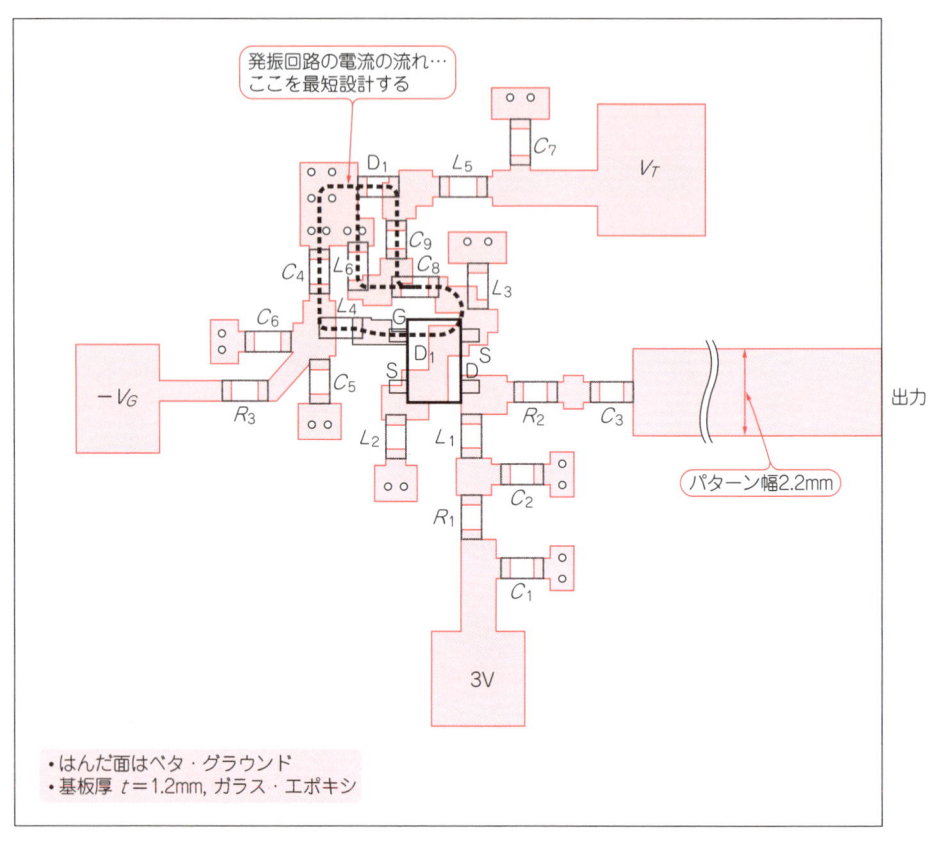

- 発振回路の電流の流れ…ここを最短設計する
- はんだ面はベタ・グラウンド
- 基板厚 $t=1.2$ mm, ガラス・エポキシ
- パターン幅2.2 mm
- 出力

図10 写真1のSMAコネクタのフット・パターン（単位：mm）

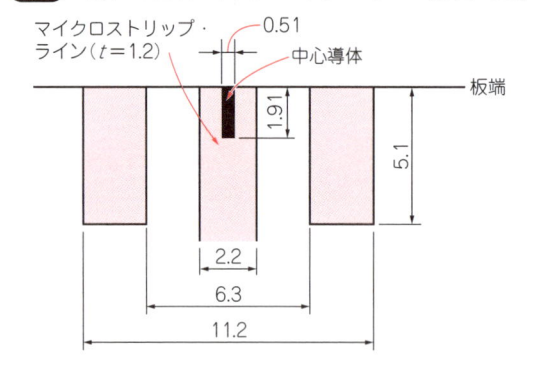

マイクロストリップ・ライン（$t=1.2$）
中心導体
板端

図11 オーディオ回路などで使われる1点アース

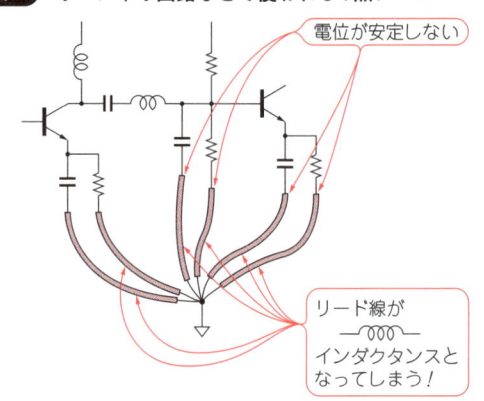

- 電位が安定しない
- リード線がインダクタンスとなってしまう！

パターンを示します．併せて，中心導体のサイズと板厚を1.2 mmとした場合のマイクロストリップ・ラインの幅も示します．

● **RF回路ではベタ・グラウンドが基本**

オーディオ回路ではよく，「1点アース」という言葉が使われ，その方式が多用されています．しかし，RF回路では **図11** のように1点アースに向かうリード線がインダクタンスとなってしまい，各素子のグラウンド端子どうしの電位が安定しません．そのため「ベタ・グラウンド」が必要になり，基板の裏面や内層で伝送線路のグラウンド・プレーンというベタ面構造を形成させます．そしてそれを積極的に利用します．また，グラウンドに接続するビア・ホールも無視できないインピーダンスになるので気をつけてください．

〈石井 聡〉

◆参考文献◆
(1) RFコネクタ・カタログ，Johnson components.
　▶ http://www.johnsoncomponents.com/

（初出：「トランジスタ技術」2005年6月号 特集第8章）

徹底図解★プリント基板作りの基礎と実例集

第11章
リニア・レギュレータからゲート・ドライブ回路まで

電源&パワー回路の配線実例集

11-1　表面実装型リニア・レギュレータの放熱用パターンの描き方
データシートを利用して放熱パッドの大きさを求める

■ 回路の概要

　出力電流1.0 Aの低飽和型リニア・レギュレータのパターン例です．3端子レギュレータと呼ばれるリニア・レギュレータで，少ない部品で構成可能なため，利用されることが多い回路です．今回は表面実装型のNCP1117(オン・セミコンダクター)を使います．**図1**に回路図を，**図2**にパターン例を示します．

■ 配線のコツ

● 放熱パッドの面積を計算で求める
　バイパス・コンデンサC_2，C_3を半導体の入出力端子のすぐ近くに配置します．NCP1117は表面実装型の半導体ですから，パターンを使って放熱します．

図1 リニア・レギュレータを使った一般的な降圧回路

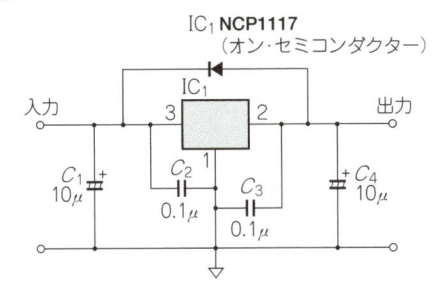

図2 リニア・レギュレータを使った回路のプリント・パターン

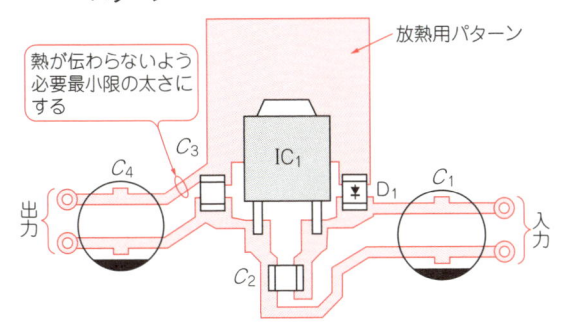

　NCP1117のデータシートに，放熱パッドの大きさと温度上昇，および許容電力の関係を示すグラフ(**図3**，DPAKパッケージ用)がありますから，これを利用すると便利です．例えば，入力8 V，出力5 Vで出力電流が400 mAとします．この場合，半導体の損失は，入力と出力の電圧差8 V − 5 V = 3 Vと出力電流の積で求まりますから，3 V × 0.4 A = 1.2 Wとなります．したがって，**図3**から7 mm角以上の放熱パッドが必要だとわかります．

● 放熱パッドと出力平滑用電解コンデンサの配線を細くする
　NCP1117の放熱パッドは出力パターンと兼用になります．したがって，放熱パッドと接続する，出力平滑用の電解コンデンサC_4のパターンが太いと，パターンを通して熱が伝わり，電解コンデンサの温度を上昇させてしまいます．そのため，放熱パッドとC_4のパターン幅は出力電流に合わせた最小幅とします．

〈浅井　紳哉〉

図3[(1)] NCP1117の放熱パターンの大きさと許容電力，熱抵抗の関係

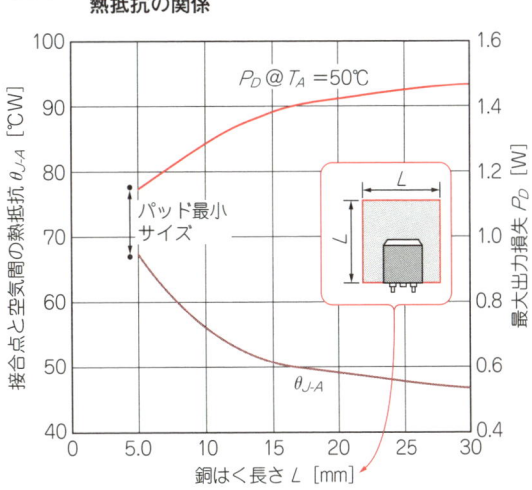

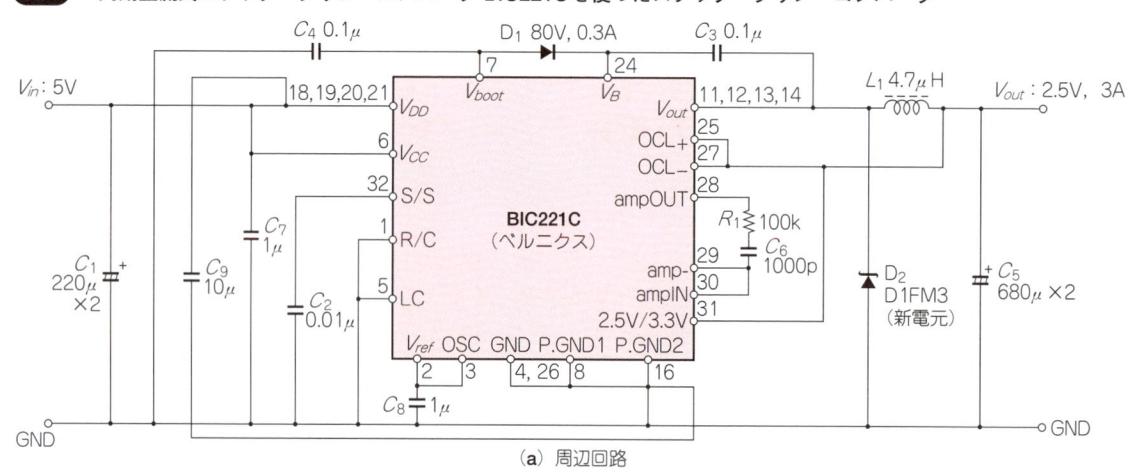

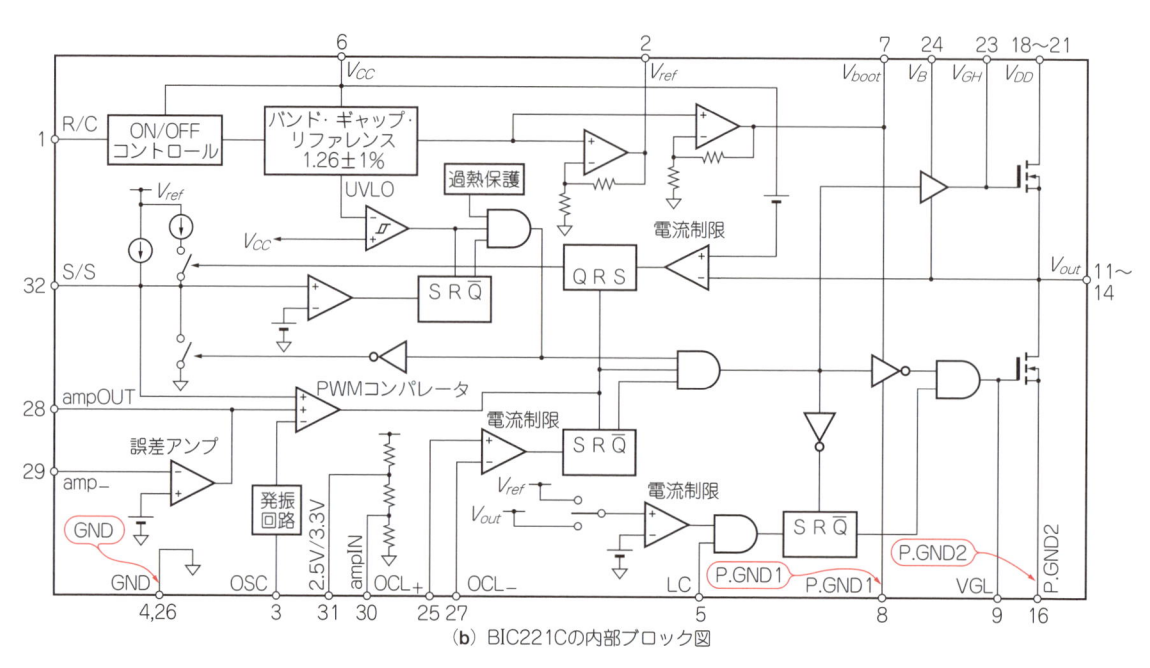

11-2 低電圧動作IC用DC-DCコンバータのパターンニング

出力用グラウンドと内部回路用グラウンドを分けるのがポイント

■ 回路の概要

同期整流式ステップ・ダウン・コンバータであるBIC221C(ベルニクス)は,制御回路とMOSFET駆動回路が一つのパッケージに入っています.**図4(b)**が内部ブロック図,**図4(a)**が周辺回路です.そして**図5**がそのパターン例です.この回路の仕様は,入力5V,出力2.5V/3A,動作周波数300kHzです.

■ 配線のコツ

● 大電流の流れるグラウンドと内部回路動作用のグラウンドを分ける

図4(b)のブロック図では,GND(4,26ピン)とP.GND1(8ピン)およびP.GND2(16ピン)といったように,ピンを細かく分けています.**図4(a)**の回路図でこれらがいっしょに描かれているからと,配線でこれらのグラウンドをすべて一括にしてしまうと,誤動作の原因やノイズの増加などにつながります.

図4[(2)] 同期整流式ステップ・ダウン・コンバータ BIC221C を使ったステップ・ダウン・コンバータ

(a) 周辺回路

(b) BIC221Cの内部ブロック図

図5[(2)] 2.5 V/3.3 A出力のDC-DCコンバータのパターンニング

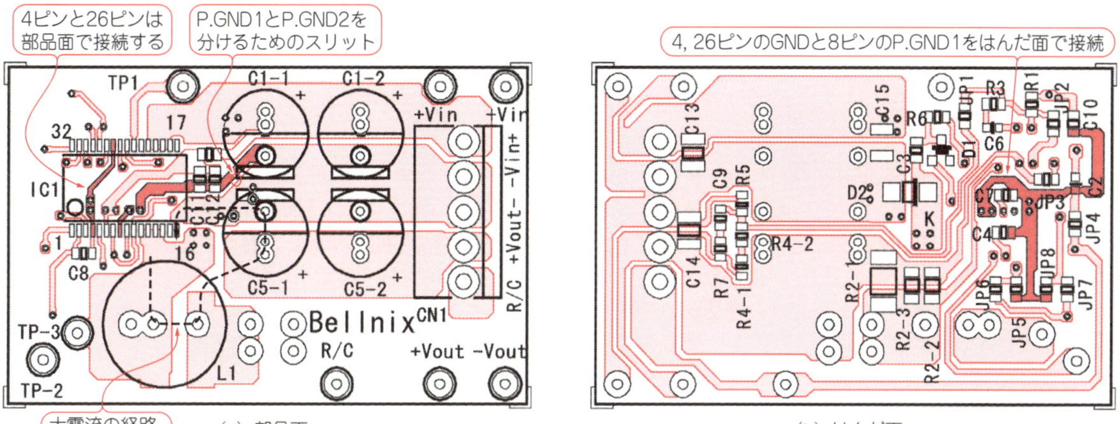

4ピンと26ピンは部品面で接続する
P.GND1とP.GND2を分けるためのスリット
4, 26ピンのGNDと8ピンのP.GND1をはんだ面で接続

大電流の経路

（a）部品面　　　　　　　　　　　　　　（b）はんだ面

　パターンの注意点は，GND（4，26ピン）は大電流が流れないようにし，P.GND1（8ピン）およびP.GND2（16ピン）と独立したパターンで配線します．

　具体的には**図5**のように，GNDの4ピンと26ピンは部品面で接続し，P.GND1の8ピンとはんだ面で接続します．

　大電流はC_5からP.GND2の16ピンを通り，V_{out}（11，12，13，14ピン）からL_1を通り，C_5に流れます．P.GND1の8ピンは，C_1からスリットを設けて接続されていますので，8ピンが接続されたパターンには，大電流が流れません．したがって，GND（4，26ピン）の接続されたパターンにも大電流は流れません．

〈浅井 紳哉〉

11-3 フォト・カプラを使ったゲート・ドライブ回路のパターンニング
ゲート配線を短くするのがポイント

■ 回路の概要

　図6は，パワーMOSFETなどが何らかの理由で破壊したときに，制御回路が壊れないように，フォト・カプラ TLP351（東芝）とダイオードを使って制御回路とパワーMOSFETを分離した回路です．動作の詳細は文献(3)をご覧ください．

オト・ダイオード側は電流駆動で，フォト・トランジスタからパワーMOSFETなどのゲート・ドライブ側は電圧駆動になります．

　そのため，**図7**のように，フォト・カプラはパワーMOSFETなどの近くに配置します．また，フォト・ダイオードのアノードとカソードの配線は🅐部の面積が大きくならないように，平行に配線します．

〈浅井 紳哉〉

■ 配線のコツ

● フォト・カプラはパワーMOSFETの近くに置く
　図7にパターンを示します．フォト・カプラのフ

図7 図6のプリント・パターン例

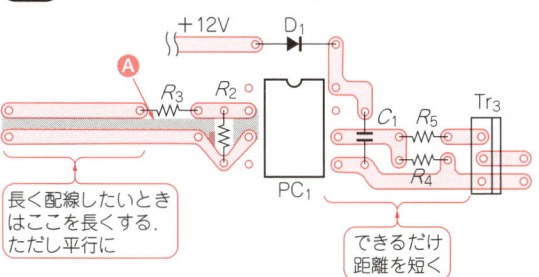

長く配線したいときはここを長くする．ただし平行に
できるだけ距離を短く

図6[(3)] フォト・カプラを使ったゲート・ドライブ回路

ここで阻止される
高電圧回路
ERA15-10（富士電機）
TLP351（東芝）
2SK2953（東芝）
マイコン
アラーム

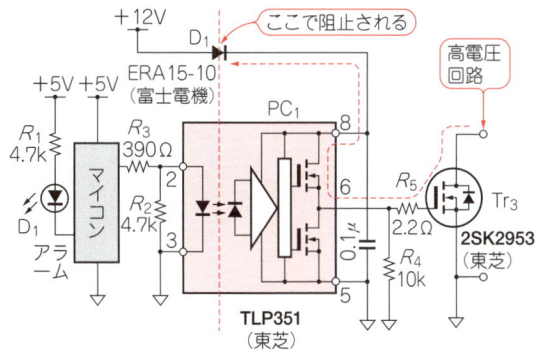

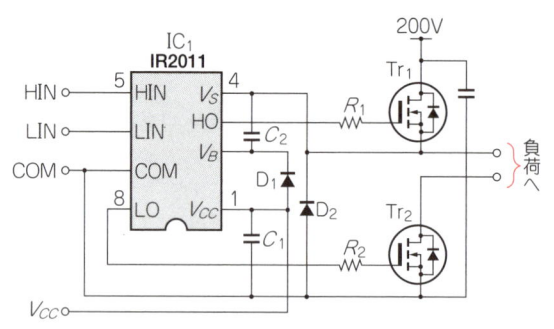

11-4 専用ICを使ったゲート・ドライブ回路のパターンニング

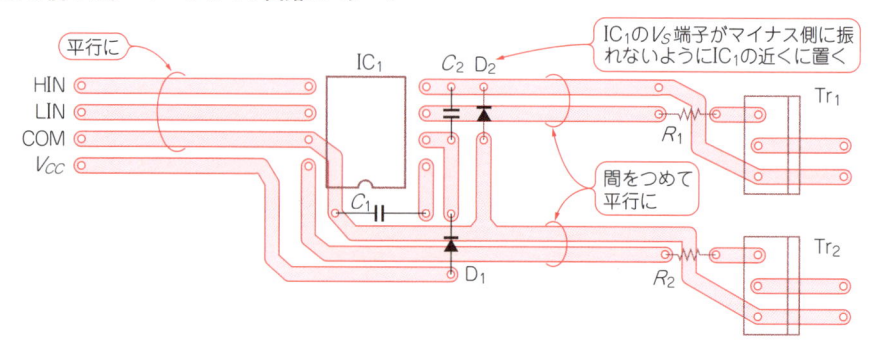

ゲート・ドライブ信号線と出力信号線はそれぞれ平行に近付けて配線する

■ 回路の概要

IR2011(インターナショナル・レクティファイアー)は，ハイ・サイドとロー・サイドのゲート・ドライブ回路を一つのパッケージに収めた8ピンのドライブICです．D級オーディオ・アンプやDC-DCコンバータのゲート・ドライブ用です．**図8**に回路を，**図9**にパターンを示します．

■ 配線のコツ

● ゲート・ドライブ信号と負荷駆動信号は平行に

ゲート・ドライブICは，パワーMOSFETの近くに配置することが望ましいのですが，離して配置する必要がある場合は，ダイオードD_2をICの近くに配置します．これは，ハイ・サイドのソース電位が振動して，IC_1の4番ピン(V_S)がマイナス電位に振れないようにするためです．

ゲートとソースの配線は，Tr_1とTr_2の誤動作を防ぐため平行に，かつ，間を空けないよう配線します．同じように，制御信号の入力パターンもCOMパターンと平行に配線します．

〈浅井 紳哉〉

◆引用文献◆
(1) NCP1117データシート，オン・セミコンダクター㈱．
(2) BIC221Cデータシート，㈱ベルニクス．
(3) 木下 隆；パワーMOSFETやIGBTを安全に駆動する回路，トランジスタ技術，2004年1月号，p.183，CQ出版社．
(4) IR2011データシート，インターナショナル・レクティファイアー・ジャパン㈱．

(初出：「トランジスタ技術」2005年6月号 特集第9章)

図8[(4)] 専用ICを使ったゲート・ドライブ回路

図9 専用ICを使ったゲート・ドライブ回路のパターン

Appendix 3

個人であっても1枚からの試作に対応してくれるところを探そう

プリント基板製造メーカ一覧

プリント基板は数枚の試作であれば小さな基板でもとても高くつきますが，量産になると1枚あたりの単価は2桁も下がります．従って，研究や実験，あるいは個人の工作のように，数枚で終わるような場合（「リピートなし」という）は，できるだけ安く作ってくれる業者を探すことが重要です．

表1は，個人であっても1枚からの試作に対応してくれる業者の一覧です．

P板.com（ピーバンドットコム）は，ネット通販を利用した少数試作基板製造の草分け的存在で，現在でもシェアはナンバーワンです．表1のように，ネットからのワン・クリック見積もりの結果も，他社をリードする値付けです．発注後の電話対応（ミスの指摘）も親切で，当日中であれば納期の延滞なく対応してくれます．また，面付け[*1]も無料でCAD入力してもらえます．

格安基板の製造は韓国か中国で納期は5日〜1週間程度です．例年2月は旧正月にあたり，半月程度の休みがあるので，注意が必要です．納期が非常に短い（1日〜2日）特急コースは，国内生産のようですが費用は2倍以上になります．

試作基板の場合，海外メーカは格安です．なかでもブルガリアのOlimex（オリメックス）社がよく利用されています．基板の入手には10日程度見ておいたほうがよいと思います．

基板の大きさ（最大値）が決まっており，表1の例は160×100 mmのハーフ・ユーロ・カード・サイズの場合です．面付けも無料で対応してくれます．追加料金のない最小ドリル・サイズが28 milと大きいので注意が必要です．注文の際には，クレジット・カードの他に，国際FAXを送る必要があります．FAXは，NTT加入電話やコンビニから簡単に送ることができます．

シルバー・サーキッツはマレーシアの会社で，これも格安です．FAX送付は必要なく，クレジット・カードだけでOKです．なお，後日消費税だけが別途請求されます．

〈漆谷 正義〉

[*1]：多面付け，パネライズ，共取りとも言う．同じパターン，あるいは異なったパターンを1枚の大きな基板に複数配置して製造すること．個々の基板は完成時あるいは実装後に切り出す．たいていのPCB-CADには面付け機能が備わっている．

表1 個人であっても1枚からの試作に対応してくれる業者の一覧

業者名	会社名	URL	所在地	見積例[注]（100×80 mm）
P板.com（ピーバンドットコム）	㈱インフロー	http://www.p-ban.com/	東京都	22,200
プリント基板センター（PB）	㈱東和テック	http://pcb-center.com/	静岡県	23,667
プリント基板.net	㈱キーストーンテクノロジー	http://www.print-kiban.net/	横浜市	24,509
System Gear（システムギア）	㈱システムギアダイレクト	http://www.systemgear.jp/kiban/	宝塚市	25,051
Olimex（オリメックス）	Olimex Ltd.	http://www.olimex.com/pcb/index.html	ブルガリア	EUR30
Custom PCB（カスタムPCB）	Silver Circuits Sdn Bhd.	http://www.custompcb.com/	マレーシア	$118

注▶ EUR30 ≈ 3,500.-　　$118 ≈ 9,500.-（いずれも送料と消費税が別途必要）．無記入の単位は円．

Appendix 4

経費と時間のロスを未然に防ぐ

基板発注チェック・リスト

　PCB-CADでルール・チェックが通ると，すぐプリント基板製造メーカに発注したくなります．しかし，実際には思わぬミスが隠れているものです．ちょっと時間を割いて**表1**のチェック・リストにマークを入れてください．

　ボードの未配線は，EAGLEでは黄色のネットとなって残りますが，これ自体はERC/DRCエラーにはなりません．基板入手後にパターンが切れていることで初めて気がつくということもあります．

　業者提供のルール・チェック・ファイル（EAGLEでは.dru）を組み込んでおけば，最小穴径，最小ランド径，レジスト径，最小パターン間隔，最小パターン幅の違反はなくなります．

　実装時に部品の寸法が合わない，表裏が逆などのミスを防ぐには，PCBパターンを実寸で印刷してその上に部品を載せてみることです．

　このほか，パッド径が小さすぎてはんだ付けをするとすぐパッドがはがれる，パターン幅が狭すぎて電流容量が足りない，高圧がかかるのにパターン間隔を広げなかったなどのミスは新人では日常茶飯事です．このチェック・リストに，職場でよく発生するミスを追加しておけば，業者に迷惑をかけることもなく，基板の作り直しによる経費と時間のロスもなくなります．　　　　　　　　〈漆谷　正義〉

表1 基板発注チェック・リスト

チェック項目	確認	チェック項目	確認
① 未配線ネットは残っていないか		⑳ Vカットが短かすぎないか	
② 業者基準のルール・チェックはOKか		㉑ ドリル・データをチェックしたか	
③ 部品外形図とフット・プリントが合っているか		㉒ ドリル穴とリード線径に余裕があるか	
④ 電流容量相当のパターン幅か		㉓ パッド径が小さすぎないか	
⑤ 各層のデータを個別に見たか		㉔ レジストの形状はOKか	
⑥ 実寸パターンに部品を置いて見たか		㉕ レジストを塗布しないエリアの有無確認	
⑦ 部品の向きは合っているか		㉖ 基板外形図を作ったか	
⑧ 部品高さ制限を確認したか		㉗ 外形線ガーバ・データを出力したか	
⑨ コネクタのピッチ，オス/メスは正しいか		㉘ 外形寸法は正しいか	
⑩ 部品配置禁止領域を確認したか		㉙ 電解コンデンサの極性は見やすいか	
⑪ ベタ・グラウンドが切断していないか		㉚ シルクが部品で隠れないか	
⑫ 浮きベタを削除したか		㉛ モデル名，会社名を入れたか	
⑬ サーマルの有無，形状を調べたか		㉜ 提出用ガーバ・データを揃えたか	
⑭ 追加スルー・ホール数は十分か		㉝ ガーバ・ビュワで確認したか	
⑮ 高圧パターンの沿面距離は取ったか		㉞ ドリル・データを揃えたか	
⑯ 発熱部品の近辺を空けているか		㉟ 製造指示書にファイルの説明があるか	
⑰ チェッカ・ランドを設けたか		㊱ 送付ファイル・リストを作ったか	
⑱ 取り付け穴にドリル穴を設けたか		㊲ 送付ファイルを圧縮したか	
⑲ ミシン目，Vカットを入れたか		㊳ 面付けの指示は出したか	

第12章 EAGLE無償版のインストールと起動まで
PCB-CADを使って基板設計を体験しよう

プリント基板設計のポイントはツールに慣れることです．腕試しに，容易に入手できるプリント基板CADを使って，実用的な回路を設計してみましょう．製作するのは，256個のLEDを並べた電光表示板の駆動回路です〔システム全体については参考文献(1)を参照〕．

本章から第15章までを使い，基板の設計と製作について手順を中心に詳しく説明します．
- 第12章…EAGLEのインストールと起動
- 第13章…PCB設計用回路図を入力する方法
- 第14章…部品ライブラリの追加作成の方法
- 第15章…パターン作成および基板データの準備と発注

電光表示板は，同じ回路ブロックが多数あるので，どうしてもプリント基板が必要になります．1枚の表示板の，ドットの総数は16×16ですから，合計256個のLEDを駆動することになります．5文字であれば，256×5＝1280個となります．16×16のマトリクスをダイナミック点灯することで，LED駆動回路の数を大幅に減らすことができます．この場合でも，文字数ぶんだけのドライバはやはり必要です．

● PCB-CAD "EAGLE" の特徴

商用PCB-CADのいくつかには「体験版」として試しに使ってみることのできるバージョンがあります．試用が目的ですから，いくつかの制限がありますが，多くはフリー(無料)で提供されています．なかでもドイツのCadSoft社が開発した「EAGLEレイアウト・エディタ」は，使いやすさ，手頃な価格，部品ライブラリ数の点で優れており，実用的なフリー版があるので，入門用としてお勧めです．

特に，フリー版の中にオート・ルータ(自動配線機能)が含まれていることは驚きです．これにより，パターンの設計時間を大幅に短縮することができます．実際，このLEDディスプレイ基板の場合も，オート・ルータで一瞬にして基板のパターンを描くことができます．

◆参考文献◆
(1) 寺西 貫；LEDディスプレイ・パネル活用法，トランジスタ技術，1988年10月号，p.479，CQ出版社．

12-1 最新ツールをインターネットから入手する PCB-CAD EAGLEのダウンロードと無償版のインストール

● "EAGLE"のダウンロードとインストール

EAGLEのフリーウェアは，以下のCadSoft社ホームページからダウンロードします(図1)．

http://www.CADsoft.de/ (ドイツ語)
http://www.CADsoftusa.com/ (英語)

● インストール環境

EAGLE5.11をインストールするためには次の環境が必要です(Windows版の場合)．
- Windows 2000，Windows XP，Windows Vista，またはWindows 7
- ハード・ディスク空き容量100Mバイト以上．
- ディスプレイ解像度1024×768ピクセル以上．
- 3ボタン・マウス推奨．

図1 CADSoft社のホームページ(英語版)
左端または右上の"Download"をクリックする．

図2 ダウンロードのページ
Windows版のファイル・リストをクリックする.

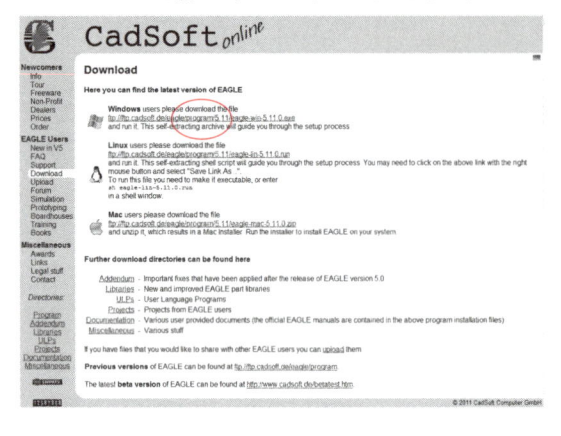

図3 ファイルのダウンロード画面
ファイル名を確認して「実行」をクリックする.

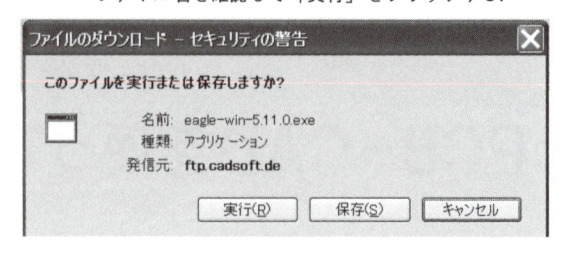

図4 圧縮ファイルを解凍して実行する
「Setup」を選んでインストールを開始する.

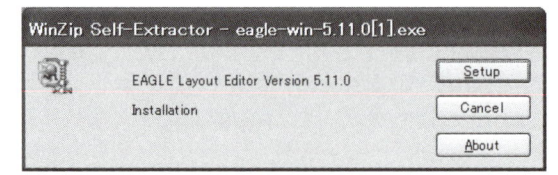

図5 EAGLEのウェルカム・スクリーンが表示される
「Next」を選んで,セットアップを開始する.

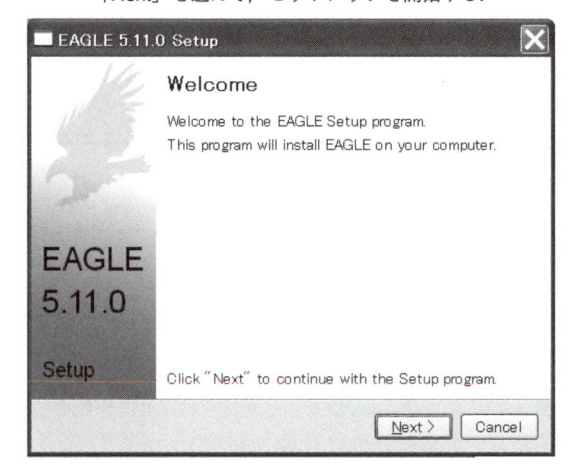

図6 ソフトウェア使用許諾の確認画面
提示されている使用条件で良ければ「Yes」を選ぶ.

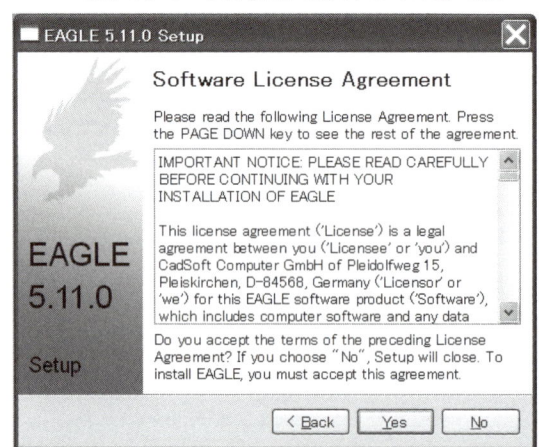

図7 インストールするフォルダの指定画面
指定されたディレクトリで良ければ「Next」を押す.

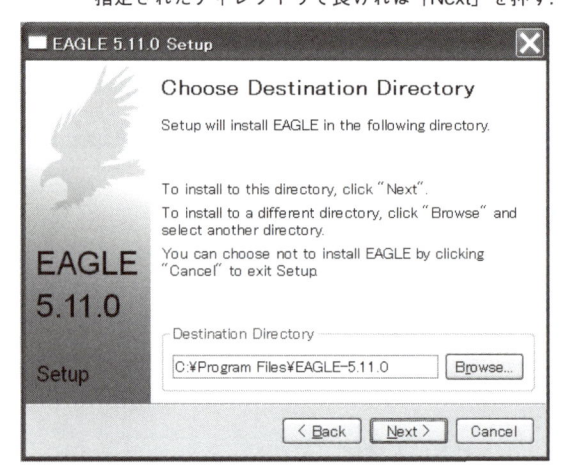

"Download"をクリックすると,**図2**のファイル・リストが表示されます.本書執筆時の最新のバージョンは5.11ですのでこれに基づき説明します.Windowsの他に,Linux,Macにも対応していますが,Windowsの場合を説明します.ファイル名をクリックすると,**図3**のセキュリティの警告が出ます.ここでは「実行」を選択します.

図4のダイアログで"Setup"をクリックするとファイルの解凍が始まり,その後,**図5**のようなEAGLEセットアップのタイトルが表示されます.

"Next"を選ぶと,**図6**のソフトウェア使用許諾の承認画面となります."Yes"を選ぶと,**図7**の画面

図8 インストール先の確認画面
問題なければ"Next"を選び次に進む．

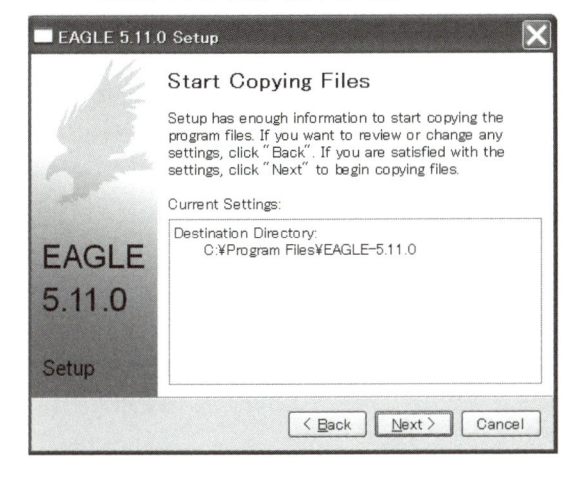

図9 ファイルのコピーの進捗状況
EAGLEのプログラムがコピーされる．

図10 ライセンスの選択画面
ここではフリーウェア版を選択する．

図11 インストール完了画面
"Finish"を押してセットアップを終了する．

図12 図12 EAGLEのプログラム一覧表示
"EAGLE 5.11.0"をクリックするとスタートする．

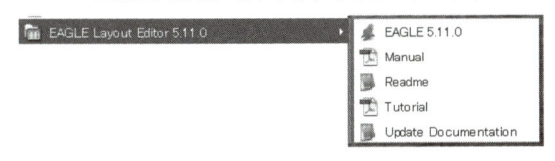

表1 EAGLE無償版の制限事項

項 目	仕 様
用途	非営利目的
基板サイズ	100×80 mm
層数	2層まで
回路図	1枚のみ

となります．

インストールするフォルダに指定がなければ，"Next"を選びます．**図8**は確認画面ですので，"Next"により次に進みます．

ファイルのコピーが始まり，**図9**のように進捗状況が表示され，完了すると**図10**の画面となります

ここでは，"Run as Freeware"を選びます．フリーウェア版には**表1**のような制限があります．

"Next"をクリック後，**図11**の画面が出ればインストールは終わりです．

Windowsの「スタート」から，**図12**のように，新しいプログラム"EAGLE Layout Editor"にアクセスできます．

12-1 PCB-CAD EAGLEのダウンロードと無償版のインストール

12-2 EAGLEの起動と回路図入力の準備
新規プロジェクトを作成する

● EAGLEのプログラムを実行する

図12のリストから，"EAGLE 5.11.0"を選ぶと，**図13**のような画面が現れます（新規ディレクトリ作成のワーニングが出る場合は，すべて"No"とする）．これをコントロール・パネルと呼びます．この一覧はツリー・ビューと言い，設計に必要なファイルが目的別に分類されています．＋印（Windows7では△印）はこの中がさらに展開できることを意味します．

● 新規プロジェクトと回路図の作成

まず，新規プロジェクトを作成します．メニューからFile→New→Projectと選択すると，ツリー・ビューに新しいフォルダが追加されます（**図14**）．

このフォルダを右クリックしてRenameを選ぶと名前を変えることができます．ここではプロジェクト名をled_driverとします．プロジェクト名の右側には丸いドットがありますが，これは作業中のプロジェクトかどうかを意味します．作業中（カレント）であれば緑色，作業中でなければ灰色で，クリックにより反転します．その右側の説明欄（Description）の内容は，プロジェクト名を右クリックして，Edit Descriptionを選べば編集することができます（**図15**）．

次に回路図を追加します．プロジェクト名を右クリックするとメニューが現れるので，New→Schematicとします．すると，**図16**のような回路図編集画面が現れます．

さっそく回路図を入力してみましょう．ここで取り上げるのは16×16個のLEDの駆動回路で，**図17**のような回路です．次章ではこの回路図をEAGLEに入力していきます．

回路図を入力するといっても，**図17**の回路を単に写すわけではありません．おのおのパーツのフット・プリント（足のパターン）を同時に作成していきます．かなり面倒な作業ですが，この回路図さえ完成すれば，後は自動配線機能によりパターン図が一瞬に出来上がります．

〈漆谷 正義〉

図13 EAGLEのコントロール・パネル
設計に必要なファイルがフォルダごとに分類されている．

図14 新しいプロジェクトのプレース・フォルダ
"New Project"という名前のプロジェクトができる．

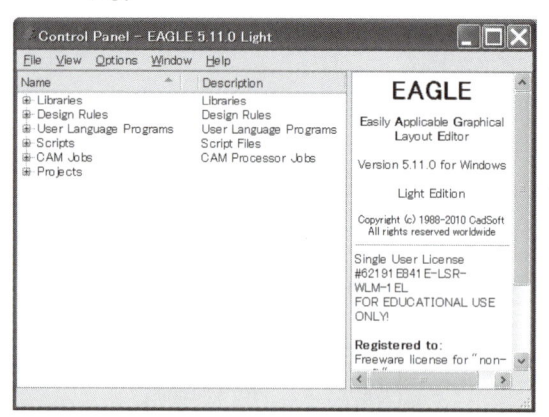

図15 プロジェクト名をled_driverに変える
Description（説明）欄も書き換えた．

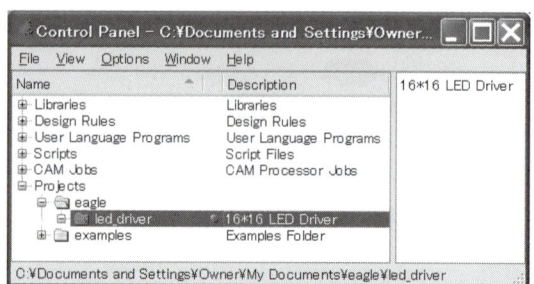

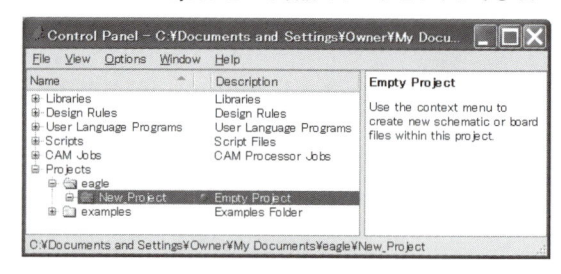

図16 EAGLEの回路図編集画面
左側のツール・バーは基本操作のアイコン群．

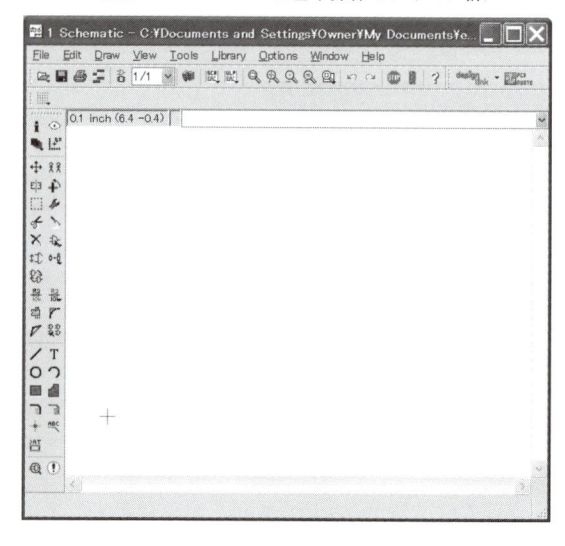

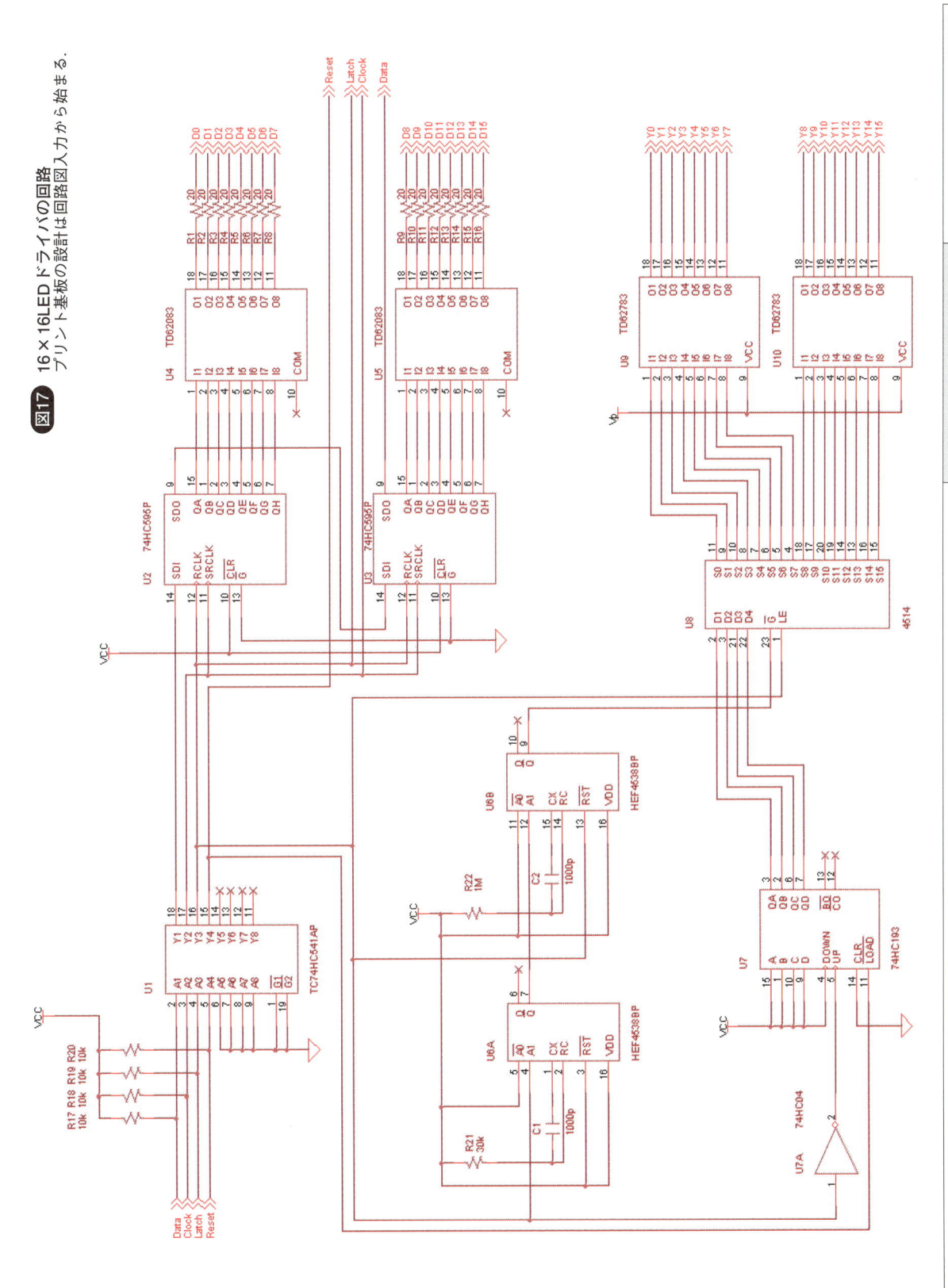

図17 16×16 LEDドライバの回路
プリント基板の設計は回路図入力から始まる．

12-2 EAGLEの起動と回路図入力の準備

徹底図解★プリント基板作りの基礎と実例集

第**13**章
PCB設計用回路図をEAGLEに入力する

プリント基板設計用の回路図を作ろう

　プリント基板のパターン設計においては，いきなり基板のパターンを描くという手順は普通取りません．
　基板設計の大元になるのは第12章**図17**のような回路図です．これを元にして，まず，部品とフット・プリント注13-1を対応させた回路図を作り，部品の足どうしの配線を行って，最後にネット・リスト注13-2に変換します．
　部品とフット・プリントを対応させるのは，かなり面倒な作業です．しかし，これさえできれば，あとは部品を基板に配置して，ラッツ・ネスト注13-3を追ってパターンを描くか，自動配線を行えば基板は完成します．これは経験を積めば比較的楽な作業になります．
　それでは最初に部品とフット・プリントを対応させてみましょう．

＊注13-1：部品の足を取り付けるための穴やパターンのこと．Appendix 2も参照
＊注13-2：部品の足どうしを結ぶ配線情報のこと
＊注13-3：ネット・リストに対応した部品間の結線情報のこと．これに沿ってパターンを描いていく

13-1　既存ライブラリをそのまま使う　ディジタルICを回路図に追加する

● ディジタルICを回路図に追加する

　最初に入力する回路は，**図1**に示すディジタルIC TC74HC541APとその周辺回路です．
　まず，EAGLEの配線入力（Schematic）画面を開いてください（第12章**図16**）．ここに，U1のディジタルIC，TC74HC541APを追加します．
　次に，コントロール・パネルを開いてください．この中のLibrariesを展開します（**図2**）．
　この一覧から，74xx-eu.lbrを探し出し，これを展開して，さらに74＊541を探します．これをダブル・クリックすると，**図3**のような画面が現れます．図の右端上がフット・プリントです．
　さて，この一覧にある部品を順にクリックして見ると，**図4**のような3種類のフット・プリントがあるようです．この中のどれを選べば良いのでしょうか．型名（Name）の欄が一つのヒントになるのですが，この一覧には残念ながらTC74HC541APそのものは入っていません．

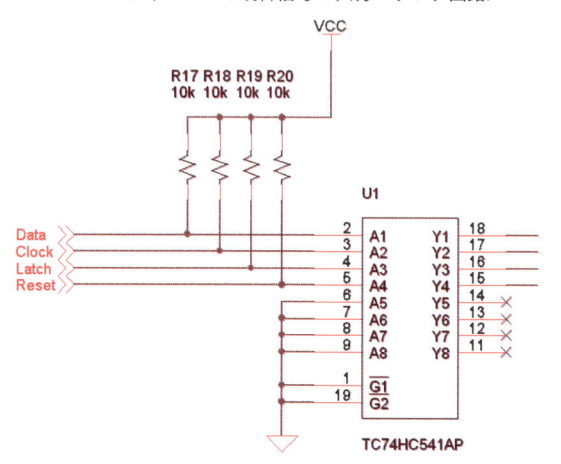

● ディジタルICの型番とフット・プリントの関係

　ディジタルICには，**表1**のように，型番の付け方に一定のきまりがあります．
　冒頭のメーカ型番は**表2**のようになっています．
　また，末尾のAPは，東芝製品の場合で，Aが改定バージョン記号，PがプラスチックDIP注13-4を意味します．Fなら表面実装用のフラット・パッケージです．米国製品（TI，ONなど）では，NがプラスチックDIPを意味します．
　さて，APのPは，プラスチックDIPですから，これは一覧の中の74HC541Nと同じパッケージということがわかります．**写真1**は，74HC541APの実物です．

図1　TC74HC541APとその周辺回路
　LEDディスプレイ制御信号の入力バッファ回路．

＊注13-4：Dual In Line Packageの略で，ICの足がパッケージの両側に出ているタイプ．

図2 コントロール・パネルのLibrariesを展開する
74xx-eu.lbrの中から74*541を探す.

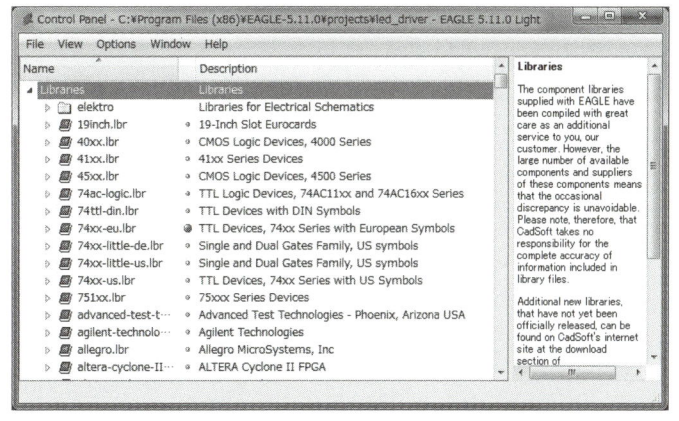

図3 回路図に追加する部品の選択画面
部品のシンボルとフット・プリントが対になっている.

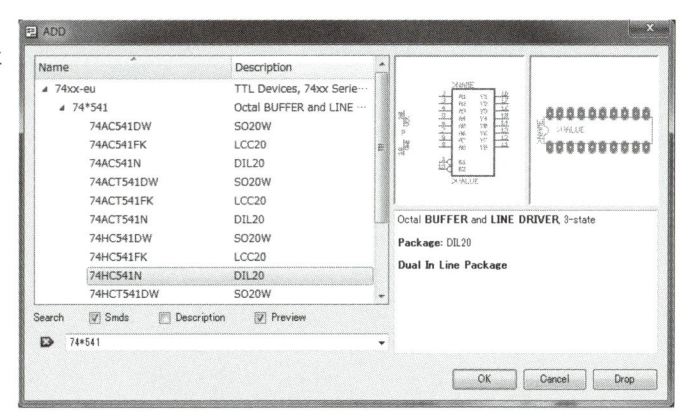

図4 74*541のフット・プリントの種類
DIL, SO, LCCの3種類ある. 異なる型名のものも使える.

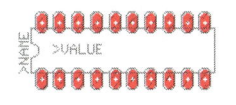

(a) DIL
(b) SO 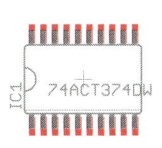
(c) LCC 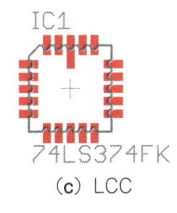

表1 ディジタルICの型番のきまり
冒頭の*はメーカ型番, 右の*は品種型番.

型番	種別	特徴
74	TTL	標準
74H		高速
74L		低電力
74S		ショットキー
74LS		低電力・ショットキー
74HC	CMOS	標準
74HCT		TTL互換
74AC		高速
74ACT		高速・TTL互換

写真1 74HC541APの外観
20ピンのプラスチックDIPパッケージである.

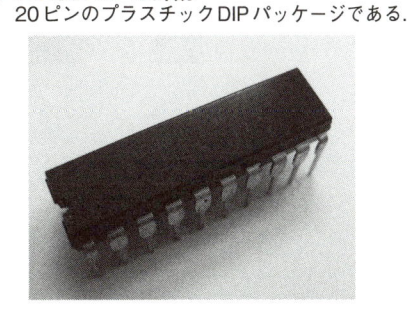

表2 ディジタルICのメーカ型番
現在,汎用ディジタルICの主要メーカはこの3社である.

型番	略称	社名
CD	TI	テキサス・インスツルメンツ
MC	ON	オン・セミコンダクタ
SN	TI	テキサス・インスツルメンツ
TC		東芝

13-1 ディジタルICを回路図に追加する

図5 TC74HC541APの外形寸法図
外形図はIC仕様書に記載されている．

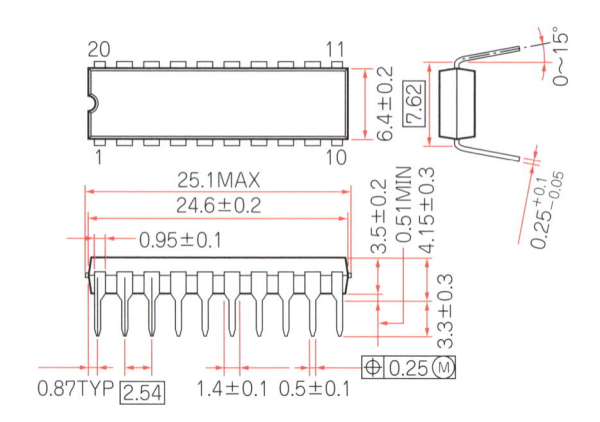

図6 回路図に部品を追加する
ICシンボルを適当な位置に配置する．

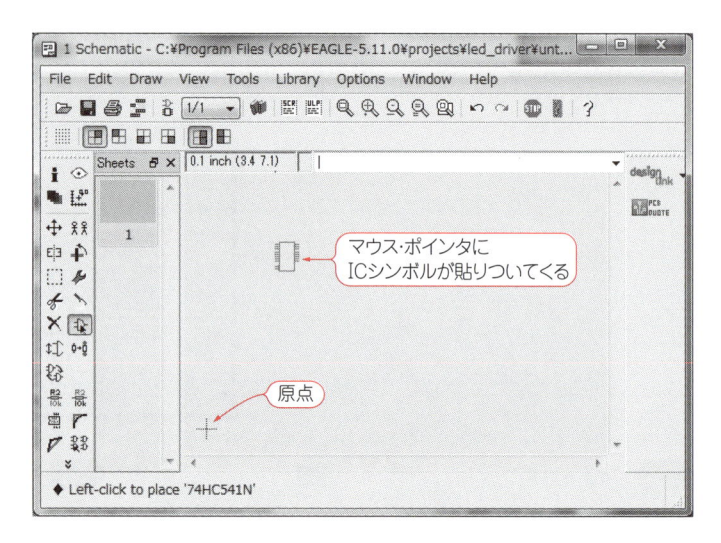

● 外形寸法図とフット・プリントを照合する

このように，与えられた回路図をもとに，プリント基板を設計する場合，フット・プリントの情報が不可欠です．従って，業者にパターン設計を依頼するときは，回路図とともに，使用部品のフット・プリントの図，または外形寸法図を提出します．**図5**は，TC74HC541APの外形寸法図です．多くの場合，IC仕様書の末尾ページに記載されています．自分でパターン設計をする場合は，外形寸法図（**図5**）か，現品（**写真1**）を実測するなどして寸法を読み取り，**図3**のフット・プリントでよいかどうかを確認します．

さて，この外形寸法図（**図5**）は，**図4(a)**の"DIL"（Dual In Line）に相当するだろうことは見た感じで分かりますが，寸法が確認できないので，一抹の不安が残ります．この確認方法については，のちほど，ライブラリ・エディタを使いますので，そこで説明します．

● 回路図にディジタルICを描く

では，このディジタルICを回路図に追加しましょう．**図3**でOKをクリックすると，**図6**のように，マウス・ポインタにICシンボルが貼り付いてきます．

画面の＋印は回路図の原点ですので，この近辺で左クリックしてICを配置します．配置終了は上部のコマンド・バーにある**STOP**です．

13-2 ICの周辺回路を入力して回路図を作成する
抵抗, コンデンサ, コネクタ, 電源など

● 実際に使用する抵抗を選ぶ

次に，図1中の，U1の左側にある4本の抵抗を追加しましょう．

今までの作業で分かったと思いますが，最初に必要な情報は「どのような形をした抵抗か」ということです．これはふつう回路図に明記されていません．

同じ10 kΩでも，カーボンか金属被膜か，リード付きか面実装か，ラジアルかアキシャルか，その他，精度，定格（ワット数）や寸法など実に多くの選択項目があります．しかし，プリント基板設計で必要なのは，あくまで形であり，特にフット・プリントなのです．

さて，この回路図には，抵抗の定格電力（ワット数）が書いてありません．そこで，概算してみると，最も電流が流れるケースは端子が0 Vの場合ですから，$P = E^2/R = 5^2/10\,\text{k} = 2.5$ mWです．一般に入手可能な抵抗は1/10 W以上ですから，定格は気にしなくてよいということです．また，プルアップ抵抗ですから，抵抗値の精度も5％で十分です．

そこで，実装のしやすさを考えて，ここではリード付きカーボン抵抗の1/6 Wを使うことにします．図7は外形寸法図です．

● 抵抗の実装方法

図7を見ると，抵抗の外形は分かりますが，これをどのように基板に取り付けたらよいのか分かりません．リード付き抵抗を基板に取り付ける方法としては，図8のように，アキシャルとラジアルの二つがあります．

基板の高さ制限があるときは，(a)のアキシャルが，基板面積が狭い場合は，(b)のラジアルが適しています．ラジアルは部品に力を加えると容易に倒れて部品どうしが接触することがあります．よって，特に必要がなければアキシャルがよいでしょう．図7から，長さは最大で3.4 mmですから，取り付け穴の間隔が5 mmであれば問題なく入りそうです．

● 回路図に抵抗を追加する

さて，抵抗の追加ですが，今度は，ツール・ボックスから，ADDをクリックしてみましょう．

ADD画面のName欄には何も表示されないかも知れません．この場合は，コントロール・パネルに戻り，Librariesを右クリックして，プルダウン・メニューからUse Allを選びます．なお，ここでLibraries自体に何もない場合は，Option→Directoriesで，ライブラリのフォルダ（Program Files¥EAGLE-5.11.0¥lbr）を指定すれば表示されます．必要なライブラリは，rcl（.lbr）です．これを展開すると，図9のようになります．この中のR-US_をダブル・クリックすると，図10

図8 カーボン抵抗の取り付け方法
アキシャル（横置き）とラジアル（縦置き）の2通りある．

図7 1/6 Wカーボン抵抗の外形寸法図
この図だけでは対応するフット・プリントは決まらない．

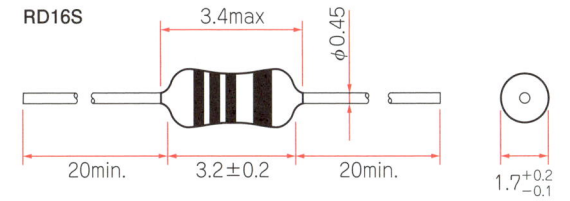

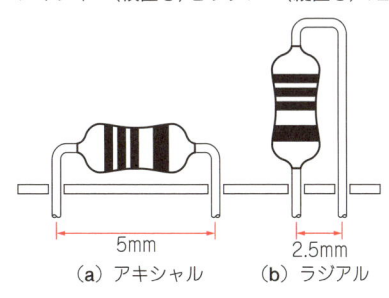

RD16S　3.4max　φ0.45　20min.　3.2±0.2　20min.　$1.7^{+0.2}_{-0.1}$

(a) アキシャル　5mm
(b) ラジアル　2.5mm

図9 5 mmピッチ，アキシャルの抵抗を探し出す
抵抗は，rcl.lbrのR_US_の中にある．

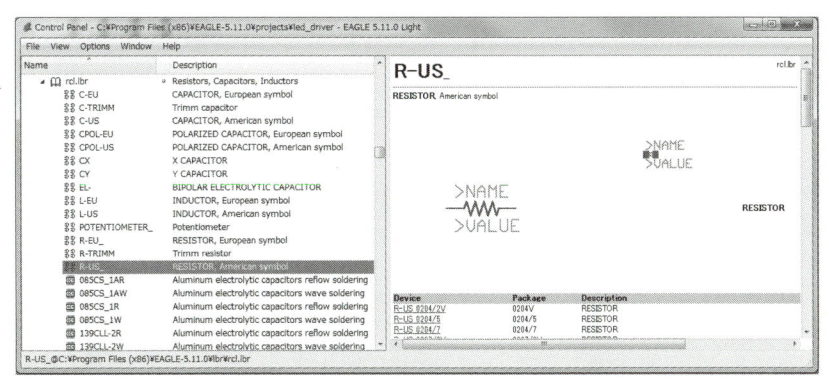

図10 抵抗の追加画面
右上の左がシンボル，右がフット・プリントである．

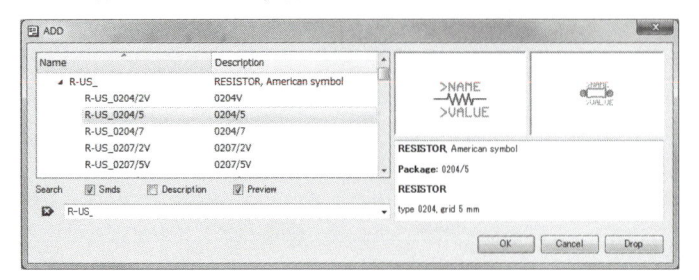

図11 抵抗を4個貼り付ける
マウスの右クリックでシンボルを90°回転できる．

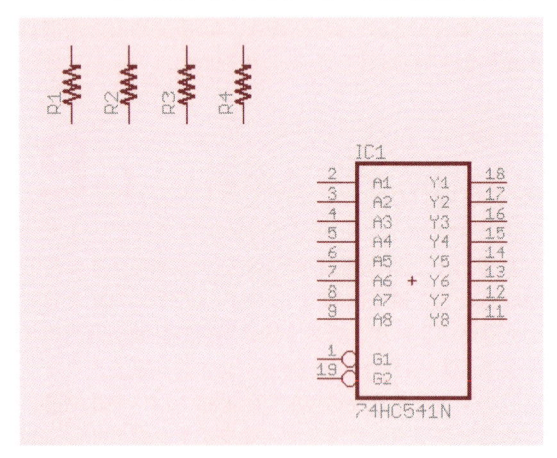

図12 部品どうしを配線する
部品の端子部分で左クリックし，ドラッグする．

図14 電源シンボルVCCとGNDを追加する
さらにNetコマンドで抵抗やICに接続する．

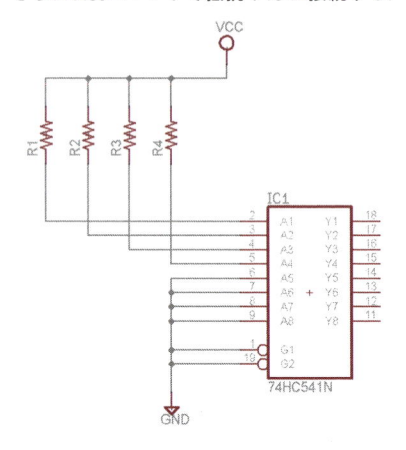

図13 電源とグラウンドのライブラリ
シンボルだけで，フット・プリントはない．

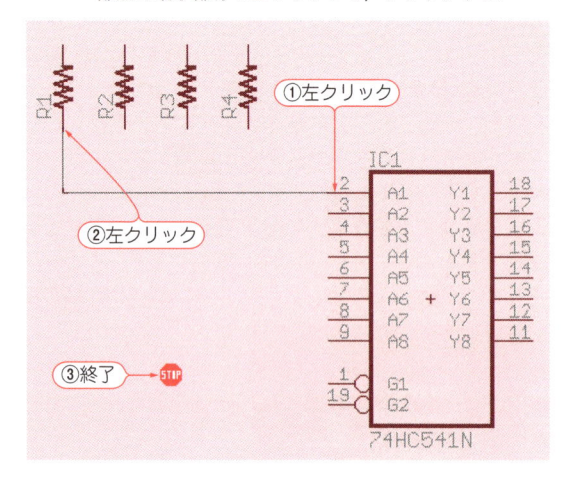

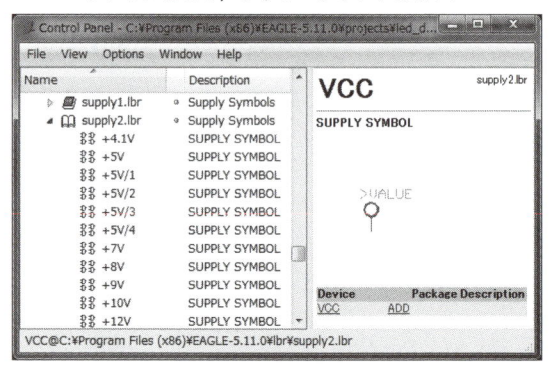

の画面が現れます．
　この中から，R-US_0204/5を選びます．直径2 mm，長さ4 mmの外形で，部品取り付けグリッドの間隔が5 mmという意味です．**図7**と照合すると，この外形以内となっています．
　OKを押すとマウス・ポインタに抵抗シンボルがくっついてきます．この状態で右クリックするごとに，シンボルが左に90°回転します．左クリックで貼り付

けることができます．**図11**のように，4個の抵抗を貼り付けてください．終了は，[STOP]又は[]をクリックします．抵抗の参照番号が**図1**とは違いますが，後で変更できるので，このままにしておきます．

● **部品どうしを配線する**
　配線は，ツール・ボックスのNetをクリックし，**図12**のように，接続したい部分で左クリックし，ドラッグすると線の先がマウス・ポインタにくっついてきます．相手の端子で再度左クリックして配線終了です．
　やりなおしは，Undoをクリックします．同様にして，R_2，R_3，R_4も配線してください．

● **部品を電源やGNDにつなぐ**
　電源（VCC）やグラウンド（GND）もライブラリに入っています．
　図13のように，supply2を開き，この中のVCCを選んでください．これを**図14**のように配置し，4個の抵抗とネットで接続します．
　次に，ADDコマンドで，supply2.lbrのGNDを選び，同じように配線します．

図15 EAGLEの回路図を保存する
拡張子の.schを必ず付けておく.

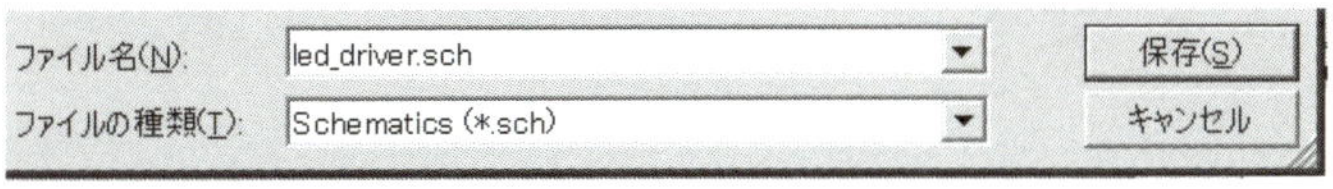

ファイル名(N):	led_driver.sch		保存(S)
ファイルの種類(T):	Schematics (*.sch)		キャンセル

図16 プロジェクト名の下に回路図が追加された
次に開くときはファイル名をダブル・クリックする.

```
Projects
├─ eagle
│   ├─ led_driver        16*16 LED Driver
│   │   └─ led_driver.sch
│   └─ examples          Examples Folder
```

図17 部品の値を設定する
Valueコマンドに続けて抵抗の中央部をクリックする.

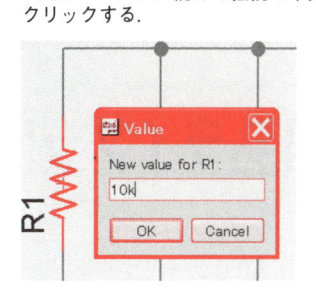

図18 IC 4個とコネクタ2個を結線する
ここまではライブラリにあるデバイスで配線できる.

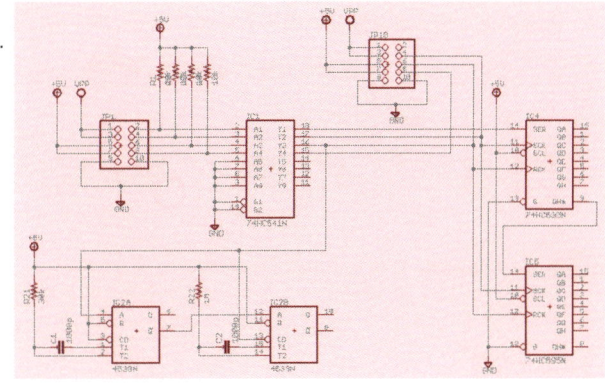

● 回路図の保存

　ここで一度作成中の回路図を保存しておきましょう．■Saveコマンドをクリックするか，File→Save As…とすると，保存ダイアログが現れます．保存ディレクトリは，マイドキュメント¥EAGLE¥などと指定されていますが，これは，コントロール・パネルの，Options→Directoriesで次のように設定されているためです．

　　$HOME¥EAGLE:$EAGLEDIR¥projects¥examples

　この部分を書き直せば，保存するディレクトリを変更できます．指定されたディレクトリで良ければ，**図15**のように名前を付けて保存します．このとき，拡張子の.schを忘れずに付けておきます．

　保存が完了すると，**図16**のように，コントロール・パネルのプロジェクト名の下に回路図が追加されます．

● 部品や配線の移動・消去，画面のズームなど

　一度描いた部品や配線を移動したい場合は，✜Moveコマンドを，消去したい場合は，✕Deleteコマンドを使います．複数の部品を一括して移動・消去するには，▭Groupコマンドで範囲をドラッグした後，✜Moveや✕Deleteをクリックして，範囲内でCtrlを押しながら右クリックします．

　配線図が，表示画面の端のほうに来た場合は，🔍Fitコマンドにより画面中央に戻せます．画面の拡大・縮小はマウスのスクロール・ダイヤルか，⊕Inと⊖Outによりズームできます．画面のパン(移動)は，マウスのセンタ・クリック&ドラッグです．

　すでに回路図にある部品をコピーして貼り付けたいときは，Copyをクリックしてその部品を左クリックし，そのまま貼り付けたい場所に移動して左クリックします．

● 部品の値を設定する

　次に抵抗の値を設定します．ツール・ボックスのValueコマンドをクリックします．続いて抵抗シンボルの中央にある＋印をクリックして，**図17**のように値を記入します．

● コネクタを描く

　U1の左側の入力端子は，ピン・ヘッダを使うと便利です．電流容量を増やすために，電源とGNDにそれぞれ2個のピンを割り当てます．ピン・ヘッダは，pinhead-PINHD2x5です．さらに，TC74HC595APとHEF4538BPも配置します．セラミック・コンデンサのフット・プリントは，rcl-C-EU050-024X044を使います．ここまでの回路図は**図18**のようになります．

　続いて，74HC193やTD62083などを追加しましょう．しかし，ライブラリに該当するデバイスがありません．そこで，次章ではライブラリに入っていないデバイスのシンボルやフット・プリントを自分で作ってみましょう．

〈漆谷　正義〉

第14章
基板作成に必要な部品ライブラリについて詳述する

部品ライブラリを追加して回路図を完成させる

　PCB-CADを使ってプリント基板を設計するときに，どうしても避けて通れないのが，部品ライブラリの追加です．CADに準備されている部品ライブラリは，既存のよく使われる部品に限られます．しかし実際の回路図には，新規部品や自分で巻いたコイルなど，ライブラリにない部品が必ず含まれています．このようなときは，ネット上でその部品のライブラリがないか探して，なければ外形図をもとに自分で作る必要があります．

14-1　ピン順と外形が同じ部品がある場合
よく似た部品を探す…その1

図1 74*193類似の74*192のライブラリ
193と192はシンボルもフット・プリントもまったく同じである．

　回路図中の74HC193は，EAGLEのライブラリには載っていません．しかし，よく似た74HC192Nならあります（**図1**）．
　193と192の仕様を比べると，シンボルとフット・プリントはまったく同じです．このような場合，この部品をコピーして，74*193のライブラリを作ればよいのです．
　まず，自分専用のライブラリ・フォルダを作りましょう．コントロール・パネルのプロジェクト名の上で右クリックし，New→Libraryを選択すると，ライブラリ・エディタが表示されます．次にコントロール・パネルのLibraries→74xx-eu.lbr→74*192を右クリックし，Copy to Libraryを選ぶと，自分のライブラリにコピーすることができます．
　コピー後，ライブラリ・エディタに表示されている

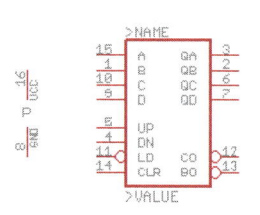

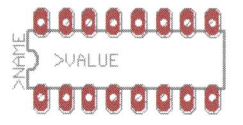

図2 既存のライブラリを自分のライブラリにコピー
コピー後，新しい名前（74*193）に変更する．

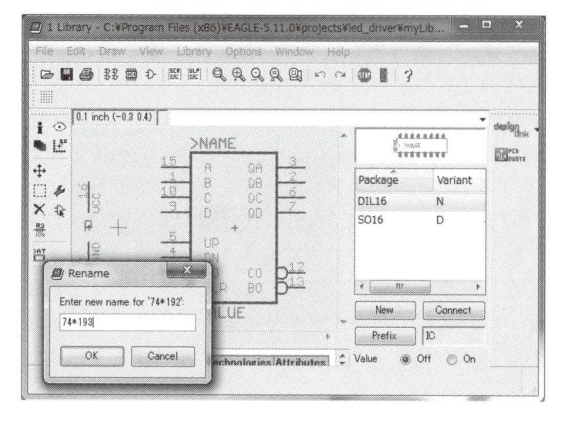

図3 コピーしたライブラリのシンボル名を変更する
新しい名前（74193）に変更する．

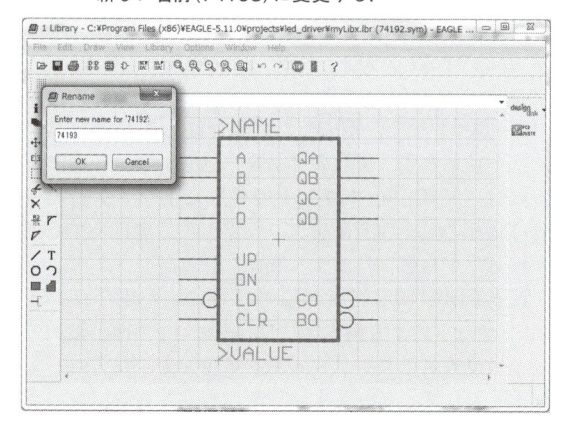

のは，「デバイス」（PCB部品）です（次回からは，Deviceをクリックすると表示される）．次にLibrary→Rename…として，図2のようにデバイス名を74*193に変更します．

続いて，Symbolをクリックし，74192を選択します．同様にして，図3のようにシンボル名も74193に変更します．

最後に，このライブラリをSave（または，File→Save As…）で適当な名前（例えばMyLib.lbr）を付けて保存します．これは，コントロール・パネルのプロジェクトの下に保存されています．ライブラリ名を右クリックして，Useを選べば使えるようになります．

14-2 パッケージだけが異なる場合
よく似た部品を探す…その2

回路図中のTC74HC4514 APは，元のライブラリにはありませんが，Libraries→45xx→4514→4514Nがよく似ています．しかし，図4のように，パッケージがDIL24-6，つまり幅が0.6インチ（約15mm）であり，このままでは使えません．従って，このデバイスをコピーして，パッケージだけを通常の0.3インチのものに変更しましょう．

まず，先ほど作ったライブラリMyLib.lbrを開いておきます．コントロール・パネルの上記ライブラリ4514を右クリックし，Copy to Libraryを選択して自分のライブラリにコピーします．続いてLibrary→Rename…でデバイスの名前を74HC4514に変更します．さらに，Library→Symbolで4514を開き，シンボル名を74HC4514に変更します．次にコントロール・パネルのLibraries→74xx-eu.lbr→DIL24-3を右クリックして，Copy to Libraryを選び，自分のライブラリにコピーします（図5）．

自分のライブラリに移り，Library→Deviceで，開くEdit画面で，先ほど作った74HC4514を選ぶと，図6下面のデバイス画面となります．右下にあるNewボタンをクリックすると，図6上面のパッケー

図4 4514は0.6インチ（15mm）幅のパッケージのみ
必要なパッケージは，この半分の幅（0.3インチ）である．

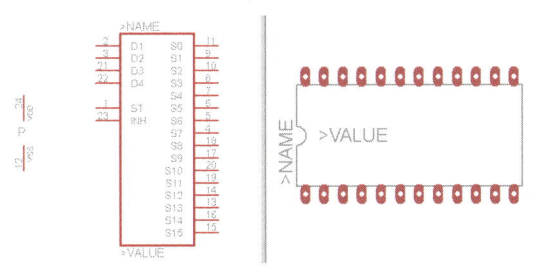

図6 デバイスの編集画面とパッケージ選択画面
右下のNewをクリックしてパッケージを追加する．

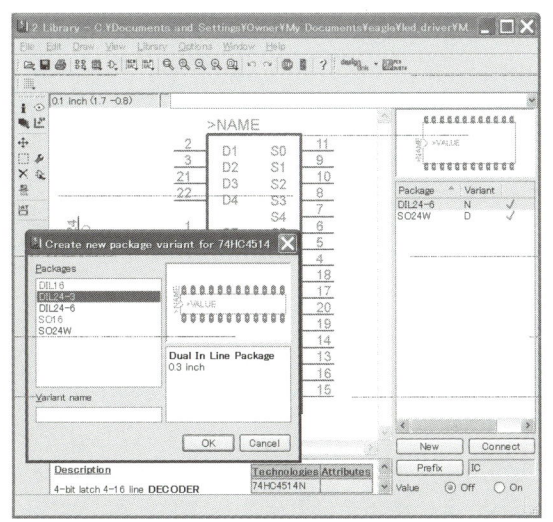

図5 必要なパッケージをさがしてコピーする
パッケージの幅は0.3インチと横長である．

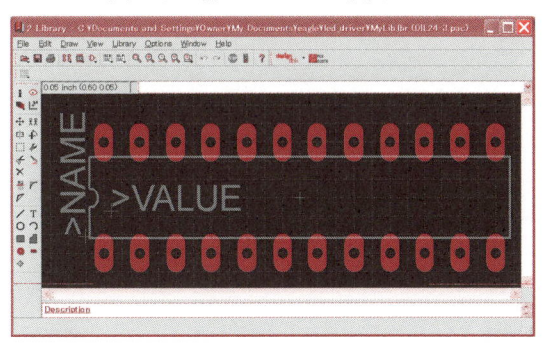

図7 デバイスに新しいパッケージが追加された
!マークはシンボルとパッケージが未接続という意味．

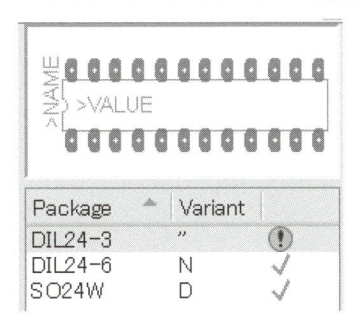

ジ選択画面が出るので，ここで先程コピーしたDIL24-3を選択します．

すると，**図7**のように，このデバイスに新しいパッケージDIL24-3が追加されますが，右のほうに！マークが付いています．これは，シンボルとパッケージのピンが接続されていないことを表します．

これを接続するために，Connectをクリックして，**図8**の画面を開きます．通常は，ICの仕様書を見ながら，Pin（ピン）とPad（端子）を対応させていきますが，ここでは，Copy fromの一覧にあるDIL24-6をコピーします．

なお，一覧の中にあるDIL24-6とSO24Wは，該当する製品がないので，右クリック→Deleteで削除します．

図8 ピンとパッケージのパッドを対応させる
全く同じピン配置のデバイスがあればそれをコピーする．

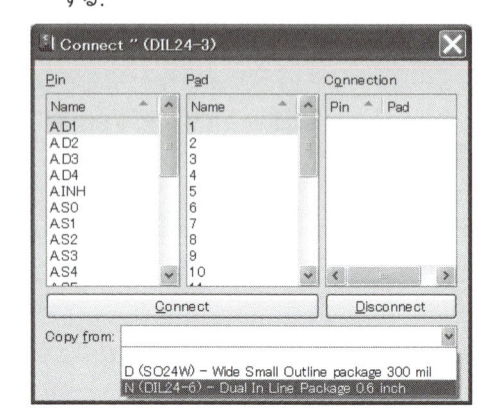

14-3 ネットでライブラリを検索する
よく使われる部品は誰かが作っている

第12章の**図2**のEAGLEダウンロード画面の左下に，Librariesと言う項目があります．ここから，**図9**のようなライブラリ一覧に入ることができます．

図9 ライブラリ一覧画面
ユーザ自作のライブラリが多数集められている．

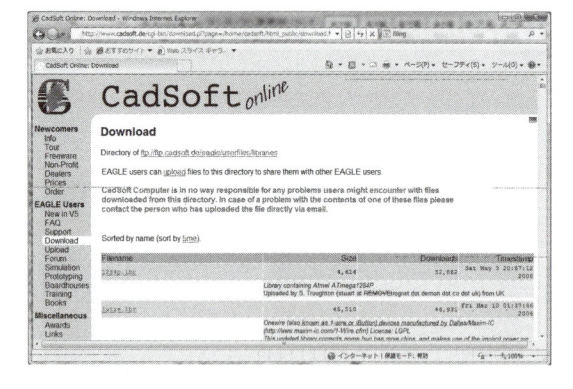

さて，回路図中のシングル・ゲートIC，TC7S04Fには，**図10**の2種類のパッケージがあります．

今回使用するのはTC7S04Fですから，左の大きいほうです．外形図は**図11**のようになっています．

図9の一覧の中には，このICそのものは見あたりませんが，シンボルとパッケージがまったく同じであ

図10 TC7S04Fには2種類のパッケージがある
同じSSOPだがピッチが異なる．
TC7S04F TC7S04FU
SSOP5-P-0.95 SSOP5-P-0.65A

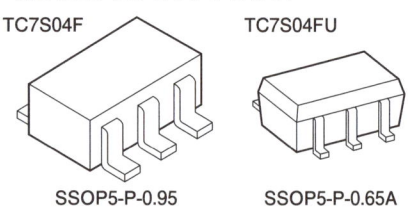

図11 TC7S04Fの外形
ピッチ0.95 mmと幅2.8 mmに着目する．

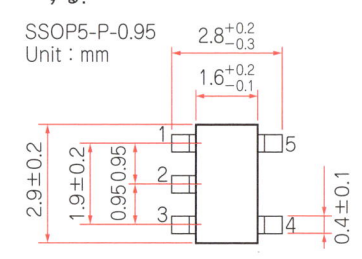

図12 ネットで見つけたライブラリを開く
別品種だがパッケージとシンボルはそのまま使える．

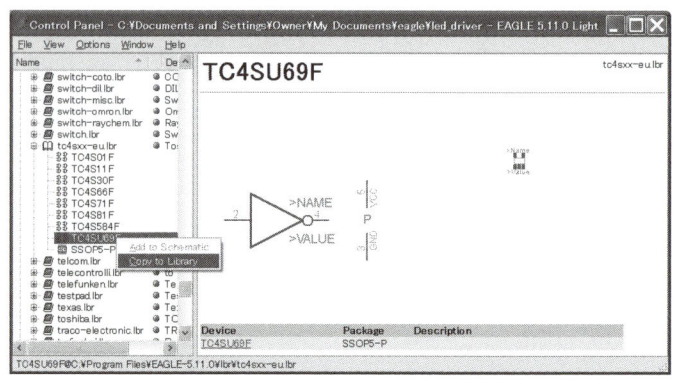

るtc4sxx-eu.lbrというライブラリがあります．これを適当なフォルダ（例えば，Program Files¥EAGLE-5.11.0¥lbr）にコピーします．なお，コントロール・パネルから任意のフォルダにあるライブラリを開くときは，File→Open→Libraryとします．このライブラリの中の，TC4SU69Fを，自分のライブラリにコピーします．

まず，自分のライブラリMyLib.lbrを開いておき，次にコントロール・パネルから，図12のように，TC4SU69Fを開き，右クリック→Copy to Libraryにより，自分のライブラリにコピーします．

その後，図13のようにデバイス名をTC7S04Fに変更します．最後にFile→Saveで保存しておきます．

図13 デバイス名を変更する
Library→Rename…で新しい名前を設定する．

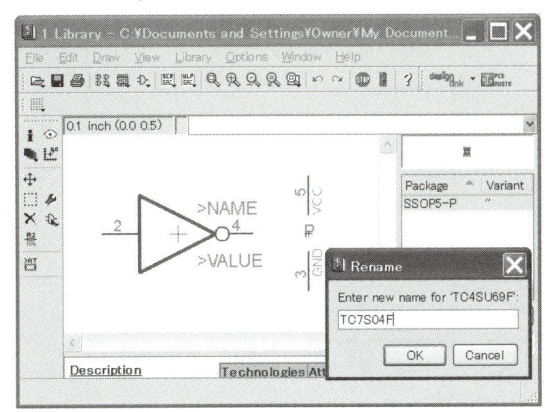

14-4 シンボルだけが異なる場合
既存のパッケージを利用する

回路図中の，TD62083は，パッケージがDIP18ピンの0.3インチ幅ですから，パッケージはデフォルトのライブラリに入っています．新しくシンボルを作るだけでよさそうです．

まず，自分のライブラリMyLib.lbrを開きます．Library→Deviceで図14の画面が開くので，Newの欄に新しいデバイス名TD62083を入力します．次に，Library→Symbol…とすると，図14と同様な画面が出るので，同じくシンボル名をTD62083とします．

この操作でシンボル編集画面に入ります．まず，グリッドの設定を回路図と合わせるために，0.1 inchとしておきます．次に左端のツール・ボックスのPinアイコン，またはDraw→Pinにより，図15のように左上から反時計回りにピンを配置します．

次にView→Info，またはInfoを選んで，図15の左上のピンをクリックします．すると，図16のボックスが現れるので，回路図を参考にして，NameとDirectionの欄に，ピン名と信号の方向を入力します．なお，ピン名は，左端のツール・ボックスNameで，あるいはピンを配置するときに上部のツール・バーのDirectionからも入力できます．

ピンを配置したら，シンボルの形を描きます．ワイ

図14 Library→Device…で新しいデバイスを作る
Newの欄にデバイス名TD62083と書く．

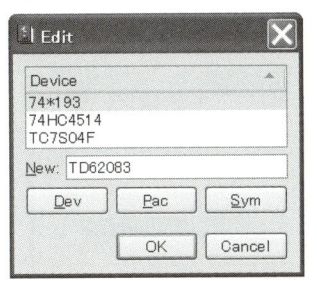

図15 シンボル編集画面でICのピンを配置する
＋印を中心にして，左上から反時計回り．

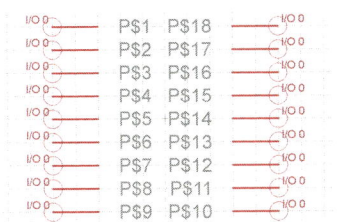

図16 シンボルのピン属性一覧
NameとDirectionの欄を設定する．

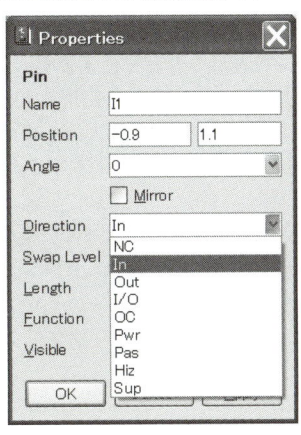

14-4 シンボルだけが異なる場合

図17 完成した回路図シンボル
ピン名，ピン属性，シンボルの形，名前と値を追加した．

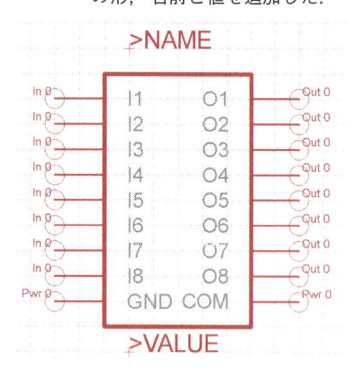

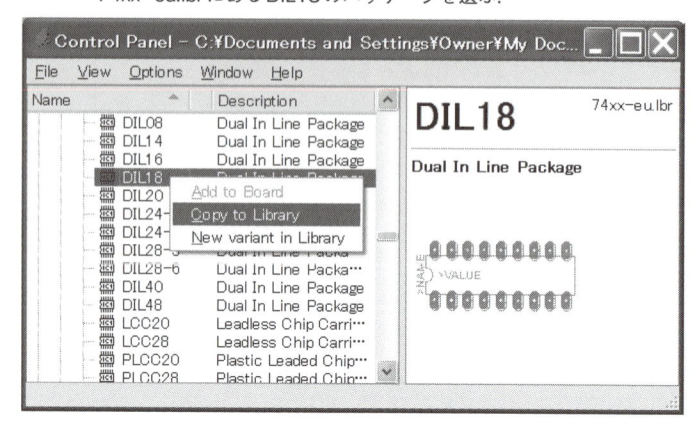

図18 シンボル名の入力画面
>NAMEおよび>VALUEとする．

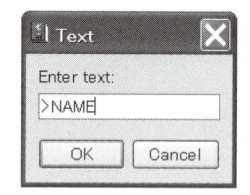

図19 既存のパッケージをコピーする
74xx-eu.lbrにあるDIL18のパッケージを選ぶ．

図20 DIL18パッケージがコピーされた
通常の0.3インチ幅のパッケージはほぼ揃っている．

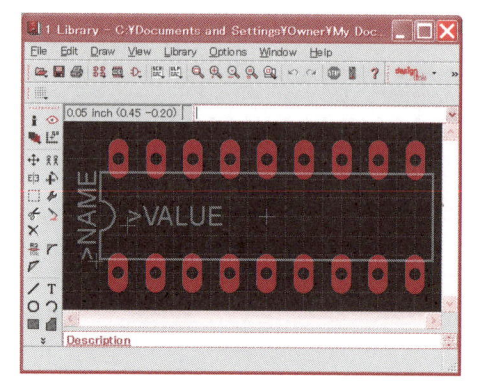

図21 デバイス作成画面
TD62083を選ぶ．

図22 シンボルTD62083を追加する

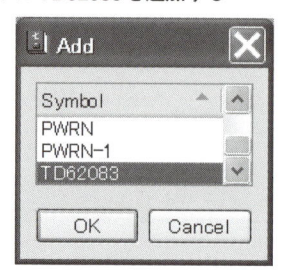

ヤ・コマンド ／ を選び，レイヤ名が94 Symbolsであることを確認し，線幅Widthを0.016インチとして，**図17**のように長方形の外形を描きます．

さらに，**T** Textコマンドを使用して，**図18**のように，シンボル名を>NAMEと入力します．>が先頭に付くと，後ほど入力した名前が表示されるようになります．

自分のライブラリを開いたままで，**図19**のようにコントロール・パネルのLibraries→74xx-eu.lbr→ DIL18を選び，右クリックでCopy to Libraryをクリックすると，開いているライブラリにコピーできます（**図20**）．

最後に，回路図シンボルとパッケージを組み合わせてデバイスを完成させます．コントロール・パネルから，Library→Device…で**図21**の画面となります．

一覧の中から，先程作成したTD62083を選びます．現れたデバイス作成画面はまだ白紙のままです．

まず， ADDコマンドで，TD62083を選びます（**図22**）．

すると，**図23**のように，新規デバイスに，シンボ

図23 デバイスにシンボルを追加する
さらに，Newボタンでパッケージを選択する．

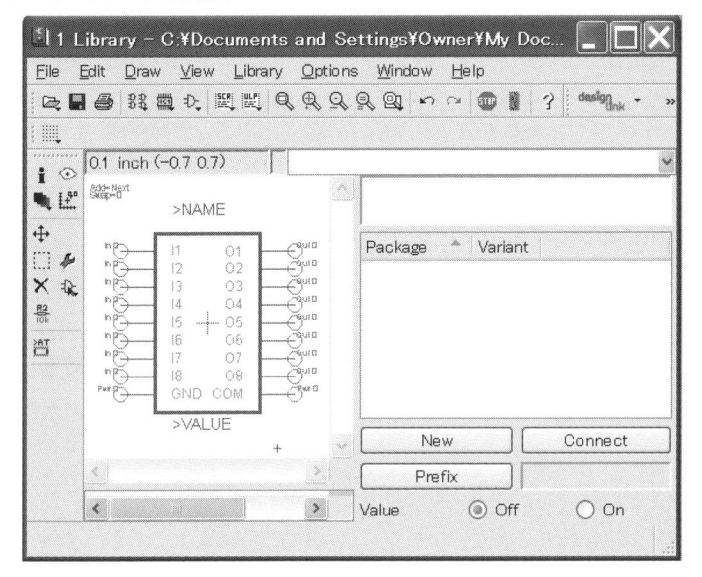

図24 パッケージの選択画面
一覧の中からDIL18を選択する．

図25 ピンとパッドの関連付け
左から順に選びConnectを押す．

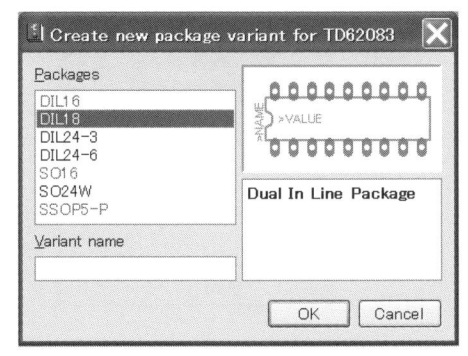

図26 部品の接頭記号(IC)を付ける
このようにすると，例えばIC5のように番号が振られる．

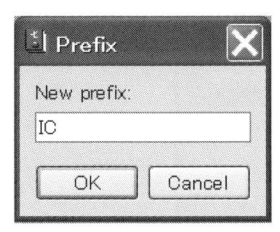

ルが追加されます．続いて，Newボタンを押すと，**図24**のパッケージ選択画面となります．ここでDIL18を選びます．次にConnectボタンを押して，ピンとパッドを関連付けます(**図25**)．

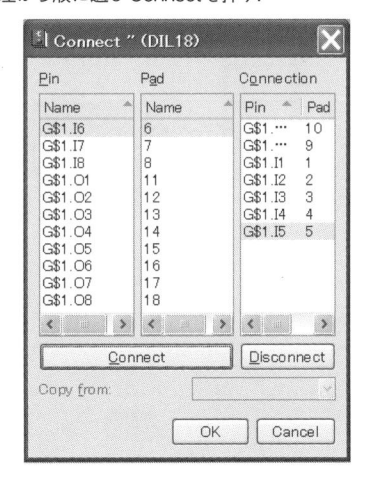

最後に，Prefixボタンを押して，**図26**のように，部品記号をICとします(Uとする場合もある)．

図23中のValueは，回路図段階での部品の値の変更を許可するかどうかを設定します．IC名(TD62083)は，変更する必要はないので，ここではOffとしておきます．

14-4 シンボルだけが異なる場合

14-5 既存のシンボルをコピーして修正する
よく似た部品を探す…その3

残りはTD62783ですが，パッケージは0.3インチDIL18で，シンボルも今作ったTD62083とほとんど同じですから，これをコピーして修正するのが速いでしょう．まずは，新規デバイスTD62783を作ります．シンボルのコピーは，コピーしたいシンボル(TD62083)を開いて，Groupコマンドでグループ指定してCutし，コピー先(TD62783)シンボル(白紙)上でPasteします．ピン名の修正は，図27のように，Nameをクリックしてピンの先の○印をクリックすれば変更できます．

● 回路図を完成させる

以上ですべてのライブラリが整いました．これを使ってさっそく，回路図作成を続行しましょう．今まで説明した方法で配線を進めることができると思いますが，部品の名前(R5など)と値(20など)が重なって見にくいときは，Smashコマンドで部品の＋印をクリックします．これにより，Moveコマンドで名前や値の位置を移動させることができるようになります．

ICの電源ピン(VccとGND)を忘れずに接続します．電源ピンを呼び出すには，Invokeコマンドを使い，ICシンボルの＋印をクリックします(図28)．

完成した回路図は，図29のようになります．元の回路図と同じように見えますが，実はフット・プリントの情報が舞台裏に隠されているのです．最後にTools→ERCでエラー・チェックをしておきます．図30のように二つのエラーがありますが，この端子はフリーでもよいので，Approve(承認)しておきます．

〈漆谷　正義〉

図27 シンボルのピン名を変更する
Nameコマンドの次にピンをクリックする．

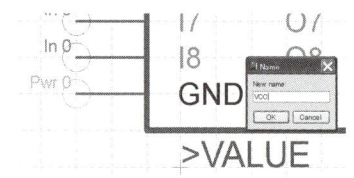

図28 ICシンボルの電源ピンを呼び出す
Invokeコマンドを使う．

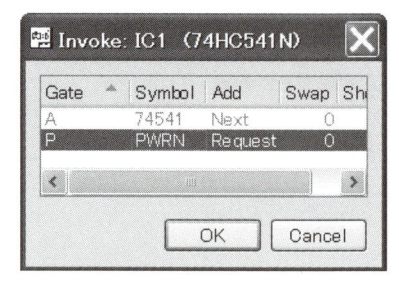

図30 ERC(電気的ルール・チェック)の結果
二つのエラーがあるが，今回はApprove(承認)する．

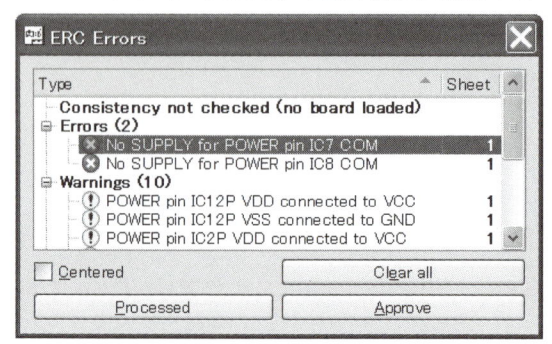

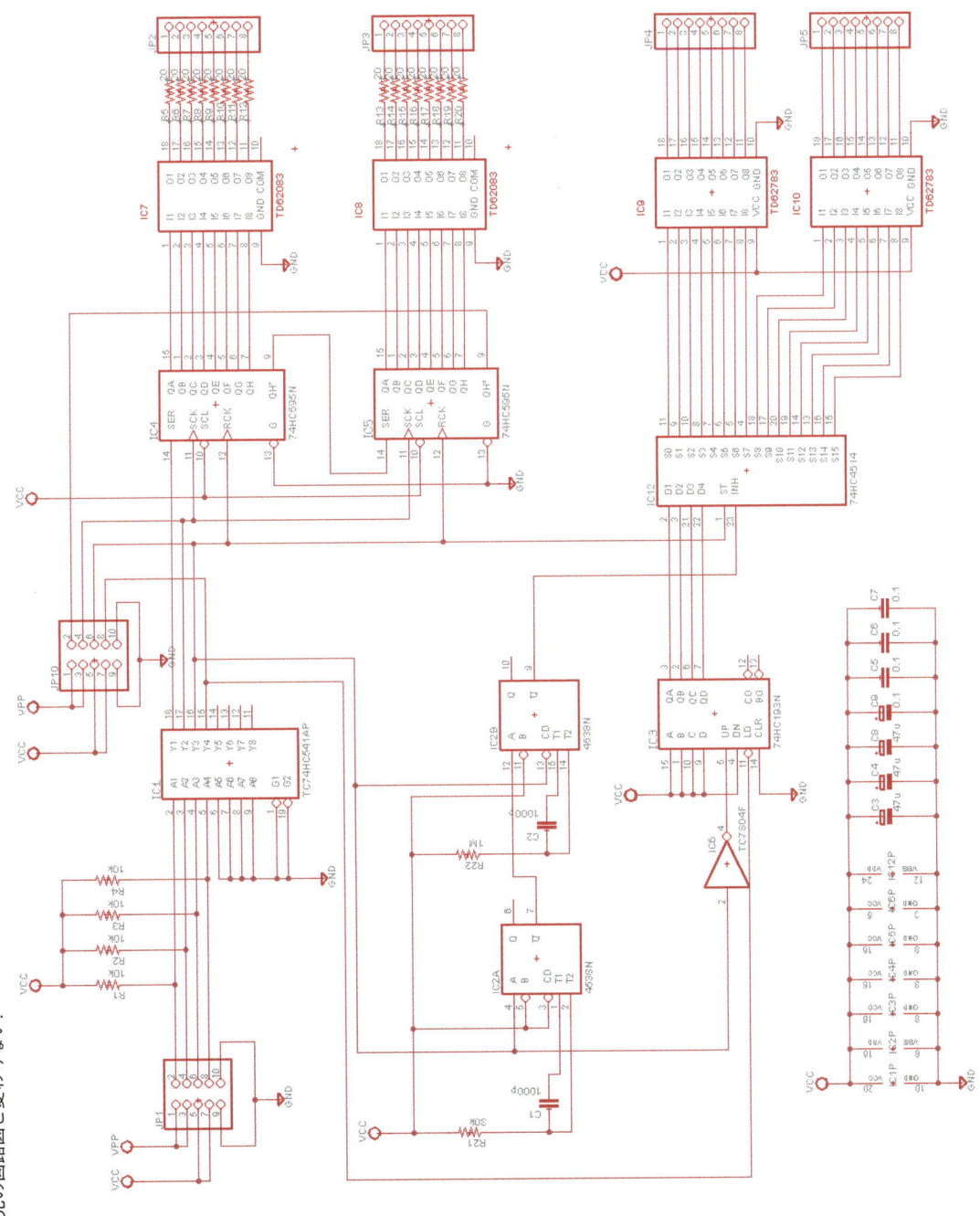

図29 完成したプリント基板作成用回路図
見た目は元の回路図と変わりない．

14-5 既存のシンボルをコピーして修正する

徹底図解★プリント基板作りの基礎と実例集

第15章
EAGLEのオート・ルータを活用してパターンを作ろう

部品の配置, パターン作成と基板メーカへの発注

回路図が出来たら, いよいよパターン作成です. 実はPCB-CADでは, 回路図作成の段階で, 基板製作はほとんど終わっているのです. 次に, ボード上に部品を配置した後, 多くの場合, パターン作成はオート・ルータ(自動配線)にまかせます. そして, 自動配線ができなかった部分や, 意図しない部分を手配線で修正します. その後, 基板発注用のCAMデータに変換して業者に発注すれば完了です.

15-1 オート・ルータで瞬時にパターンを描く 部品の配置とパターン作成

● 回路図をパターンに変換し, 基板外形を決める

EAGLEの回路図画面において, ツール・バーのBoardコマンドか, File→Switch to Boardとすると, 図1の画面(ボード・エディタ)が開きます.

図1の左側は, 黄色のネット(配線)によって接続されたフット・プリントです. この未配置のネットをラッツ・ネストと呼びます. 右側の四角形はプリント基板の外形です.

新たに外形を描くには, ✎Wireコマンドでレイヤ20［Dimension］とし, 線幅0とします. ここでは, 図1のデフォルトの外形を修正します.

まず, 左上のGridコマンドにより, Sizeを1 mmに設定します. 次に✣Moveコマンドで外形の上辺をクリックし, 座標値を80 mmとします. 同様に右辺を100 mmに移動します. EAGLEの無償版では, 部品配置範囲が原点(＋印)の右側で高さ80 mm, 幅100 mmの領域に制限されています.

● ボードに部品を配置する

最初は, どの部品でもよいので, 基板の上に並べてください. フット・プリントの＋印をクリックし, ✣Moveコマンドを使って基板上に移動します. 右クリックで回転し, 左クリックで配置です(図2).

● ネットがクロスするとパターンが引きにくい

部品配置の鉄則は次の三つです.

図1 EAGLEのボード・エディタ画面
左が部品とラッツ・ネスト, 右が基板外形.

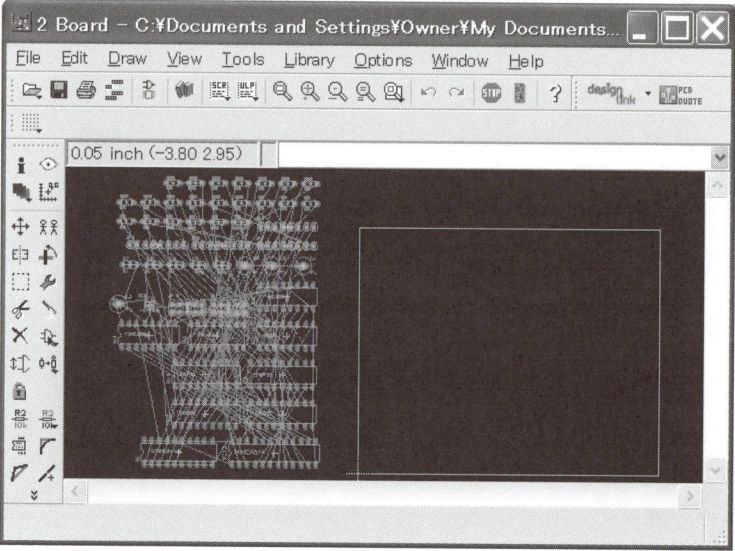

① 部品間の配線(ラッツ・ネスト)を最短距離にする．
② スルー・ホール(基板裏面への接続点)を減らす．
③ パターンが太く引けるように配置する(ピン間を通さない)．

これを頭に入れて部品を配置していきます．しかし，**図3**のようにICをどのように並べてもネットがクロスしてしまう場合があります．

このままパターンを引くこともできますが，スルー・ホールが増えるので，パターン面積が増え，信頼性も低下します．

● **いつでも回路図に戻ることができる**

図3のIC7は，トランジスタ・アレイですから，どのピンも同じ機能です．従って，JP2の順番を変えることで，ピンの入れ替えは可能です．

このように，回路図を修正したい場合は，もう一度回路図に戻ることができます．これをバック・アノテートといいます．ボード・エディタと回路図エディタ

図2 部品を基板上に配置する
Moveコマンドで移動，右クリックで回転させる．

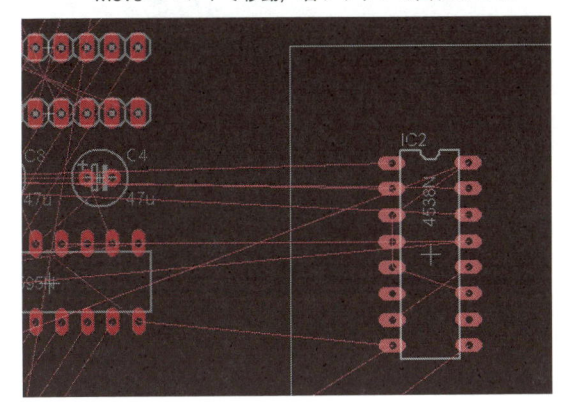

図3 最短距離配線にするとネットがクロスする
このままパターンを引くとスルー・ホールが増える．

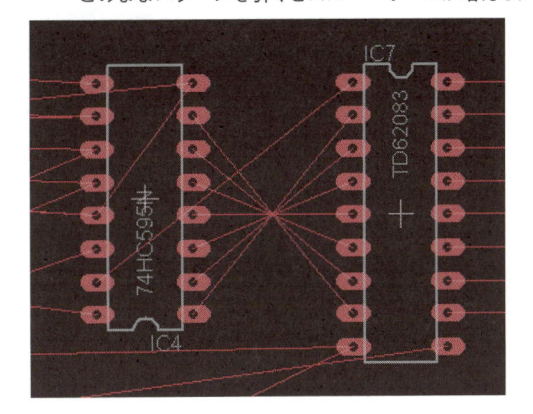

図4 トランジスタ・アレイのピンを入れ替える
バスを使って配線するとピンの入れ替えが簡単になる．

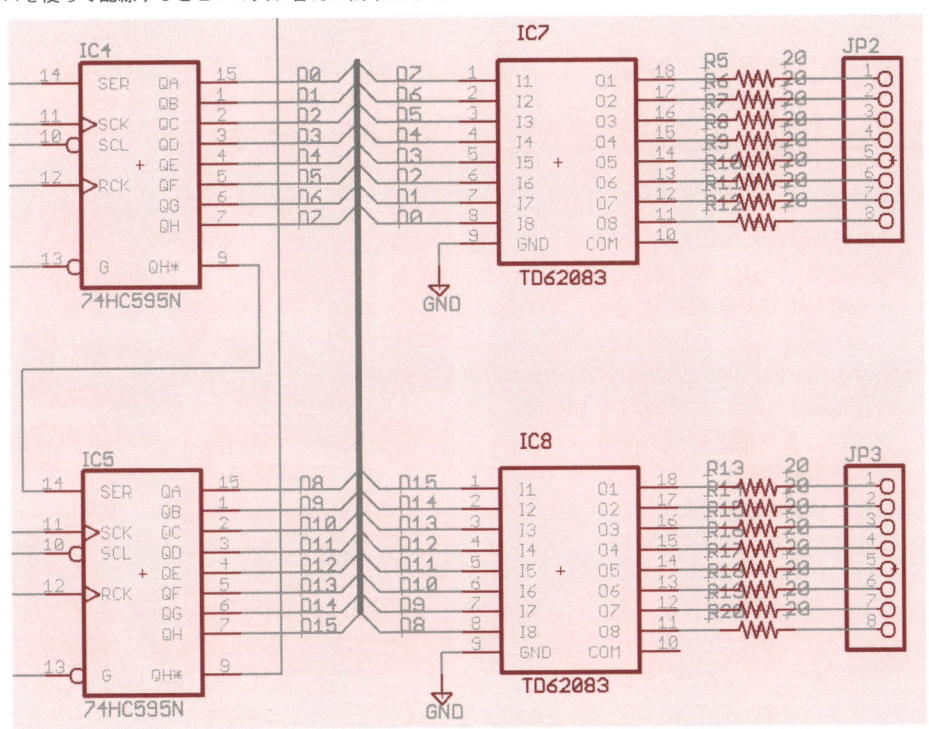

図5 最終的な部品配置
基板外形は，EAGLE無償版の最大寸法とした．

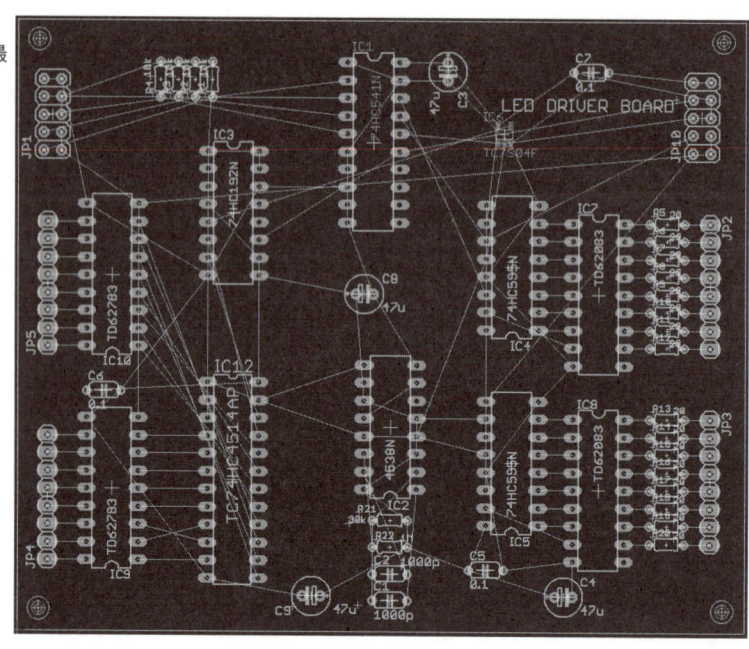

図6 オート・ルータ設定画面
Routing Gridを小さくすると配線精度が上がる．

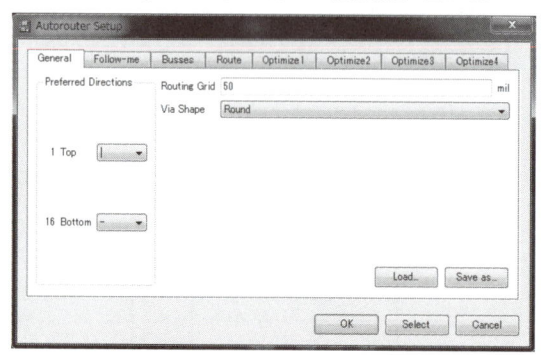

が相互にネット情報をやりとりするので，パターン設計を1からやり直す必要はありません．なお，バック・アノテートが有効になるのは，あくまでも回路図エディタとボード・エディタの両方が開いていることが条件です．

　ボード・エディタにおいて，File→Switch to Boardあるいは Boardをクリックすると，回路図エディタに戻ります．ここで 図4 のようにトランジスタ・アレイのピンを入れ替えます．
　クロスした配線を描くのは大変なので，バスを使います．バスの配線方法は次の通りです．
① Busコマンドでバスを配線する．
② Nameコマンドでバスをクリックし，バスに名前を付ける．ここでは，D［0..15］とする．
③ Netコマンドで，バス側から配線する．ポップアップ・メニューから信号名(D7など)を選択

する．
④ Labelコマンドでネットをクリックして，信号名(D7など)を貼り付ける．右クリックで回転．

● 取り付け用ねじ穴を描く
　基板の4隅の取り付け穴(ドリル穴)は次のように描きます． GridコマンドでSizeの単位をmmとし， Holeコマンドで，ドリル径を3.2 mmとします．そのまま4隅の穴を開けたい位置をクリックします．最終的な配置を 図5 に示します．

● デザイン・ルール・ファイルを設定する
　デザイン・ルールとは，パターンのクリアランス(間隔)，サイズ(幅)などが，製造可能な最小値以下になっていないか(つまり製造できるかどうか)を調べるものです．次のようなデザイン・ルール・ファイルをインターネットで入手します．
① 10mils.dru(オリメックス社)
http://www.olimex.com/pcb/index.html
② pban_5mil-l2.dru(P板ドットコム)
http://www.p-ban.com/gerber/eagle.html
入手できなければ，備え付けのファイルでよいでしょう．
③ default.dru(EAGLEデフォルト)
　ここでは，①を使ってみます． DRCコマンドまたは，Tools→DRC…でDRC画面となるので，Load…をクリックして上記ファイルをロードします．

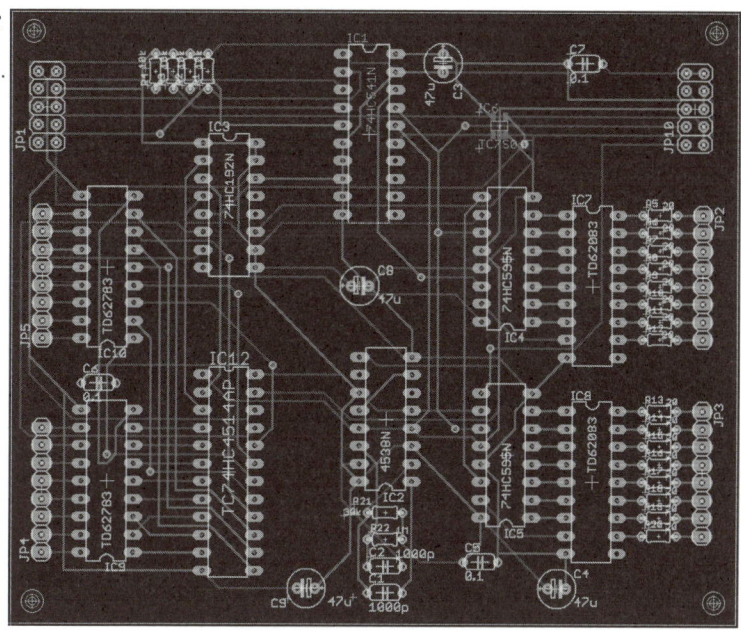

図7 オート・ルータによる最初のパターン
ICのピン間にパターンが通っている.

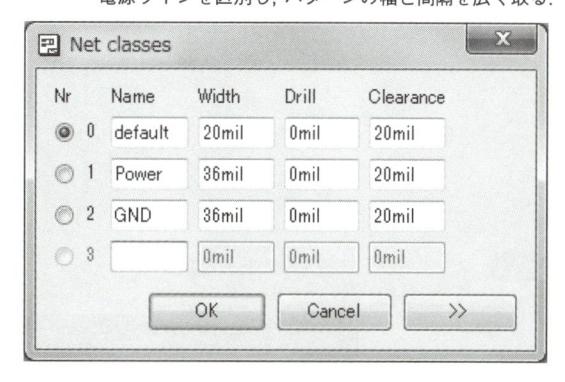

図8 ネット・クラスの設定画面
電源ラインを区別し，パターンの幅と間隔を広く取る．

● オート・ルータで自動配線させてみる

さて，配置が終わったので，いよいよパターンを描きます．ボード・エディタ画面で，Autoコマンドまたは，Tools→Auto…とすると，**図6**のAutorouter Setup画面が開きます．最初は，すべての設定をデフォルト通りとして構いません．Generalタブの Top と Bottom の欄は，両面基板の表面と裏面のパターンの方向を指定します．デフォルトのように互いに直交させると効率良く配線できます．片面基板の場合は，どちらかをN/Aとします．

OKを押すと，自動配線が始まります．結果は，**図7**のようになりました．

図7を見ると，電源ラインもGNDもすべて同じパターン幅であることに気が付きます．また，ICのピン間にパターンが走っています．しかし，配線率は100％ですので，これで良ければこのまま業者に出すこともできます．

● ネット・クラスを指定してパターン幅を変える

Vcc, Vpp, GNDなどの電源ラインは，大電流が流れるので，他の信号ラインよりは数倍太くしなければなりません．

オート・ルータでこのような条件を満たした所望のパターンを引かせるには，次のように，配線の種類ごとにネット・クラスを設定してパターン幅を指定してやります．

まず，回路図エディタに戻り，画面上部のコマンドラインで，classと打ち込みます．**図8**のNet Classes画面が出るので，新規にPowerとGNDのクラスを作成します．パターン幅Width，パターン間隔Clearanceの値を図のように設定します．

次に，Change→Class→Powerで，**図9**のように，電源ライン（○印）をクリックします．同様にグラウンド・ライン（◇印）をGNDクラスに設定します．

ネット・クラスを確認するには，Infoコマンドでネット（配線部分）をクリックすれば，**図10**のプロパティ（属性）画面に表示されます．

再度，ボード・エディタに戻り，自動配線率を高くするために，**図6**の設定画面で，Routing Gridを5 milにします（この場合，時間はかかる）．

さて，ここで**図7**のパターンを白紙（ラッツ・ネスト）に戻す必要があります．このためには，コマンドラインで，Ripup；と入力します．末尾のセミコロン（；）を忘れないでください．

15-1 部品の配置とパターン作成

さて，⊞Autoコマンドで自動配線させると，図11のようなパターンとなります．これで電源パターンの幅を広くすることができました．

● **未配線部分を手配線で修正する**

オート・ルータの進捗状況は，画面の左下に表示されます．ここを見ると，自動配線率が100％ではありません．コマンドラインから，Ratsnestと打ち込むと，

Ratsnest:2 airwires（2カ所の未接続配線）

と表示されます．この部分を図12に示します．

図12では，赤色が表面（部品面），青色が裏面（はんだ面）です．このように，ボード・エディタ画面は，何層ものシート（レイヤ）から構成されており，層ごとに色が違えてあります（■Displayコマンドで確認できる）．

それではこの部分を手配線で修正しましょう．

↳Routeコマンドをクリックすると，図13のよう

図10 ネットの属性表示画面
＋5VラインがPowerクラスになっている．

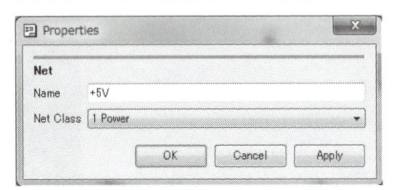

図9 ネット・クラスの設定
Changeコマンドでクラスを指定し，ネットをクリック．

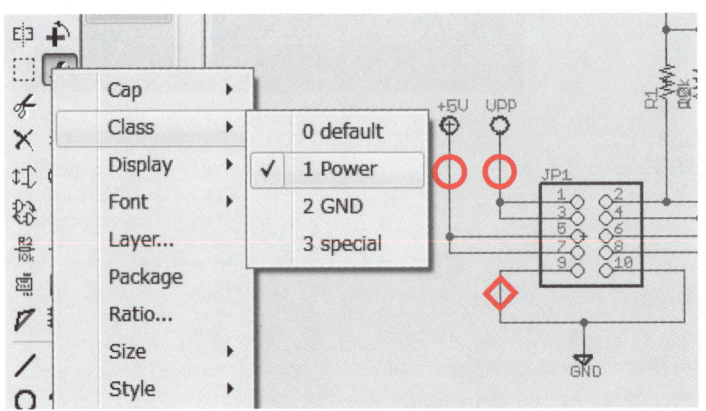

図11 ネット・クラス指定後の自動配線パターン
電源パターン幅が広くなった．

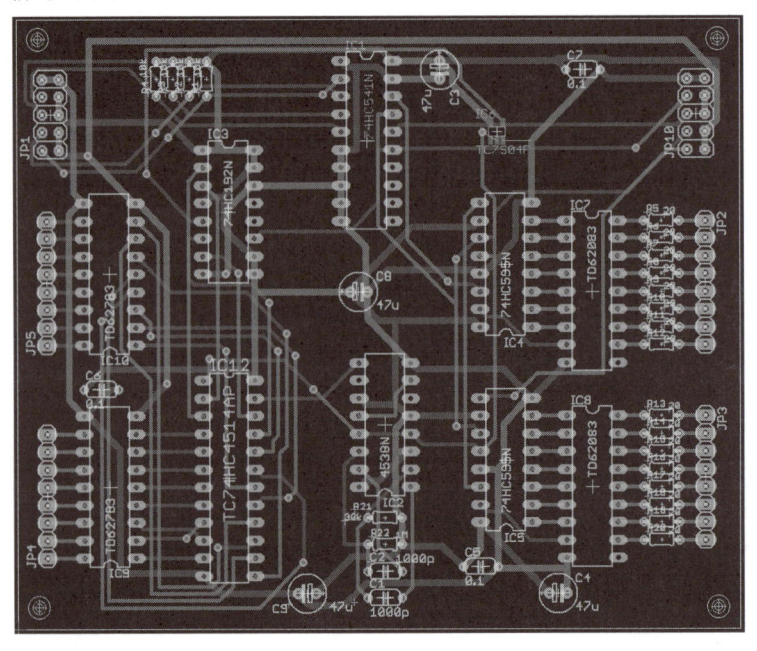

第**15**章 部品の配置，パターン作成と基板メーカへの発注

なツール・バーが表示されます．

左端のレイヤをTopにして，ネットをクリックすると，**図14**のようにパターンが出てきます．パターン幅はツール・バーのWidthで変更できます．また，パターンの曲げ方向はツール・バーのWire bendで設定します．描画ピッチは，Altキーを押すと細かくなります（描画ピッチはGridコマンドで初期設定する）．

● ベタ・パターンを描く

プリント基板のパターンのない領域を，電源ライン，特にグラウンド（GND）で塗りつぶすことを，ベタを貼ると言います．面パターンになるので，電源インピーダンスが下がり，ノイズによる誤動作が少なくなります．今回は，裏面（Bottom）にGNDベタを貼ります．

Polygonコマンドで，レイヤを16Bottomとし，線幅0.016インチ，塗りつぶしモードをSolidとします．そして，基板の内側少し入ったところに，四角形を描きます．次に，Nameコマンドでこの四角形をクリックして名前をGNDとします．これで塗りつぶしを実行しますが，もし何も起こらないときは，Ratsnestをクリックするか，ポリゴンを，InfoかNameコマンドでクリックしてGNDに接続されて

図13 Routeコマンドで表示されるツール・バー
左から，レイヤ選択，曲げ方向，コーナー形状，線幅など．

図12 自動配線できなかった未接続ネット
指定線幅では引けないことが原因．

図14 手配線でパターンを描く
ICの2ピンからパターンが出ている．

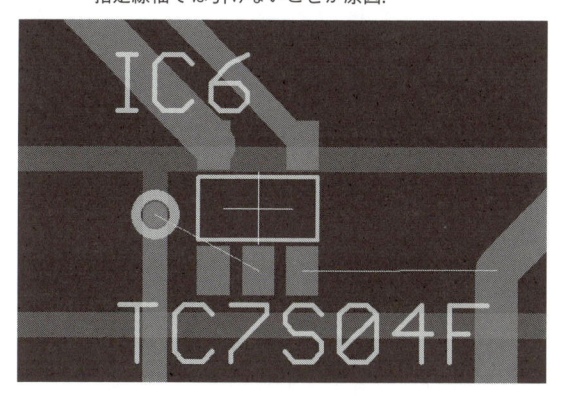

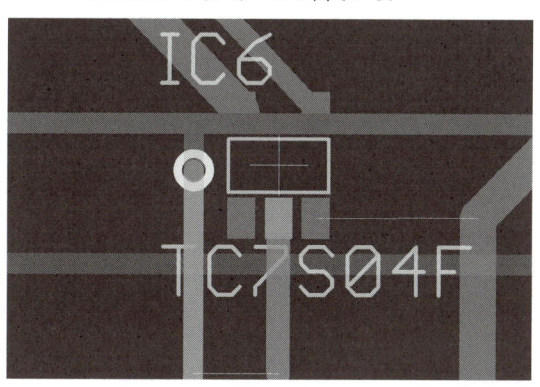

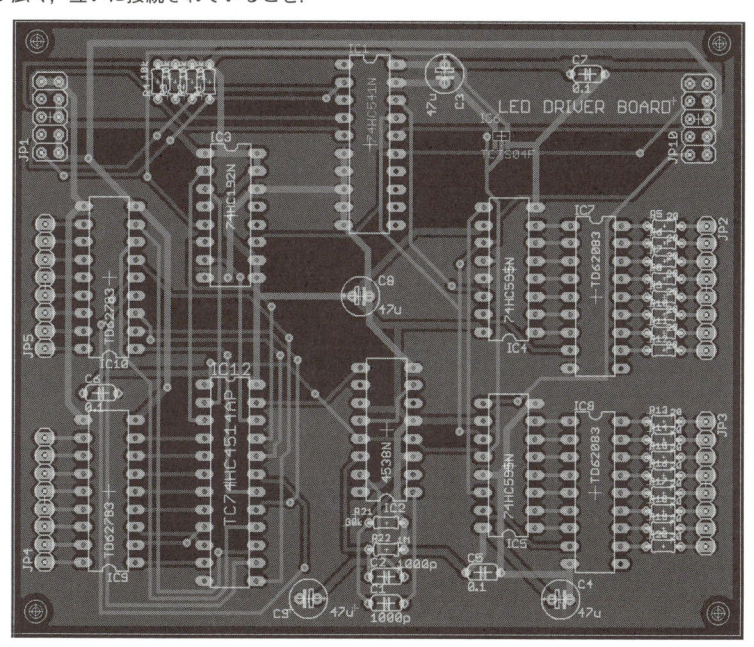

図15 裏面にベタ・グラウンドを貼る
ベタの面積が広く，互いに接続されていること．

15-1 部品の配置とパターン作成

いるかどうか，図形が閉じているかどうかを確認してください．プロジェクトを再び開いたときは，ベタ（一般にポリゴン）の塗りつぶしは不可視となっているので，Ratsnestコマンドで可視にします．逆にベタを不可視にするには，Ripupコマンドで基板の外側をクリックします．ベタを貼った結果は，図15のようになります．

● デザイン・ルール・チェックを行う

以上で，基板のレイアウト設計は終わりました．しかし，この基板が実際に製造できるかどうかは，まだわかりません．これを確かめるのがデザイン・ルール・チェック（DRC）です．

Tools→Drc…または Drcコマンドで Load…により，発注先のデザイン・ルール pban_5mil‑l2.druをロードし，Checkを押します．エラーがなければ何も起こりません．図16 はエラーのある場合です．ズームにより拡大して見ると，パッドの間隔が5 mil以下なので，回路図に戻り，このICのフット・プリントを変更します．無視してよいエラーの場合は，Approveをクリックします．

図16 DRCエラーの例
パターンの間隔，幅が製造基準に違反している．

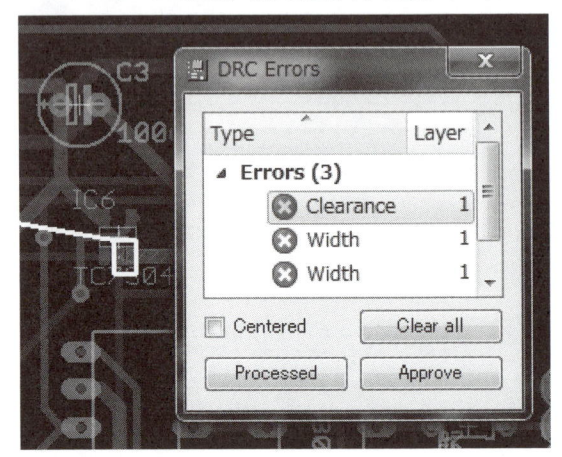

15-2 基板データの作成と発注
CAMプロセッサでガーバ・データを出力

● ガーバ・データの作成

プリント基板を業者に発注するには，このデザインをガーバ・データに変換する必要があります．

コントロール・パネルのCAM Jobsのgerb274x.camをダブルクリックします（図17）．

Cam Processorが起動するので，すべてのタブの，Style→□Mirrorにチェックがあれば外します．CAM Processor画面のメニュー，File→Open→Board…から，ボード・ファイル（*.brd）を開き，Process Jobボタンをクリックします．すると，コントロール・パネルのプロジェクトの下に 表1 のようなファイルが作成されます．

次にドリル・データを出力します．図17 の画面において，excellon.camをダブルクリックします．前に述べた手順で，ボード・ファイル*.brdを開き，Process Jobをクリックします．すると 表2 のデータが追加されます．

業者に発注する際に必要なものは次の通りです．
① ガーバ・データ（ 表1 ）
② ドリル・データ（ 表2 ）
③ 製造指示書
④ 外形寸法図

製造指示書は，「送付ファイル・リスト」として， 表1 ， 表2 のファイル名を書いておきます．外形はレイヤ20［Dimension］において，線幅0.2 mmで描画するか，手書きで作ります．以上のファイルを圧縮して業者のサイトにアップすれば発注完了です．

発注前にガーバ・ビュワでファイルの内容を確認することをお勧めします．第6章p.68のColumnを参照してください．

● 基板入手と部品実装

発注後1週間程度で， 写真1 のような基板が送られてきました．

写真2 は，部品を実装したところです．小さな部品から実装します．この場合，面実装IC，抵抗，セラミック・コンデンサ，IC，コネクタ，電解コンデンサの順です．電解コンデンサは背が高いので一番後に実装するとじゃまになりません．

〈漆谷 正義〉

図17 ガーバ・データの出力
コントロール・パネルのCAM Jobsで指定する．

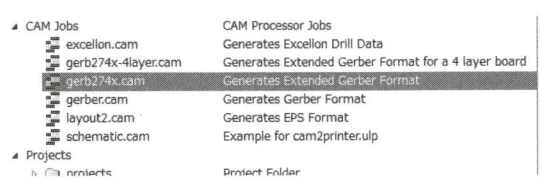

▲ CAM Jobs	CAM Processor Jobs
excellon.cam	Generates Excellon Drill Data
gerb274x-4layer.cam	Generates Extended Gerber Format for a 4 layer board
gerb274x.cam	Generates Extended Gerber Format
gerber.cam	Generates Gerber Format
layout2.cam	Generates EPS Format
schematic.cam	Example for cam2printer.ulp
▲ Projects	
projects	Project Folder

写真1 業者から送られてきたプリント基板
発注後1週間程度で送られてきた.

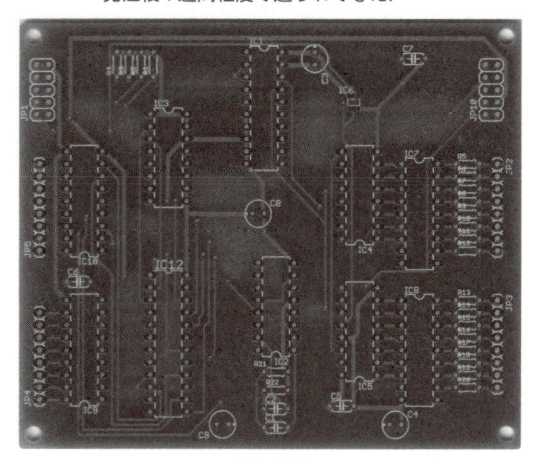

(a) 表面

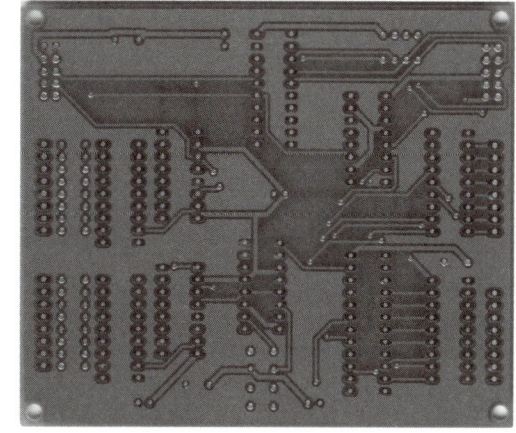

(b) 裏面

表1 ガーバ・データの種類
両面基板の場合はこの5点が必要.

拡張子	データの意味
*.cmp	部品面パターン
*.gpi	レポート
*.plc	部品面シルク
*.sol	はんだ面パターン
*.stc	部品面レジスト
*.sts	はんだ面レジスト

表2 ドリル・データの種類
ガーバ・データのほかにこれも必要.

拡張子	データの意味
*.drd	ドリル・データ
*.dri	ドリル・リスト

写真2 部品を実装して完成！
面実装部品, 抵抗・コンデンサ, IC の順に実装する.

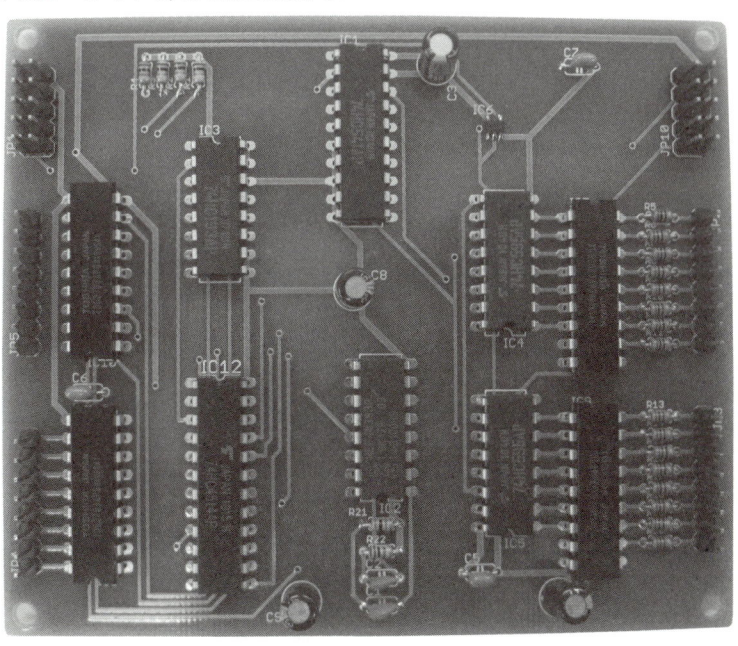

15-2 基板データの作成と発注

索 引

【数字・アルファベットなど】

1点アース … 21
7セグメントLED … 61
A-Dコンバータ … 63, 77
BGA … 65, 59
CAD … 8
CODEC … 90
D-Aコンバータ … 87
DC-DCコンバータ … 110
DDR-SDRAM … 69
DIP … 120
DRC … 13, 31
DVI … 97
EAGLE … 115
EMC … 25
EMI … 25
ERC … 28
HDMI … 97
LED … 60
LGA … 58
mil … 32
MMIC … 104
NCボール盤 … 20
OPアンプ … 86
oz … 32
PCB-CAD … 115
PCI … 71
PCI-Express … 72
PLCC … 58
QFN … 58
QFP … 58
RFスイッチ … 106
SDI … 100
SMAコネクタ … 107
SOP … 57
VCO … 107
VIEWPlot … 68
Vカット … 25

【あ・ア行】

アートワーク … 19
アキシャル … 123
アナログ回路 … 74
アナログ・グラウンド … 63
アパーチャ … 32
移動 … 125
インピーダンス・マッチング … 54
浮きベタ … 26
エッチング … 8
沿面距離 … 75
オーディオ回路 … 80
オート・ルータ … 27, 134, 137
オンス … 32
温度上昇 … 45

【か・カ行】

ガーバ・データ … 140
ガーバ・ビュワ … 68
ガーバ・フォーマット … 32
外形寸法図 … 140
回路図編集 … 118
基板データ … 140
基板発注 … 114
グラウンド … 124
グラウンド・プレーン … 108
クロック・ライン … 20
ゲート・ドライブ … 112
ケルビン接続 … 79
高周波回路 … 103
高速差動信号 … 72
広帯域回路 … 103
コネクタ … 125

【さ・サ行】

サーマル … 22
差動ペア … 73
残銅率 … 26
湿度 … 62
自動配線 … 137
消去 … 125
商用電源ライン … 76
信号の流れ … 17
シンボル … 126, 129

スキュー	24	発熱素子	19
捨て板	25	パワー回路	109
ストリップ・ライン	21, 27	ビデオ応用回路	92
スルー・ホール	25	一筆書きパターン	97
製造指示書	140	ピン配置	14
絶縁耐圧	75	フォト・カプラ	75, 111
設計ルール・チェック	13	フット・プリント	57, 120, 126
ゼブラ・ゾーン	26	部品	27
ソルダ・レジスト	22	部品外形	11

【た・タ行】

		部品配置	19
チャネル間干渉	82	部品ライブラリ	27, 126
抵抗	19, 123	プリント基板	6
ディジタルIC	120	フレーム・グラウンド	29
ディジタル回路	65	プロジェクト	118
ディジタル・グラウンド	63	ブロック分け	17
デザイン・ルール	136	平衡回路	31
デザイン・ルール・チェック	140	ベタ・グラウンド	19
手配線	138	ベタ・パターン	139
電源	124	放熱	109
電源回路	109	放熱フィン	19

【ま・マ行】

伝送ひずみ	84	マイグレーション	39
電流容量	24	マイクロストリップ・ライン	102
等長配線	69	マイコン周辺回路	60
特性インピーダンス	102	マッチング抵抗	85
トランジスタ	19	ミアンダ・パターン	24
トランジスタ・アンプ	83	ミシン目	25
取り付け穴	136	ミュート・トランジスタ	80
ドリル・データ	140	ミル	32

【な・ナ行】

		メタル・マスク	29
ネット・クラス	137	メモリ・デバイス	67
ネット・リスト	11, 28, 120		

【や・ヤ行】

【は・ハ行】

		誘電正接	61
配線	124	誘導性リアクタンス	12
配線インダクタンス	45	容量性リアクタンス	11
配線入力	120		

【ら・ラ行】

配置	134	ラジアル	123
バス	136	ラッツ・ネスト	12, 120
バス・ライン	19	ラバー・バンド	12
パターン	7	ランド	6
パターン作成	134	リターン・ロス	102
パターン設計	19	リニア・レギュレータ	109
バック・アノテート	135	リフロー	53
パッケージ	27, 126	リモート・センシング	79
発振	83	レイアウト	12
発注	140		
パッド	30		

■執筆担当一覧
- 漆谷正義(編著者)…イントロダクション,本書のナビゲーション,第2章,第5章,第7章,第8章,第12章~第15章,Appendix 1~4,Column
- 瀬川毅…第1章
- 西村芳一…第3章
- 月元誠士…第4章
- 五十嵐拓郎…第6章
- 村田英孝…第6章,第7章
- 木下隆…第7章
- 中村黄三…第7章,Column
- 鈴木雅臣…第5章,第8章
- 三田博久…第9章
- 川田章弘…第10章
- 石井聡…第10章
- 浅井紳哉…第11章

(各執筆は全体または一部分),敬称略,本書登場順.

- ●本書記載の社名,製品名について ─ 本書に記載されている社名および製品名は,一般に開発メーカーの登録商標です.なお,本文中では™,®,©の各表示を明記していません.
- ●本書掲載記事の利用についてのご注意 ─ 本書掲載記事は著作権法により保護され,また産業財産権が確立されている場合があります.したがって,記事として掲載された技術情報をもとに製品化をするには,著作権者および産業財産権者の許可が必要です.また,掲載された技術情報を利用することにより発生した損害などに関して,CQ出版社および著作権者ならびに産業財産権者は責任を負いかねますのでご了承ください.
- ●本書に関するご質問について ─ 文章,数式などの記述上の不明点についてのご質問は,必ず往復はがきか返信用封筒を同封した封書でお願いいたします.勝手ながら,電話での質問にはお答えできません.ご質問は著者に回送し直接回答していただきますので,多少時間がかかります.また,本書の記載範囲を越えるご質問には応じられませんので,ご了承ください.
- ●本書の複製等について ─ 本書のコピー,スキャン,デジタル化等の無断複製は著作権法上での例外を除き禁じられています.本書を代行業者等の第三者に依頼してスキャンやデジタル化することは,たとえ個人や家庭内の利用でも認められておりません.

JCOPY 〈出版者著作権管理機構委託出版物〉
本書の全部または一部を無断で複写複製(コピー)することは,著作権法上での例外を除き,禁じられています.本書からの複製を希望される場合は,出版者著作権管理機構(TEL:03-5244-5088)にご連絡ください.

プリント基板作りの基礎と実例集

編　集	トランジスタ技術SPECIAL編集部
発行人	小澤 拓治
発行所	CQ出版株式会社 〒112-8619 東京都文京区千石4-29-14
電　話	編集 03(5395)2148 販売 03(5395)2141

ISBN978-4-7898-4915-9

2011年7月1日 初版発行
2021年1月1日 第4版発行
©CQ出版株式会社 2011
(無断転載を禁じます)
定価は裏表紙に表示してあります
乱丁,落丁はお取り替えします

編集担当者　鈴木 邦夫
DTP・印刷・製本　三晃印刷株式会社
Printed in Japan